从纸片人到虚拟主播

Live2D 模型制作教程

六碳糖 编著

电子工业出版社
Publishing House of Electronics Industry
北京·BEIJING

图书在版编目（CIP）数据

从纸片人到虚拟主播：Live2D模型制作教程 / 六碳糖编著. -- 北京：电子工业出版社, 2025. 7. -- ISBN 978-7-121-50635-2

Ⅰ. TP391.414

中国国家版本馆CIP数据核字第2025PH9735号

责任编辑：梁　越

印　　刷：天津市光明印务有限公司

装　　订：天津市光明印务有限公司

出版发行：电子工业出版社

　　　　　北京市海淀区万寿路173信箱　　　邮编：100036

开　　本：787×1092　　1/16　　印张：12.25　　字数：376.32千字

版　　次：2025 年 7 月第 1 版

印　　次：2025 年 11 月第 2 次印刷

定　　价：98.00 元

凡所购买电子工业出版社图书有缺损问题，请向购买书店调换。若书店售缺，请与本社发行部联系，联系及邮购电话：（010）88254888，88258888。

质量投诉请发邮件至 zlts@phei.com.cn，盗版侵权举报请发邮件至 dbqq@phei.com.cn。

本书咨询联系方式：（010）88254161～88254167转1897。

我喜欢纸片人[1]！

我喜欢设计角色，并想让它们动起来，于是自学了 Live2D，做出了看起来还不错的 Live2D 模型，并且写了一本关于如何制作 Live2D 模型的教材，正是您手中这本。

在翻开这本书之前，很多人可能会有这样的疑问：**学这个要不要基础？零基础能不能看懂？** 我的回答是：**不用，可以看懂。** 这本书从零开始介绍 Live2D 软件，即使没有其他设计类或动画类软件的基础，也能轻松地跟上这本书的讲解。当然，如果您有绘画、动画或 3D 模型制作的经验，那无疑会让学习变得更加简单。

我从 Live2D 的官方教程入门，但官方的入门教程只对软件功能进行基础的介绍，虽然能做出会动的纸片人，但不够生动、可爱。在学习过程中，我总会有疑问：我要学习什么内容才能达到理想的效果？很多教程为了拓宽受众的范围，只对比较基础的内容进行教学，很多人即便学会了这些基础的内容，还是很难达到制作出一般虚拟主播用 Live2D 模型的水平。想要缩短差距，则需要总结零碎的教程，并在软件中进行各种尝试。因此，在这本书中，我对制作虚拟主播用 Live2D 模型的过程进行了系统详细的介绍，并提供了工程文件作为参考，同时也介绍了我在制作过程中使用的一些小技巧和在面捕软件中配置模型的方法。希望这本书能帮助读者快速从入门到进阶。

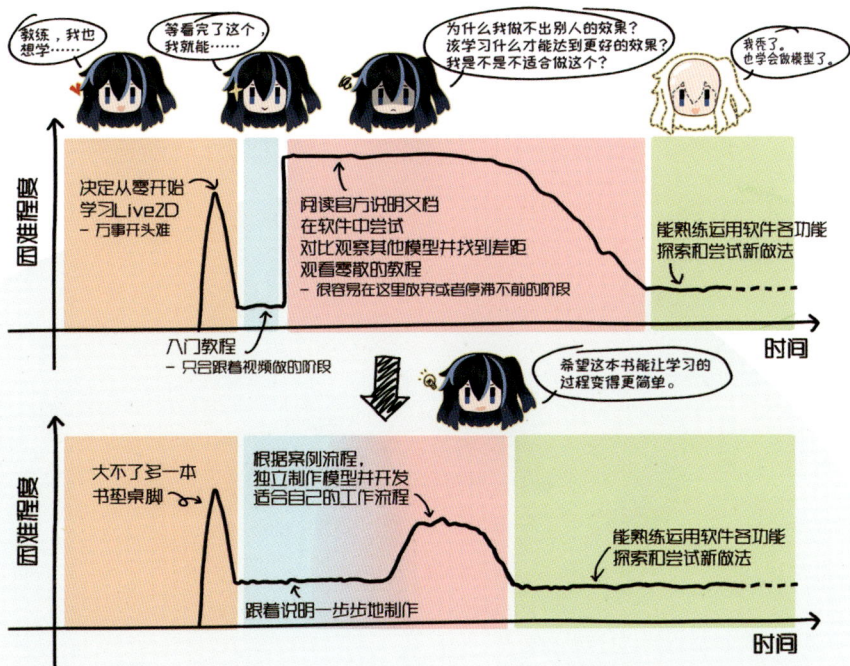

【1】纸片人：指二次元风格动画或游戏中的角色。

当然，我认为书本并不是权威和标准的代表，而是交流传播的媒介。这本书同样也仅是我个人对制作过程的总结和经验的分享，对软件工具的使用方法和最终效果的偏好因人而异，而软件本身也会更新换代并加入更多功能。希望读者把这本书当作入门的指南，但不要被书中介绍的方法和流程所限制，不断地尝试和学习新的方法，找到最适合自己的工作流程。

虽然我是这本书的作者，但这本书却不是我一个人的作品，这里也要感谢各位编辑老师在成书过程中所做的工作和为我提供的帮助，以及最重要的家人对我爱好的支持。我的 B 站账号名为 0x4682B4，欢迎关注。最后，还要感谢翻开这本书的您。谢谢！

六碳糖

目录

第 4 章　模型制作

Live2D 简介

第 1 章

1.1 什么是 Live2D

Live2D® 是一种 2D 图像表现技术。通过对 2D 图像的变形操作，实现 2D 图像的立体动态表现，从而达到一种伪 3D 的效果。使用 Live2D 技术，不用参照角色原画重新进行 3D 模型的制作，只需为角色原画各部件设定变形规则，使角色动起来。此外，也可以使用 Live2D 编辑器进行动画的制作。相比于 3D 模型和动画的制作，live2D 模型制作的入门门槛较低，对计算机配置的要求也较低。

制作 Live2D 模型，通常会先将原画拆分为不同的部件，再使用 Live2D Cubism 为这些部件添加特定的变形规则，在制作完成后，使用不同的参数控制这些部件以实现动态效果，如图 1-1 所示。这些动画可以被导出并被嵌入不同的应用中，也可以使用动作捕捉或表情捕捉软件对这些参数进行实时的控制，使角色跟着操纵者动起来。

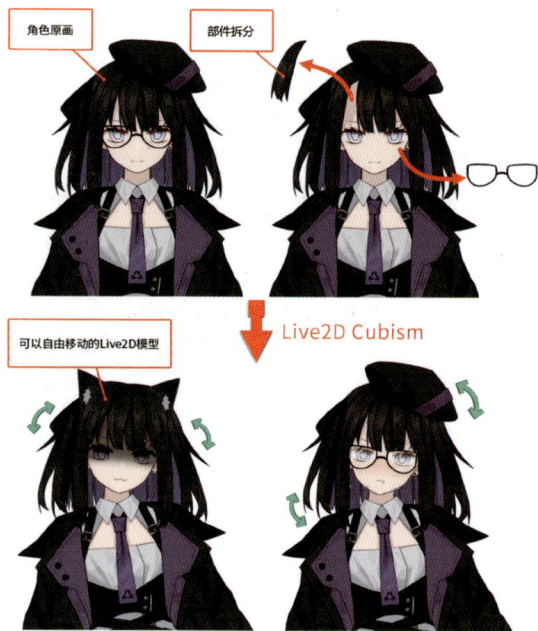

图 1-1

自从 2009 年第一款 Live2D 制作软件问世以来，Live2D 已经被应用在电子游戏、视觉小说、视频动画制作和虚拟主播等多个领域，Live2D 官方也致力于丰富软件功能，拓宽软件的应用面，使 Live2D 越来越受欢迎。本书主要介绍如何制作虚拟主播使用的 Live2D 模型。

1.2 虚拟主播与 Live2D

1.2.1 虚拟主播行业介绍

虚拟主播一般指不使用本人形象，而使用虚拟形象（有时也使用虚拟的人物设定）在视频网站及直播平台进行活动的主播。在国外一般使用 YouTube 进行投稿或直播活动，虚拟主播也被称为 VTuber（即 Virtual YouTuber，虚拟 YouTuber）。国内常在 Bilibili 弹幕网（以下简称为 B 站）进行活动的虚拟主播较多，而在 B 站上传视频的制作者常常被称为 UP 主，故也常把虚拟主播称为 VUP（即虚拟 UP 主）。

虽然虚拟主播一般以直播作为主要活动，也有一部分以虚拟形象出现在其他领域活动，例如视频势、歌势 VUP 等。使用虚拟形象可以增强粉丝的互动感，使粉丝更容易记住自己，同时也提高二次创作的原创度和话题热度，可以为视频制作者、实况主、主播等带来更多人气。

虚拟形象具有可定制性,不仅可以是二次元或者动画风格人物形象,也可以是动物或者其他物件拟人形象,能满足不同年龄段、不同爱好的观众需求。对于不想使用自己形象直播或进行视频制作的内容创作者,使用虚拟形象进行活动是非常好的选择。

随着增强现实交互技术(AR)的发展,一般用户只需一台手机或一个普通的网络摄像头即可实现对虚拟形象的操控。

B 站官方数据显示,B 站直播领域增长最快的品类就是虚拟主播类。在 2020 年 6 月到 2021 年 5 月,一共有 32 412 名虚拟主播在 B 站开播,同比增长 40%。直播弹幕互动量达 5.6 亿,同比增长 100%;虚拟主播投稿量达到 189 万,同比增长 50%;虚拟主播稿件播放量达 83 亿,同比增长 70% 。而在 B 站全部直播分区仅有的 5 位达成万人舰队(主播的赞助者或订阅者)成就的主播中,就有 3 位是虚拟主播,而达成千人舰队的主播中则有 42 位,且有多位保持着大于 1000 的舰队数 。从虚拟主播相关内容的增加和支持者的数量可以看出,虚拟主播行业在近年来发展迅速且势头良好,有很大的潜力。

除了观众每月的赞助,主播还可以通过直播间礼物和充电等渠道获得收入。很多人气虚拟主播单次直播的营收就可达到数千或数万元,而月度营收则可达到十几万甚至几十万元。而直播的平台和主播所属的公司则可以通过抽成来获利,这一点也吸引了不少娱乐公司和其他资本对这一行业的关注和投资。

B 站本身也非常支持虚拟主播及虚拟偶像的发展,开设了专门的虚拟主播分区,如图 1-2 所示。

图 1-2

同时,B 站旗下也拥有虚拟主播生态项目,例如可以委托定制模型及其他美术资源的 UP 主工房。而哔哩哔哩直播姬(B 站官方直播推流软件)也支持虚拟形象的使用,并提供供新人主播使用的免费 Live2D 模型。此外,在不少约稿和外包平台上,也有专门的虚拟主播模型和美术资源分区,方便直播相关资源的获取。

一般在各视频平台上活动的虚拟主播,可以分为以下 3 种类型:

· 个人势:一般指由个人负责经营的主播,不管是内容策划还是直播设备都需要主播自己准备。

· 企业势:一般指由企业负责运营的主播,一般公司会有专业的团队为主播提供策划、运营、技术、公关和法律上的支持。而运营方向也会有很多不同,例如有以网络直播为主要方向的虚拟主播,或者以偶像为运营方向的虚拟偶像。有些在网络直播之外,也会有音乐制作或其他方面的合作。例如海外的 HoHoLive 和彩虹社,国内的虚研社和 A-SOUL 等。值得注意的是,国内很多社团,即使由正式注册的公司运营,有时也会将自己的组织称为“社团”。

· 社团势:一般不像企业势有正式注册的公司,规模也相对较小。一般社团会提供诸如美术资源、切片、周边制作、策划或者运营上的支持。同时,社团也会抽取主播一定比例的收入作为报酬。

成为个人势主播的门槛较低,一般只需一台可以用来直播的设备(如计算机、手机等)、简单的录音装置和网络摄像头,外加一个可以使用的虚拟形象模型即可开始直播。而企业势或社团势则有一定的入门门槛,例如需要填写问卷及接受面试等。如果想要以虚拟偶像(即除了直播,还会使用虚拟人设发布专辑或进行表演等)作为发展方向,入门门槛则更高,此外还可能需要接受一定的培训和考核。

在众多虚拟主播模型的选择中，使用 Live2D 技术的 2D 模型是非常受欢迎的一种。相较于 3D 模型，Live2D 模型的制作成本不高，且对计算机配置的要求也较低。同时，Live2D 模型可以细腻地还原原画的质感，制作出来的模型更具有特点和个人风格，辨识度高。若想使用 3D 模型达到同样高的还原度，除了要花大量时间在贴图的绘制上，还需要有经验的模型师对着色器进行个性化配置来还原原画的线条、阴影和质感。

综合对成本、配置和效果的考虑，Live2D 模型不管是对于由个人负责运营的个人势主播，还是由企业负责运营的企业势主播或艺人，都是非常好的选择。而据笔者的观察，国内外大多数非常受欢迎的顶尖主播，都会使用 Live2D 模型。即使有可以使用的 3D 模型，不少主播还是会选择定制 Live2D 模型来拓宽受众范围。

不管你是想要成为虚拟主播本身，还是想要加入这个行业，学习制作 Live2D 模型都是不错的选择。主播可以自己制作虚拟形象模型，进一步降低成本的同时还可以按照粉丝喜好随意修改模型。成为 Live2D 模型师后也可以在各平台出售自己制作的模型或完成模型制作的委托来获得稿酬，例如 Bilibili UP 主工房就开设了专门的 Live2D 模型区出售成品模型，模型师也可以通过工房或者米画师等平台提供模型定制服务。

此外，Live2D 模型师不光能为虚拟主播制作模型，也可以选择向电子游戏制作及影视动画方面发展。

1.3 Live2D 在其他行业的应用

Live2D 在游戏和动画影视行业有广泛的应用。Live2D 官方提供多个平台的 SDK（即 Software Development Kit，软件开发工具包），可以在移动设备的应用程序或网页中轻松嵌入 Live2D 模型及动画。因为可以实现生动而丰富的面部表情表达和互动动作，所以 Live2D 常被应用在手机游戏互动立绘的制作上。例如游戏《命运之子》《碧蓝航线》和《双生视界》中的动态 / 互动立绘就使用了 Live2D 技术。因为比起3D 模型制作，Live2D 制作成本低，也有很多独立开发的游戏选择使用 Live2D 角色立绘。

在动画方面，Live2D 官方也提供 AE（即 Adobe After Effects）可用的动画插件，使 Live2D 模型可以直接被 AE 读取。在 Live2D 中编辑的带有关键帧的动作文件，也可以直接导入 AE 进行编辑，可以将 Live2D 模型和 Live2D 模型动画应用到动画短片或宣传片的制作中。

虚拟主播用 Live2D 模型和游戏、动画用 Live2D 模型的侧重点不同，前者主要侧重于对面部表情和五官变化的表现，如果要将模型应用于游戏或动画中，则需要额外关注模型的互动性（点击区域、互动动画的设计）和动画表现力。

基本制作流程
及准备工作

第 2 章

2.1 制作流程说明

2.1.1 制作流程

　　虚拟主播用 Live2D 模型的制作流程，如图 2-1 所示。需要使用支持格式文件的绘画软件，Live2D Cubism Editor、Live2D Cubism Viewer 和支持 Live2D 模型的面捕软件及设备。这一节主要介绍制作流程。

原画处理

原画补画、拆分 → 导出为PSD格式

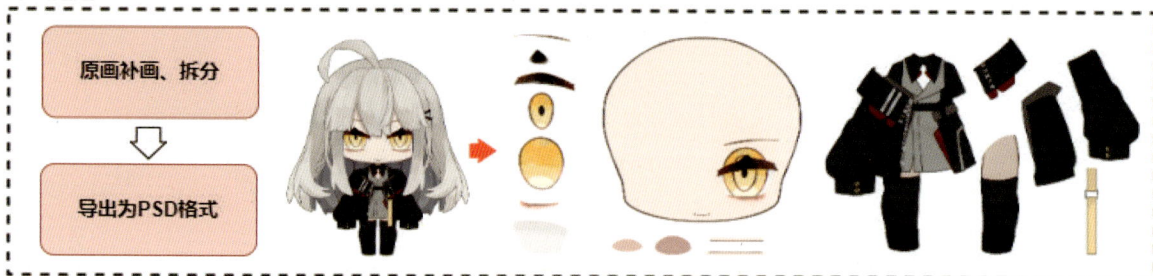

模型制作 Live2D Cubism Editor

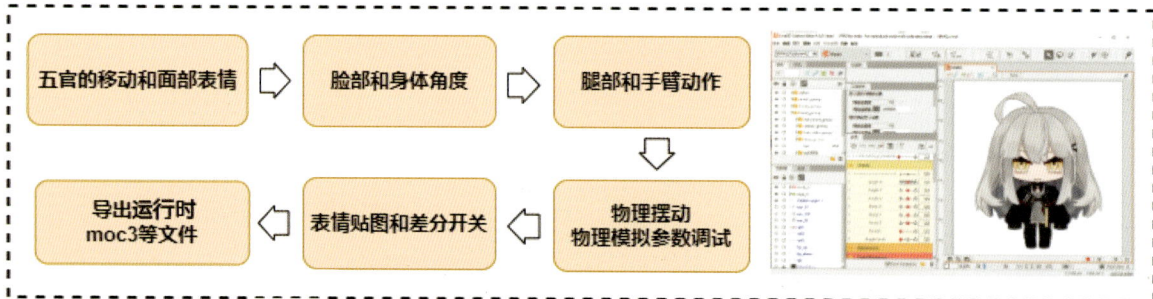

五官的移动和面部表情 → 脸部和身体角度 → 腿部和手臂动作

导出运行时 moc3等文件 ← 表情贴图和差分开关 ← 物理摆动 物理模拟参数调试

动画制作 Live2D Cubism Editor

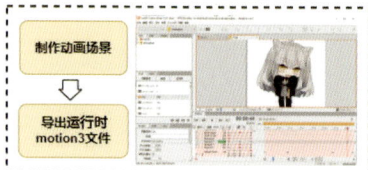

制作动画场景 → 导出运行时 motion3文件

表情制作 Live2D Cubism Viewer

表情文件制作 exp3文件 → 关联模型文件 model3文件

面捕调试和配置

参数映射调整 → 按键绑定

图 2-1

　　本书中大部分内容均使用 Cubism 4.2 版本制作，Cubism 5.0 版本中部分有变动的地方会在说明中提及。因软件版本不同，软件界面和条目翻译可能存在部分差异。本书中提及的 Cubism 5.0 的版本为 Alpha 测试版，可能会与正式版的界面样式和条目翻译略有不同。

1. 原画处理

在开始制作模型前，需要对模型原画进行处理。首先需要补全原画中被遮挡且在角色运动时可能会露出的部分，然后将每个部件放在单独的图层上并对图层进行分组和命名。如果绘制原画阶段，那么在绘制每一个部件时可以预先画出被遮挡的部分，绘制完毕后再根据需要进行细节拆分。

将模型原画分为几个大的部件，例如头、身体、前发、侧发和后发，并为每一个部件创建图层组。表情贴图也需要预先绘制，如图 2-2 所示。

图 2-2

划分完毕后需要将每一个会单独运动的部件进行分离，对在运动时可能会露出的部分进行补画。左右两边相同的部件也需要分别拆出，如图 2-3 所示，将它们放在不同的图层上。你也可以直接画出图 2-3 所示的分离部件。

图 2-3

如果是从画师处获取拆分好的模型原画，每一个部件都会被拆开并放置在分离的图层上，可直接导入 Live2D。

2. 模型制作

在获取 Live2D 模型用原画之后，就可以将原画导入 Live2D Cubism Editor 并开始制作模型。Live2D Cubism Editor 的界面和在编辑中的模型，如图 2-4 所示。其中①为从 PSD 中导入的图层部件和在 Live2D 中创建的变形工具，以下统称"对象"；②为模型参数；③为正在编辑中的模型。

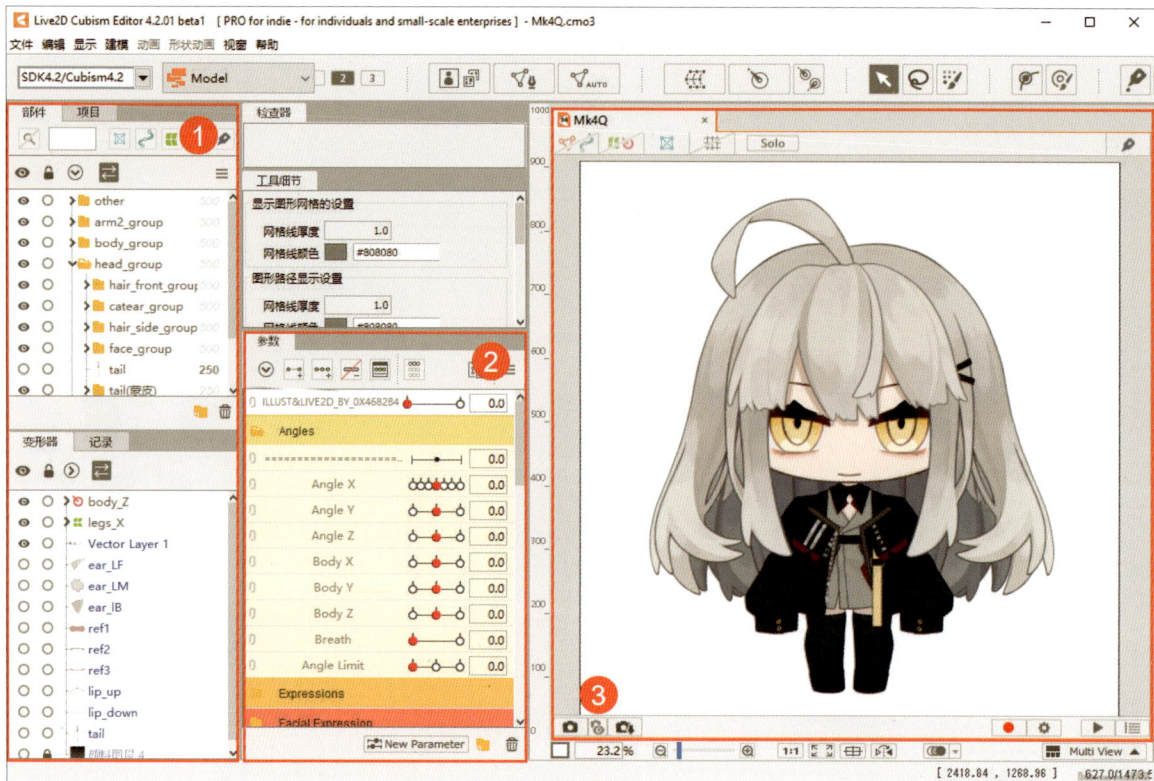

图 2-4

这里使用的制作流程如下：

1. 五官的移动和面部表情。
2. 头部角度和身体角度。
3. 腿部和手臂动作。
4. 物理摆动和物理模拟参数调试。
5. 表情贴图和差分开关。

为了让原画能够动起来，需要将每一个对象与参数关联，并调整部件在每一个参数关键帧的状态。这样就可以通过控制参数控制每一个部件的状态，从而实现让模型跟随面捕对象运动的效果。

首先制作五官的移动和面部表情，如图 2-5 所示。在这一步需要将角色五官的对象关联至相关参数。在改变参数值时，能让角色做出诸如张嘴、闭眼等动作。

图 2-5

接下来制作角色头部和身体的角度，将头部的相关对象与角度参数关联，并调整其在每一个参数关键帧的状态。通过移动每一个对象的位置并调整其形状可以使角色转头，如图 2-6 所示。

图 2-6

身体的角度同理，需要对身体各对象进行调整，让角色的身体能够旋转或移动。腿部和手臂的动作也需要按照身体的状态进行调整，如图 2-7 所示。如果有手臂和腿部运动的动画，例如挥手、走路等，也可以同时制作。

图 2-7

在完成以上几步后，角色虽然已经可以做出不同的表情并进行基本的移动了，但其头发和衣物等并不会动，这时需要将相关的对象和摆动参数关联，并使用物理模拟功能控制这些参数。物理模拟能根据选定的输入参数计算输出参数的值。通过调整物理模拟的模型参数，能够使这些物体动起来。

角色头发摆动的效果，如图 2-8 所示。为了使运动更加生动，不同长度和性质的物体会使用不同的物理模型组。图 2-8 中的前发（短）和侧发（长）就分别与不同的参数关联，这样就可以使用不同的物理模拟组控制这些参数了。

图 2-8

物理模拟参数调试的窗口，如图 2-9 所示。在这个窗口中可以为物理模拟模型设置输入和输出参数，并进行实时的物理模拟。使用鼠标跟随可以使角色随着鼠标的移动而运动，在角色运动时可以实时观察物理模拟模型的输出和模型相关对象的运动，通过微调物理模拟模型的相关参数，可以实现生动且自然的摆动效果。

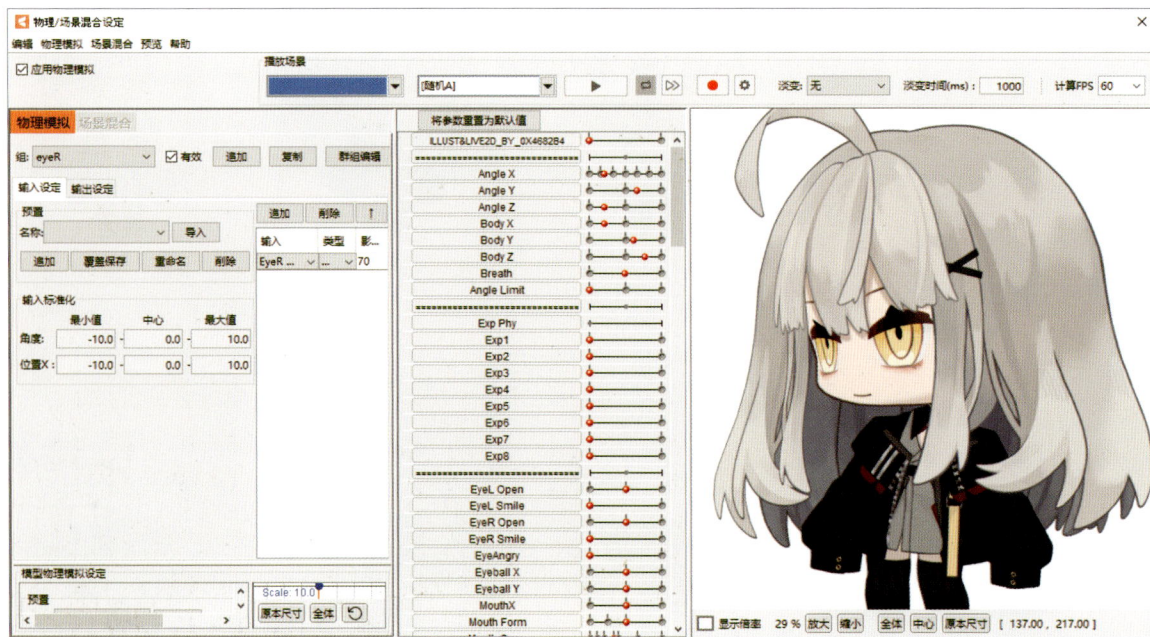

图 2-9

最后一步是将每个表情贴图或表情差分（例如不同的嘴型和眼睛模式）与一个参数关联，作为控制表情贴图或表情差分的开关，如图 2-10 所示。除了表情贴图的开关，如果需要进行发型、服装和手臂状态等的切换，也需要添加相应的控制参数。此外还可以适当地为表情贴图添加物理效果。

图 2-10

在完成模型本体的制作后，需要将模型导出为面捕软件可用的运行时文件。所有面捕软件和以其他形式对 Live2D 模型进行展示的软件均使用 Live2D Cubism SDK 进行开发，但具体版本可能不同。

这个制作流程也是对新手较为友好。在熟悉制作流程的每一步后，可以按照自己习惯的工作流程进行制作。在制作完成一小部分后，也可以将模型导出并载入面捕软件进行调试，这样可以在制作的过程中调整模型，优化面捕的效果。

3. 动画制作

如果需要为模型制作待机动画（默认循环播放的动画，例如尾巴摆动的动画）或由按键控制的动画时，需要将模型导入动画文件，并在 Live2D Cubism Editor 中为每一个动画制作场景。在编辑动画文件时，Live2D Cubism Editor 会进入不同的工作区，如图 2-11 所示。

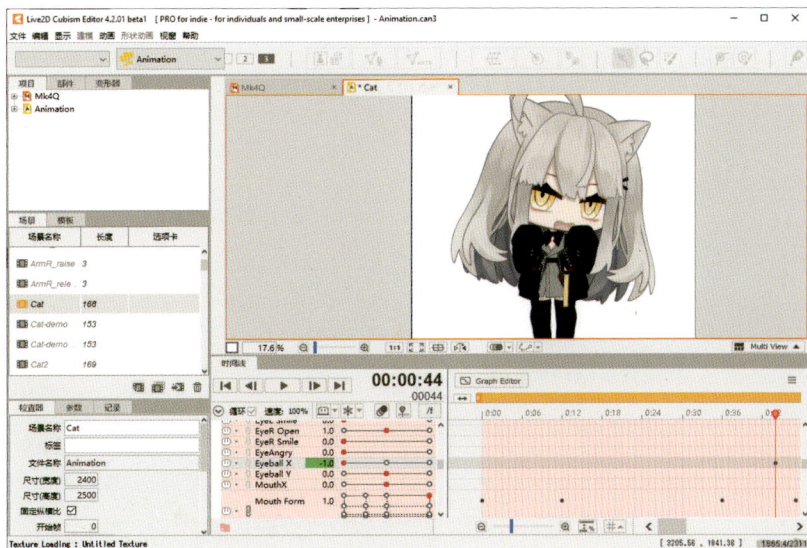

图 2-11

这时可以为每一个按键动画新建场景，并在时间线上为参数添加关键帧，记录参数在不同时间的状态。在播放动画时，参数会按记录的值变化，从而实现动画的效果。在动画制作完毕后，需要将每一个场景导出为运行时动作文件。

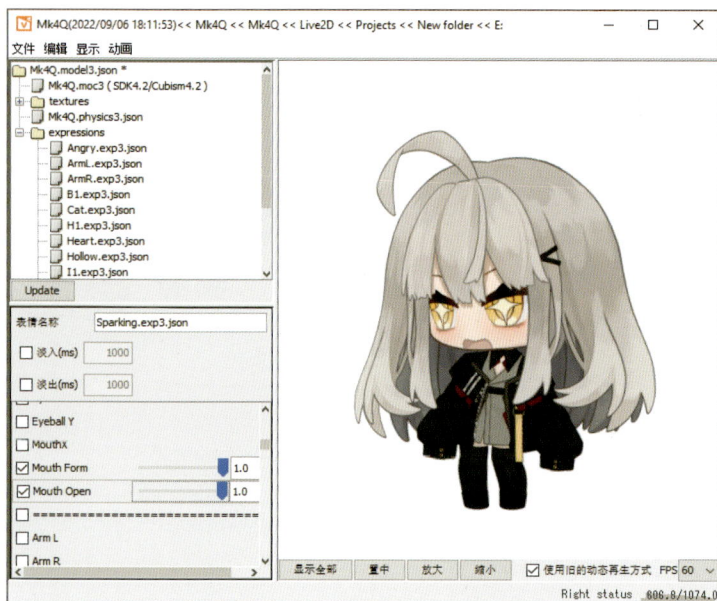

图 2-12

图 2-13

4. 表情制作

使用 Live2D Cubism Viewer 可以为模型添加表情文件。Live2D Cubism Viewer 的窗口，如图 2-12 所示。

表情只有开和关两种状态。表情文件记录了参数在表情贴图或差分开启时的状态。在表情开启时，相关的参数会被调整至预先设定的位置，相应的部件也会变为显示状态。

如果为模型制作了动作文件，也需要在 Live2D Cubism Viewer 中将动作文件与模型配置文件关联，方便面捕软件找到相应的动作文件。并不是所有面捕软件都需要手动进行关联，大多数面捕软件都会自动关联模型文件夹中的内容。

5. 面捕调试和配置

最后一步是将模型载入面捕软件并进行调试和配置。如图 2-13 所示。

在面捕软件中可以设置面捕输入与 Live2D 参数的关联和映射，使角色的五官能随面捕对象运动。如果使用标准参数表，面捕输入与参数的关联将自动完成。虽然这一步是自动的，但仍然需要根据情况手动调整参数映射以达到最佳效果。此外，在面捕软件中还可以将特定的表情文件和动作文件与键盘按键关联，这样就可以通过按键播放特定动画或特定表情了。

在完成模型的配置和调试后就可以在直播中使用模型了！

2.2 Live2D Cubism Editor

2.2.1 软件版本说明

Live2D Cubism Editor（以下简称 Live2D）有专业版（PRO 版）和免费版（FREE 版）两个版本。在首次下载时，可以获得 42 天专业版的免费试用期。试用结束后会自动切换为免费版。免费版在使用上有一定的限制，部分功能对比如表 2-1 所示。使用免费版仍然可以打开超出此限制的模型进行编辑，但无法进行保存和导出。部分菜单选项也会显示为灰色（不可用状态）。

表 2-1

名称	专业版（PRO 版）	免费版（FREE 版）
图形网格（图层数）	无限制	100
参数数量	无限制	30
变形器数量	无限制	50
部件或文件夹数量	无限制	30
曲面变形器分割数	100×100	9×9
纹理分辨率	无限制	2048px×2048px

注：更多区别在 Live2D 的官方网站上可找到。

因为一般虚拟主播用模型需要的参数数量和变形器数量会远大于 30 个和 50 个，所以必须使用专业版进行制作。推荐先使用 42 天的专业试用版进行学习，之后可选择不同的订阅方案。Live2D 为在校学生和教职工提供三年合约 76% 的优惠（即 2.4 折）。学生可使用学校官方邮件地址申请优惠码。此外，在新年或五一等节假日，官方也会有一定的优惠活动，可以使用优惠价订阅软件。具体价格和购买说明可以在 Live2D 官方网站查询。

2.2.2 软件的获取

在 Live2D 官方网站的首页用鼠标单击【下载试用版（免费）】，进入下载页面，如图 2-14 所示。

图 2-14

图 2-15

在下载界面阅读并选择【同意软件使用授权协议及隐私政策】后即可使用相应版本的下载按钮下载软件，如图 2-15 所示。推荐下载最新的发布版而非测试版本。新版的软件始终向下兼容旧版模型，在下载软件后也可以修改目标版本。例如可以使用 SDK4.2 版本导出兼容 SDK4.0 或 SDK3.3 版本的模型。

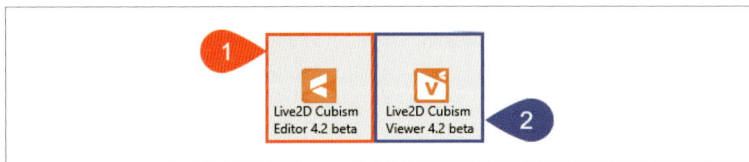

图 2-16

在按照安装程序的指引完成软件安装后，得到如图 2-16 所示的两个程序。其中① Live2D Cubism Editor 为 Live2D 模型编辑器，也是在制作模型和动画时需要使用的软件。而② Live2D Cubism Viewer 为 Live2D 模型查看器，可以查看模型运行时和对模型的配置文件进行编辑。

图 2-17

首次启动 Live2D 模型编辑器时会出现图 2-17 所示的窗口。如果需要进行 PRO 版本的试用，可以用鼠标单击①【开始免费试用 PRO 版本】按钮，在弹出的提示框中用鼠标单击②【Yes】按钮确认开始试用。

如果没有激活软件许可证，那么图 2-17 所示的窗口在每次启动时都会显示，在试用期满将无法进入 PRO 版而只能选择【开启 FREE 版】使用有功能限制的免费版本。Live2D Cubism Viewer 无免费版和专业版的区别，也不会对功能进行限制。

如果购买并获取了许可证，将会得到一个软件激活码。用鼠标单击【PRO 版或试用版的许可证激活】按钮可以输入激活码并激活软件。激活后的软件在启动时将不会显示图 2-17 所示的窗口。每个许可证可以在两台设备上同时激活 Live2D PRO 版，但两台设备不能同时使用软件。如果想要解除设备上的软件许可证，需要在 Live2D 的【帮助】菜单中选择【解除许可证】选项。

2.3 面捕设备和软件

面捕软件一般指可以使用网络摄像头或手机摄像头对面部表情进行捕捉分析，再使用分析结果对Live2D或3D模型进行控制的软件。一般的面捕软件可以识别眼睛的开闭、嘴巴的开闭和形状、脸部的角度和位置等状态参数，识别到的状态参数将被映射在Live2D模型相应的参数上以实现对模型的控制，一些面捕软件也可以识别和追踪手部的动作。面捕软件将摄像头画面转换为模型动作的过程，如图2-18所示。

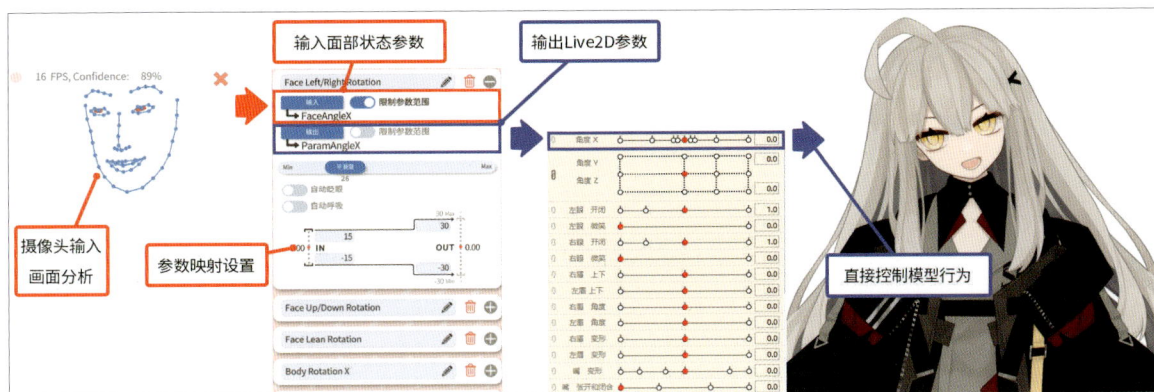

图 2-18

2.3.1 面捕设备

一般来说，笔记本和普通的网络摄像头都可以满足面捕的需要。如果希望能达到比较好的效果，推荐使用分辨率较高的摄像头。除了使用网络摄像头，也可以使用手机摄像头进行面捕，再将数据传输至电脑端。支持手机数据传输的面捕软件一般会提供手机端的适配应用。如果需要使用手部追踪，则需要使用网络摄像头。

面捕效果最好的是IOS设备。因为IOS设备使用了较为先进的ARKit面部追踪，使用某些兼容ARKit面部追踪插件也可以扩展追踪参数的数量。在使用网络摄像头时，根据使用算法的不同，不同的面捕软件会在效果上有一定的差异。例如使用NVIDIA Broadcast Tracker（需要RTX显卡）进行面捕会比使用默认OpenSeeFace效果更好。

此外，环境光照也往往会对面捕的效果造成影响，比如环境较暗或脸部阴影较多的情况下，容易使追踪效果变差。在房间光照条件不好的情况下也可以考虑购置额外的光源来增强追踪效果。

2.3.2 面捕软件

这里列出一些常见的面捕软件（按首字母排序），这些软件可以从 Steam 平台或其官方网站获取并下载。

· Animaze by FaceRig（Holotech Studios Inc.）
· 哔哩哔哩直播姬（上海宽娱数码科技有限公司）
· FaceRig（Holotech Studios Inc.）
· **Live2DViewerEX（Pavo Studio）**
· **VTube Studio（DenchiSoft）**
· 小 K 直播姬（北京云舶在线科技有限公司）

本书只介绍加粗显示的两款面捕软件，也是目前功能比较完善的两款。

2.4 参考软件

对于没有绘画、3D 基础或经验有限的读者，可能会在制作脸部透视时出现困难。此外，你在对立绘进行拆分时需要补画被遮挡的部分，你可以找一些参考来绘制露出的部分。虽然网络上可以找到不少九轴透视的参考图，但角度都是固定的。

这里简单介绍一款免费的 3D 模型制作软件 VRoid Studio（可以从 Steam 平台免费获取，目前无官方中文版）。虽然被叫作 3D 模型制作软件，但读者可以零经验，简单地创建 3D 模型。这里笔者将对软件基本使用作简单的介绍。

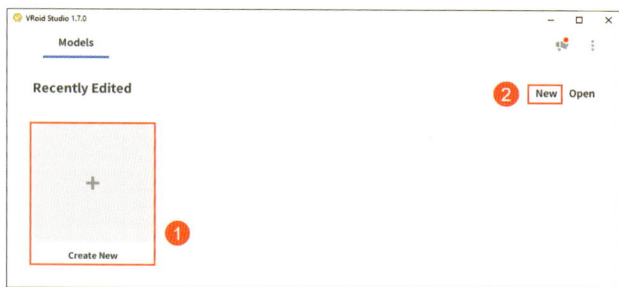

图 2-19

2.4.1 VRoid Studio 基本操作

启动 VRoid Studio 后，用鼠标单击①【Create New】或②【New】创建新的模型，如图 2-19 所示。

在弹出的窗口中选择性别后，模型会出现在视图区。在视图区可以使用鼠标右键旋转视角。鼠标滚轮则用于缩放和平移视角。在窗口左侧可以选择提前设置好的五官样式，右侧菜单中的滑块则可以调整五官的细节，如图2-20所示。

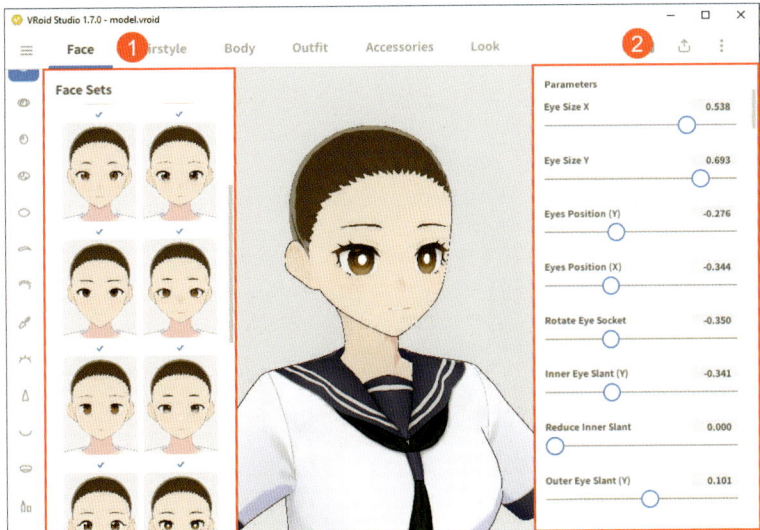

图 2-20

使用窗口上方的标签可以切换需要编辑的部位。例如用鼠标单击【Hairstyle】，可以切换成对发型的编辑，如图2-21所示。

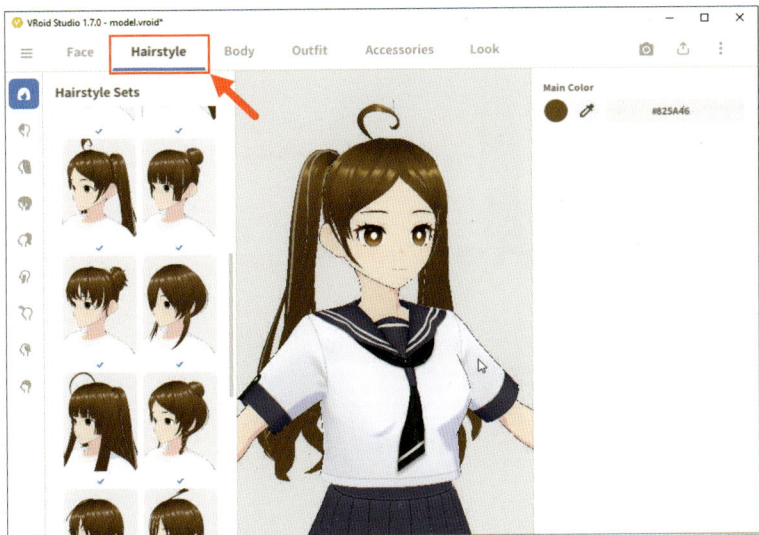

图 2-21

对模型脸部特征和发型进行简单编辑后，用鼠标单击窗口右上角的照相机图标进入拍照模式，如图2-22所示。

图 2-22

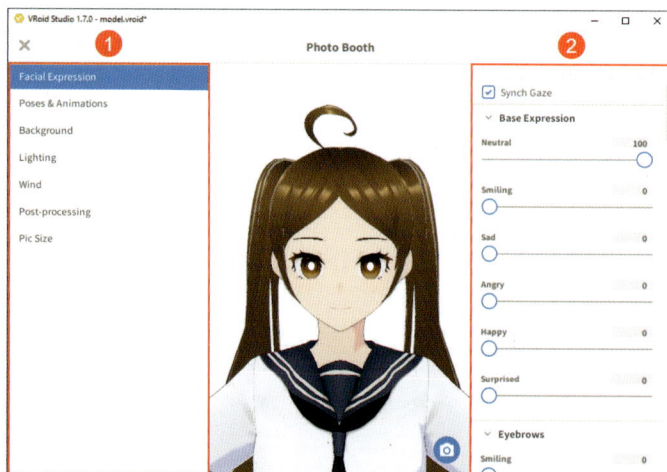

图 2-23

进入拍照模式后，在左侧列表中可以选择不同的编辑选项，在右侧菜单中可以对相关参数进行调整，如图 2-23 所示。

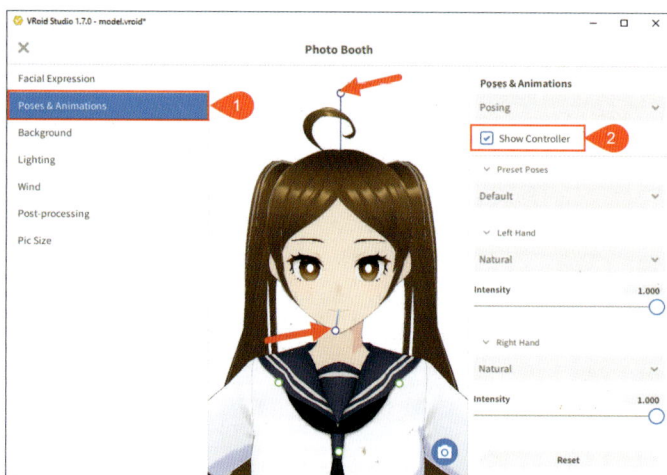

图 2-24

如果需要改变人物脸部的角度，可以选择【Poses & Animations】选项，并在右侧菜单中选择【Show Controller】选项（显示控制器），如图 2-24 所示。

图 2-25

使用头部的控制器可以改变头部的角度，①控制头部角度 Z，②控制头部角度 XY，如图 2-25 所示。

使用视图区右下角的照相机按钮可以将图片保存为 PNG 格式，也可以直接截屏将图像保存。

2.4.2 使用 3D 模型作为参考

当制作头部左右偏转和低头 / 仰头的动作时，可以使用 3D 模型图像作为参考图，如图 2-26 所示。

图 2-26

在模型文件打开时，将 PNG 图像直接拖入模型视图区。在出现的提示窗口中选择参考图，并用鼠标单击【OK】按钮将图像作为参考图导入，如图 2-27 所示。导入后参考图会出现在部件栏的参考图部件中，并默认以 25% 的不透明度显示在所有图层上方。

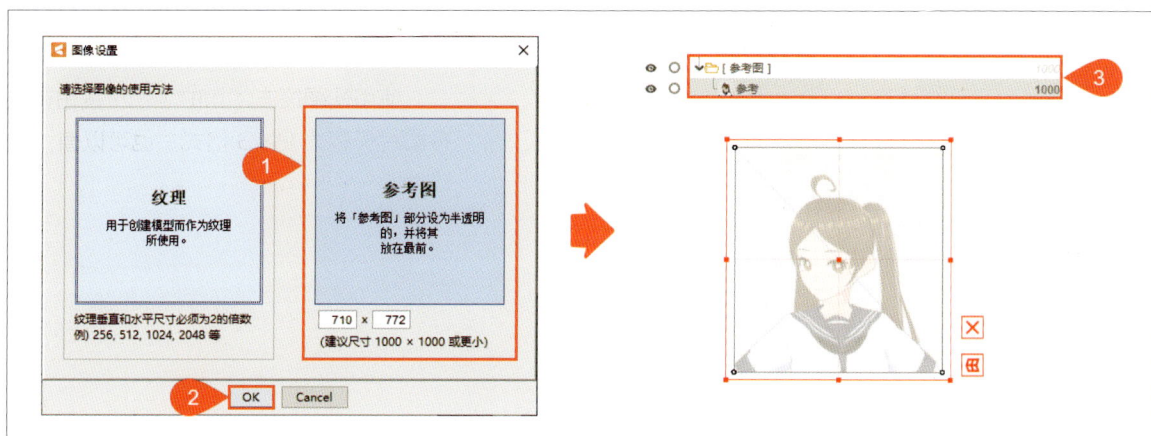

图 2-27

在不确定如何拆分时，可以参考 3D 模型旋转时各部件的显示和变化，决定如何拆分相关部件。图 2-28 和图 2-29 分别为转头时头发的变化和转身时上半身服装的变化，可以根据这些参考对侧面或被遮挡的区域进行补画和部件的拆分。

图 2-28

图 2-29

学习资料的获取与使用

随书附带数据

本书中附带的模型工程文件可以在练习模型制作时作为参考使用，包含的文件和说明在表 2-2 中列出。

表 2-2

章节	文件	说明
第 3 章	3- 布丁 .cmo3	一个简单模型的工程文件，包含少量的参数，可用于熟悉基本概念和软件操作
第 4 章	Mk4.psd	拆分好的立绘，同第 4 章中使用的相同
	Mk4.cmo3	已完成模型的工程文件，也包含了第 5 章中的动画参数
	运行时： · Mk4.4096（包含 png 贴图） · Mk4.cdi3.json · Mk4.moc3 · Mk4.model3.json · Mk4.physics3.json · Expressions（包含表情文件）	可以在面捕软件中使用的模型运行时。文件夹中的所有文件必须保持完整才可使用。如果需要测试面捕软件，需要将整个文件夹复制至指定目录
第 5 章 （电子书部分）	5- 旋转和参数循环 .cmo3 5- 环 .cmo3 5- 立方体 .cmo3	5.1 旋转和参数循环中使用的部分素材
	5- 动画 · 动画运行时（包含动作文件） · Mk4.cmo3 · 动画 .can3	5.2 制作动画的工程文件和导出的动作文件。如果需要使用这些动作文件，需要将其移动至模型文件夹内并使用 Live2D Cubism Viewer 进行关联（大多数面捕软件会自动关联）
	5-Mk4_ 嘴部融合变形 .cmo3	5.6 融合变形参数中的案例

官方示例数据和教程

除了本书提供的部分模型工程文件，读者也可以在 live2D 官方网站上下载各种素材和工具。具体可以查看官网的【各种下载】标签，如图 2-30 所示。

图 2-30

在 Live2D Cubism 示例数据集中，可以下载由官方提供的免费模型数据。一般分为 PRO 版和 FREE 版两个版本，读者可以根据自己软件的版本，下载对应的数据文件进行学习，如图 2-31[1] 所示。

图 2-31

官方网站提供的数据一般包括模型工程文件（cmo3 文件）、动画工程文件（can3 文件）和运行时文件。部分模型也包含声音文件、背景图片和 PSD 文件。如果想使用官方提供的数据进行建模练习，可以下载提供 PSD 文件的数据包或从官方提供的模型文件导出 PSD 文件，如图 2-32 所示。

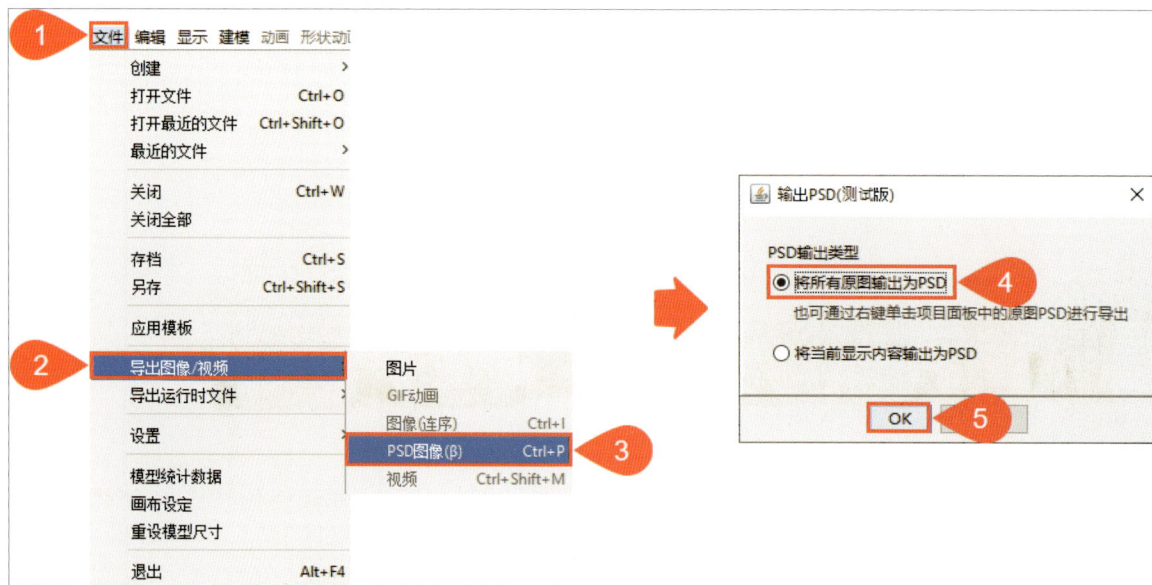

图 2-32

【1】图中所示角色及模型数据著作权归 Live2D Inc. 所属。

软件界面介绍与基本概念

第 3 章

3.1 Live2D Cubism Editor 编辑器界面介绍

Live2D Cubism Editor 编辑器（以下简称 Live2D 编辑器）有 3 种工作区：模型（Model）、动画（Animation）和形状动画（Form Animation）。因为 Live2D SDK 不支持形状动画（即通过直接编辑模型对象而非参数制作的动画），故无法在使用 Live2D SDK 的应用程序中播放形状动画。这里只介绍在制作中会使用的模型工作区和动画工作区。软件中工作区的名称以英文显示（Model Animation 和 Form Animation），在任何工作区中，都可以通过左上角的下拉菜单切换至不同的工作区。

当首次打开 Live2D 编辑器时，会进入模型工作区。模型工作区的默认布局，如图 3-1 所示。

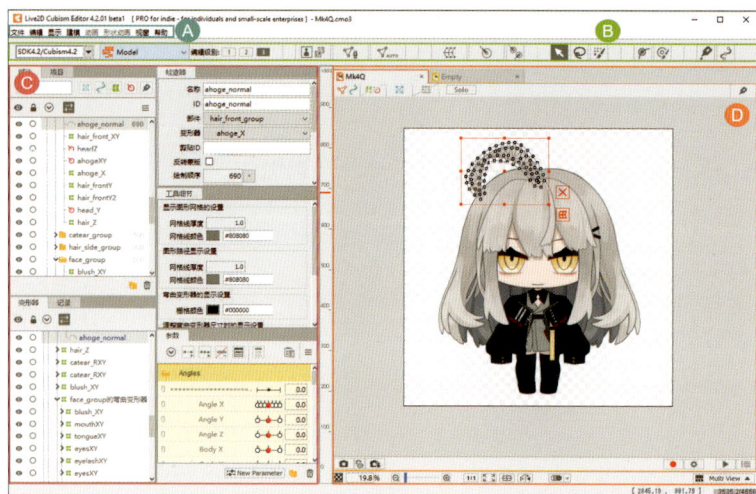

图 3-1

A. 菜单栏：常用的设置（例如画布大小和快捷键）和操作（例如复制粘贴）均可以在菜单栏中找到。

B. 工具栏：可以选择版本和工作区，常用的工具也在工具栏中。

C. 盘：显示部件、参数、对象属性和工具属性等。

D. 检视区域：显示模型。对模型的编辑主要在此区域完成。

当手动切换至动画编辑模式或使用 Live2D 编辑器打开动画文件时，会进入动画工作区。动画工作区的布局和模型工作区类似，如图 3-2 所示。

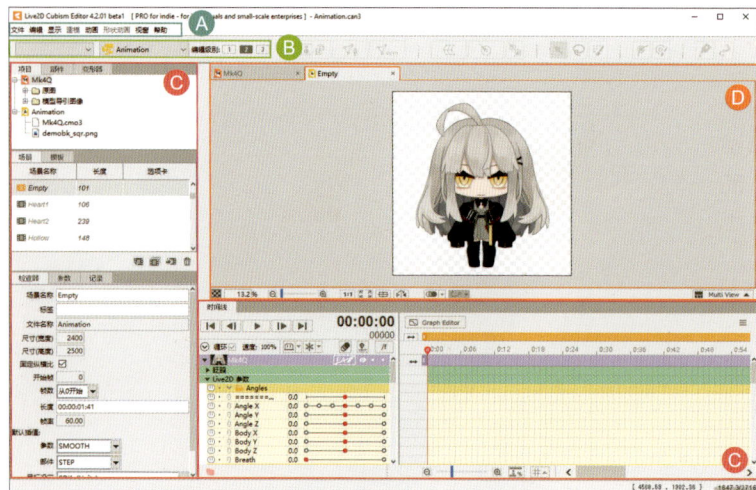

图 3-2

A. 菜单栏：常用的设置和操作均可以在菜单栏中找到，和模型工作区类似。

B. 工具栏：可以选择工作区模式和编辑级别。操作与模型工作区相同，在此工作区不可用的工具显示为灰色。

C. 盘：显示场景、场景属性和时间线等。对动画的编辑主要在时间线上完成，在动画工作区不可用的盘会显示为灰色。

D. 检视区域：显示模型。

3.1.1 菜单栏

菜单栏中包含了文件操作、模型编辑和显示设置等选项,菜单栏中的部分选项仅在建模或动画工作区可用,不可用的选项以灰色显示。

3.1.2 工具栏

1. 目标版本选择

在工具栏的最左侧,可以进行目标版本的选择。在下拉菜单中可以看到所有支持的目标 SDK 版本,如图 3-3 所示。一般会选用最新的 SDK 版本(SDK4.2/Cubism4.2)。面捕软件和相关展示软件通常会随官方 SDK 版本的更新进行升级,一般不用担心兼容性问题,具体兼容版本还需查阅软件说明文档。

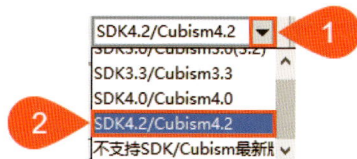

图 3-3

2. 工作区切换

同样在工具栏的左侧区域,可以切换不同的工作区。下拉菜单中列出了所有的可用工作区,如图 3-4 所示。Model:模型工作区;Animation:动画工作区;Form Animation:形状动画工作区。

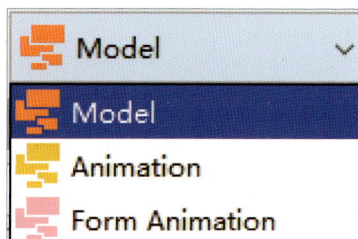

图 3-4

在 Cubism 5.0 版本前工作区选择菜单为英文,Cubism 5.0 版本后为全中文选项,分别显示为"模型"、"动画"和"形状动画"。

3. 编辑级别

在工具栏中可以选择不同的【编辑级别】。在【编辑级别】为 1 时,弯曲变形器只显示内部的转换分裂网格,此时只能对分割点进行调整,而在编辑级别为 2 和 3 时,会显示贝塞尔控制点或图形网格的变形路径,可以设置不同的贝塞尔分割数或变形路径。图 3-5 中显示了不同编辑级别下变形器的状态,灰色网格为变形器转换的分裂网格,而绿色网格为贝塞尔控制网格。

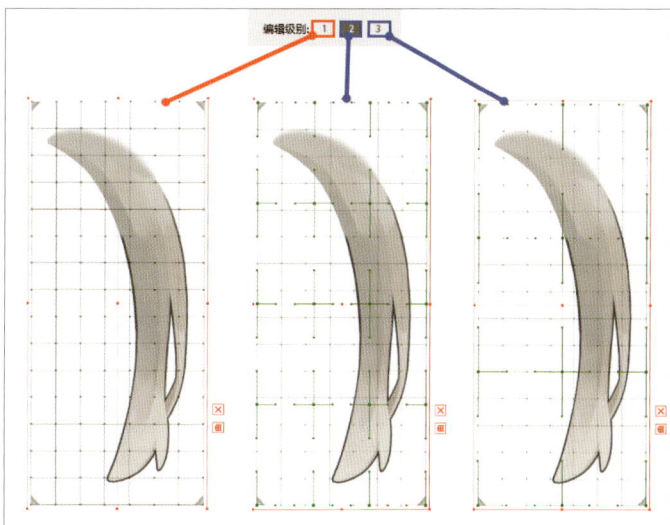

图 3-5

图 3-6

在动画工作区，变形路径蒙皮和旋转变形器的显示状态可以通过【编辑级别】调整。在【编辑级别】为1时，检视区会显示所有未锁定的旋转变形器（红色），在【编辑级别】为2时，检视区会显示变形路径蒙皮（浅蓝色路径），如图3-6所示。在【编辑级别】为3时，仅显示模型边框。在【编辑级别】为1和2时，可以直接拖动变形器和变形路径在时间线上插入关键帧。

4. 常用工具（模型工作区）

工具栏右侧显示了常用的编辑工具，将光标置于工具图标上方时会显示工具名称及说明，如图3-7所示。

图 3-7

① 编辑纹理集：编辑模型的纹理集。

② 手动网格编辑：手动编辑图形网格。

③ 自动网格生成：根据设定自动生成图形网格。

④ 创建弯曲变形器：创建新的弯曲变形器，可以设置新建变形器的父子级结构和网格分割数量。

⑤ 创建旋转变形器：创建新的旋转变形器，可以设置新建变形器的父子级结构。

⑥ 旋转变形器创建工具：在视图区拖动创建多个有父子级结构的旋转变形器。

⑦ 箭头工具：用于选择和编辑对象。

⑧ 套索工具：用于选择多个图形网格的顶点或弯曲变形器的分割点。

⑨ 笔刷选择工具：用于选择多个图形网格的顶点或弯曲变形器的分割点，可以设置选择的权重。

⑩ 变形路径编辑：为图形网格添加变形路径并对变形路径进行编辑。

⑪ 变形笔刷工具：用来移动多个图形网格顶点或弯曲变形器分割点。

⑫ 编辑胶水：编辑胶水的权重。

⑬ 图形路径工具：创建或编辑图形路径，但不支持在 SDK 中显示和使用。

3.1.3 盘

模型的部件、变形器层级、参数、工具属性的内容均存入不同的盘中。拖动窗口边界或盘的名称标签可以改变窗口的大小和工作区布局。如果需要调整盘的隐藏／显示状态或重置工作区布局，可以在【视窗】菜单中找到相应的选项。

1. 部件（模型工作区）

　　所有的图形网格、变形器、胶水和部件将在部件窗口中列出。新建模型的部件窗口中包含一些默认的部件，如图 3-8 所示。在 Live2D 中，习惯将文件夹称为"部件"，而将图形网格和变形器等称为"对象"。在导入时，PSD 文件的图层和图层组结构将被保留，图层会被转化为图形网格，而图层组则被转化为部件。

　　在部件列表中可以按住【Ctrl】或【Shift】键选择多个对象。按住【Ctrl】键并连续单击多个对象可依次选择这些对象，如图 3-9 所示。

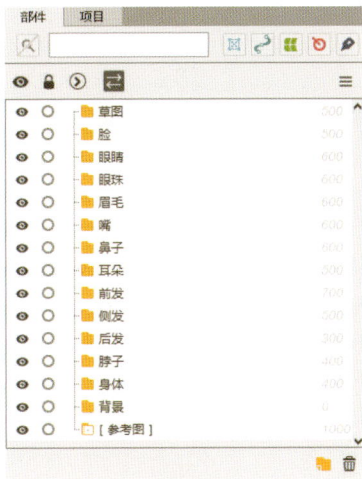

图 3-8

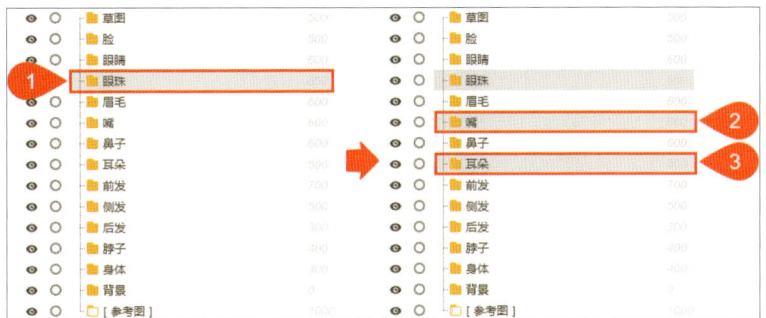

图 3-9

　　首先选择一个对象，在按住 Shift 键的同时选择另一个对象，可以选择两者及其之间的所有的对象，如图 3-10 所示。这种选择方式适用于所有的盘（项目、参数等）。

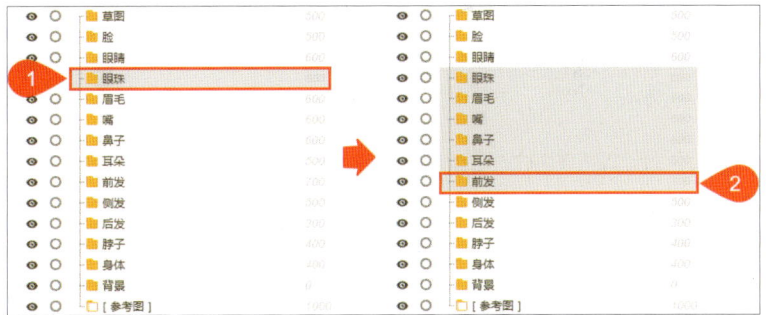

图 3-10

　　对象名称前的状态图标显示了当前对象的状态。其中①表示对象的显示／隐藏，②表示对象的锁定／解锁，如图 3-11 所示。隐藏的对象或部件在检视区不会被显示，锁定的对象或部件不能被编辑。

图 3-11

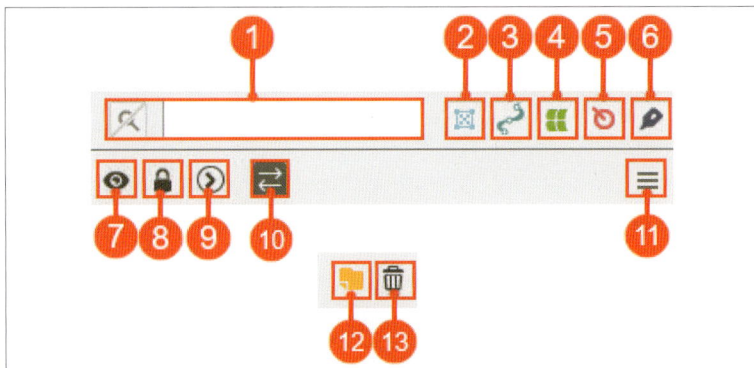

图 3-12

其他工具，如图 3-12 所示。

① 名称过滤器（按对象名称过滤部件栏中显示的内容）。

② 显示 / 隐藏列表中的图形网格（只影响列表，检视区部件或对象将正常显示）。

③ 显示 / 隐藏列表中的图形路径。

④ 显示 / 隐藏列表中的弯曲变形器。

⑤ 显示 / 隐藏列表中的旋转变形器。

⑥ 显示 / 隐藏列表中的胶水。

⑦ 显示 / 隐藏全部（改变检视区中部件或对象的显示状态）。

⑧ 全部锁定 / 解锁。

⑨ 全部展开 / 折叠。

⑩ 与所选状态一起打开零件树。

⑪ 部件设定菜单（批量编辑部件名称、ID 及绘制顺序）。

⑫ 创建新部件。

⑬ 删除选择的部件或对象。

2. 项目

【项目】窗口中列出了模型文件使用的原图①和模型引导图像②，如图 3-13 所示。原图即导入的 PSD 文件，包含所有的图层信息。模型引导图像为在模型中使用的图片，由原始 PSD 图层转换得到。

动画文件会列出在动画中使用的模型、图片和音频等素材，如图 3-14 所示。

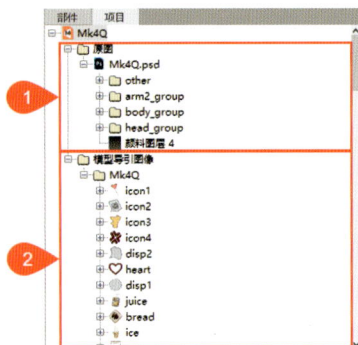

图 3-13

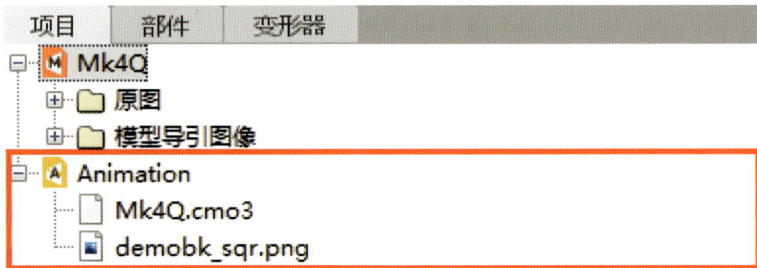

图 3-14

3. 变形器（模型工作区）

【变形器】窗口中列出了所有的对象，当添加了变形器后，对象的父子级关系将在列表中显示，可以通过拖动对象改变其层次结构，如图 3-15 所示。

4. 记录

【记录】窗口中记录了 Live2D 编辑器中的所有操作和事件，当出现错误时可以通过查询记录诊断问题，如图 3-16 所示。

图 3-15

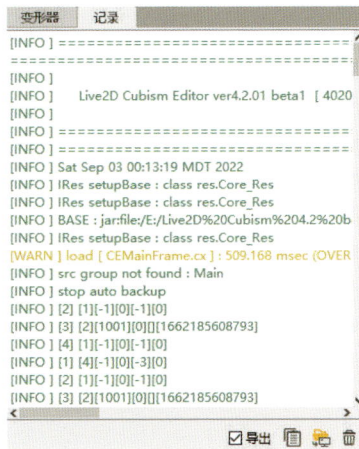

图 3-16

5. 检查器

【检查器】窗口会显示当前选择部件或对象的属性，如图 3-17 所示。当不同的对象被选择时，显示的内容也会有所区别，具体内容将在介绍不同对象时进行说明。

6. 工具细节（模型工作区）

【工具细节】窗口显示的是当前选择工具的属性，如图 3-18 所示。当不同的工具被选择时，显示的内容也会有所区别，具体内容将在介绍不同工具时说明。

7. 参数

【参数】窗口中列出了模型所有的参数并可进行编辑。Live2D 编辑器会自动创建一个默认的参数列表，拖动参数滑块可以改变参数的值并控制模型的运动，如图 3-19 所示。

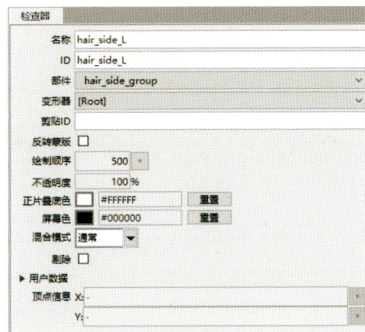

图 3-17

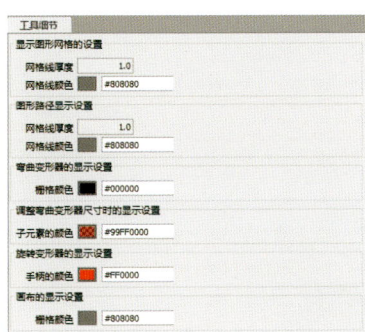

图 3-18

图 3-19

图 3-20

8. 场景（动画工作区）

【场景】窗口中列出了动画文件中包含的所有场景，使用右下角的按钮可以对场景进行操作，如图 3-20 所示。

① 创建新场景。

② 复制所选场景。

③ 插入场景。

④ 删除所选场景。

9. 时间线（动画工作区）

在【时间线】窗口中，可以选择不同的时间点，并在时间点上为参数添加关键帧，如图 3-21 所示。

①是播放控制按钮，用来控制动画的播放。②是轨道和属性区域，所有载入的模型，及其参数部件都会在此处显示。每个参数的关键帧会在③时间线上显示，有【Dopesheet】（编辑关键帧）和【Graph Editor】（编辑运动曲线）两种不同的编辑模式。

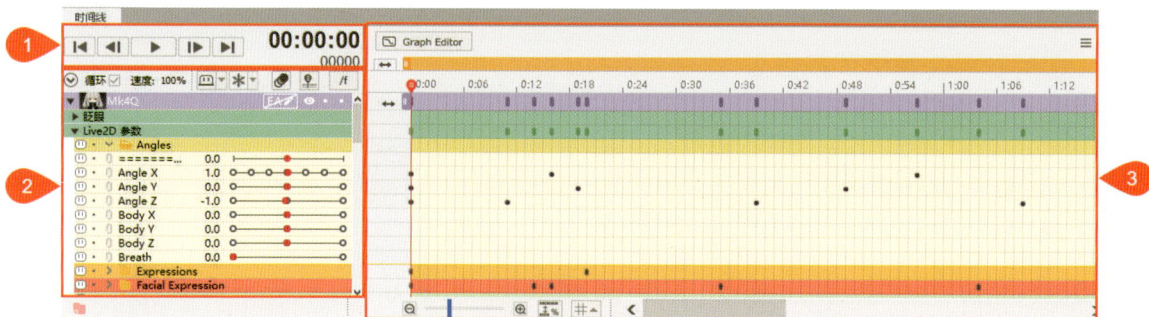

图 3-21

图 3-22

图 3-23

3.1.4 检视区

1. 显示设置（模型工作区）

在检视区，可以使用左上角的按钮控制对象的显示，如图 3-22 所示。

① 锁定可绘制物体：显示/隐藏网格和图形路径。

② 锁定变形器：显示/隐藏变形器。

③ 显示/隐藏可绘制物体。

④ 显示/隐藏栅格：显示或隐藏参考用的网格，如图 3-23 所示。

⑤ Solo：单独显示所选对象，如图 3-24 所示，检视区左上角的待用颜色即为 Solo 模式背景颜色。【Solo】按钮在 Cubism 5.0 版本中以图标模式显示。

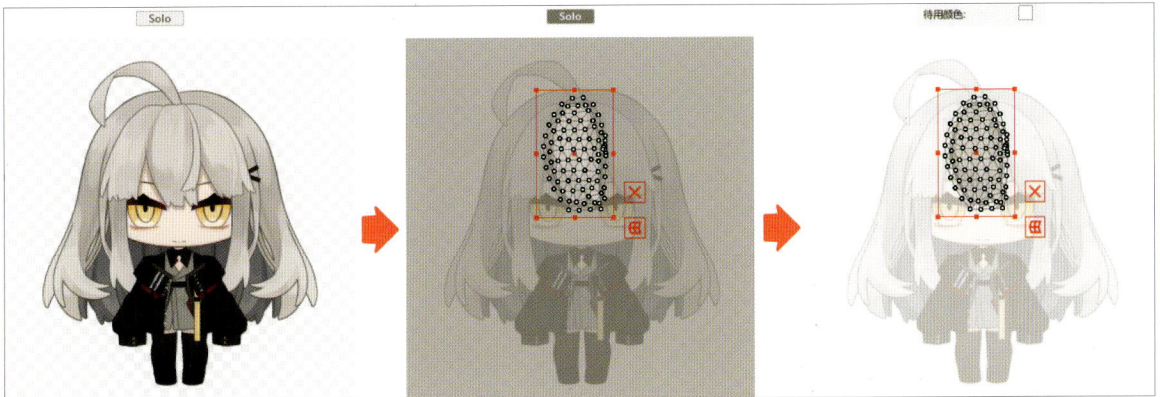

图 3-24

2. 显示区域（模型工作区）

在显示区域可以使用特定的快捷键进行导航。具体操作和所对应的快捷键如表 3-1 所示。

在模型显示区域单击鼠标右键，会弹出菜单，如图 3-25 所示。在该菜单中可以快速选择工具或对所选对象进行编辑。

表 3-1

操作	快捷键
缩放画布	滚动滚轮 或 Ctrl+ 空格键 + 鼠标左键拖动
移动画布 †	滚轮拖动 或 空格键 + 鼠标左键拖动
水平反转画布	R
旋转画布 †	R+ 鼠标左键拖动
重置旋转	R+ 鼠标左键双击
3D 旋转画布	E+ 鼠标左键拖动
重置 3D 旋转画布	E+ 鼠标左键双击
按绘制顺序展开 †	W+ 鼠标左键拖动
重置按绘制顺序展开 †	W+ 鼠标左键双击
重置显示	Ctrl+0
切换显示模型图像 / 纹理集 †	T
更改笔刷大小（选择、胶水笔刷等）†	B+ 鼠标左键拖动

注：† 进行水平 / 垂直方向的移动或整数角度的旋转时，需按下 Shift 键；‡ 在动画工作区不可用。

图 3-25

图 3-26

当鼠标置于模型特定对象上方时,该对象会被高亮显示(绿色网格),单击鼠标左键可以选择高亮的对象。当多个对象重叠时,按住【Ctrl】键并单击鼠标右键可以在菜单中选择正确的对象,如图 3-26 所示。

3. 显示区域(动画工作区)

在动画工作区中可以添加参数书签方便寻找特定的参数,在想要添加关键帧的对象上方单击鼠标右键并选择。

通过【以光标处的物体显示】选项即可打开该对象的参数书签,如图 3-27 所示。参数书签中会显示所有与该对象相关的参数,和时间线上的参数使用方法相同。

当有多个对象重叠时,可以使用【从光标处的物体中选择】选项,并在列表中选择合适的对象,如图 3-28 所示。

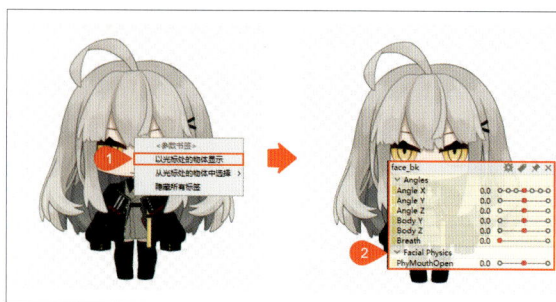
图 3-27

图 3-28

4. 快照(模型工作区)

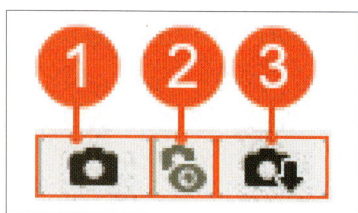
图 3-29

检视区左下方的快照按钮,可以用来创建参考图,如图 3-29 所示。

① 快照。

② 显示 / 隐藏快照。

③ 保存快照。

单击【快照】按钮,可以将当前模型状态保存为快照,当模型移动时,保存的快照将以半透明图像的形式进行显示,如图 3-30 所示。只有一张快照可以被临时保存,当再次按下快照按钮时,之前保存的快照会被清空。

单击【保存快照】按钮,可以将当前快照作为图形网格添加至参考图文件夹中,如图 3-31 所示。使用这种方法可以将多张快照作为参考图进行保存。

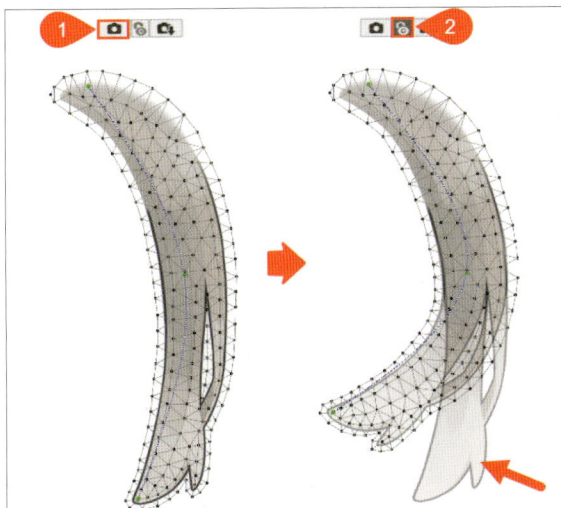

图 3-30

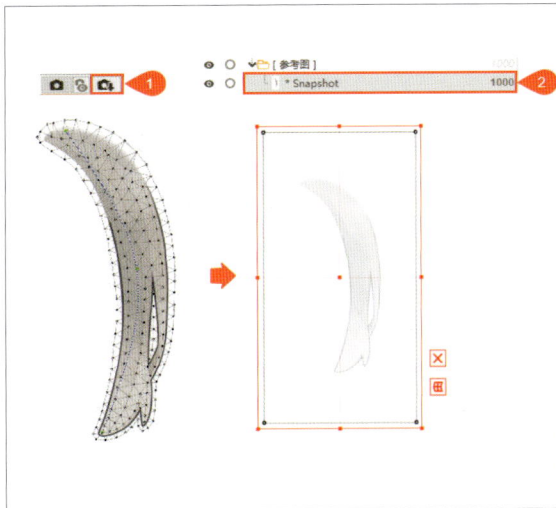

图 3-31

5. 随机姿势和录制（模型工作区）

检视区右下角的按钮可以进行视频录制和播放随机动作，如图 3-32 所示。

图 3-32

① 录制：从录制的动作创建动画文件。

② 录制设定：可以设定是将录制的动作追加到当前链接的动画文件，还是为录制的动作创建新的动画文件。

③ 参数随机化：生成随机姿势，参数会随机运动生成不同的姿势。

④ 随机姿势菜单：可以选择随机姿势的模式和随机姿势影响的参数。

6. 视图控制

运用检视区最下方的按钮可以对视图进行控制，如图 3-33 所示。

图 3-33

① 变更背景颜色：改变背景的颜色和不透明度。

② 显示倍率：调整模型的显示倍率（左右拖动调整数值或直接输入）。

③ 缩放模型。

④ 显示为原大小：以原本尺寸显示模型（将倍率设置为 100%）。

⑤ 显示全部：使画布适应视窗大小。

⑥ 焦点显示：将所选物体置于检视区中心。

⑦ 反转画布：左右镜像反转画布。

⑧ 洋葱皮显示的开关和设置。

鼠标单击检视区右下角的【Multi View】（多视图设定）按钮，可以同时打开多个视图，如图 3-34 所示。

在多视图模式中，每个视图可以单独设置显示状态（变形器，参考栅格等）和参数状态，如图 3-35 所示。

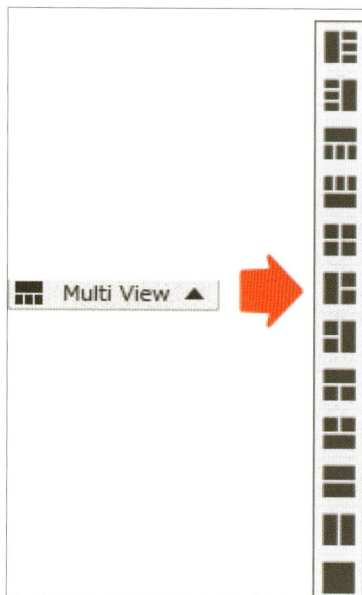

图 3-34

图 3-35

3.2　Live2D Cubism Viewer 模型查看器界面介绍

打开 Live2D Cubism Viewer，会显示图 3-36 所示的界面。使用【文件】菜单打开模型文件或将模型运行时文件（moc3 或 model3.json）拖动至窗口指定位置以预览模型。

Live2D Cubism Viewer 的界面，如图 3-37 所示。

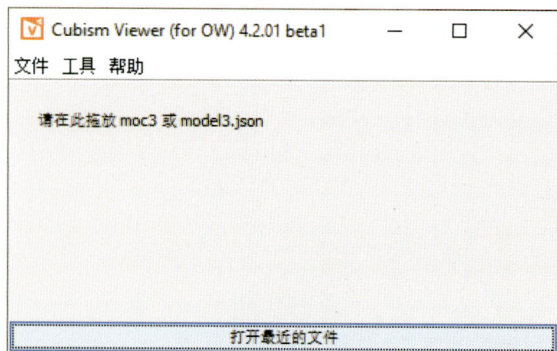

图 3-36

图 3-37

A. 菜单栏：常用的操作和配件可以在此处找到。

B. 资源区：所有的模型运行时文件将在此处显示（例如纹理集、动画和表情文件）。

C. 设定项目区域：表情文件的编辑和动作文件的配置将在此区域完成。

D. 模型展示区：显示模型。

在使用 Live2D Cubism Viewer 对模型进行配置时，可以使用菜单栏中的【文件】命令追加或导入表情文件和动作文件，也可将表情文件和动作文件直接拖动至资源区。鼠标追踪可以在【动画】菜单中选择【鼠标追踪的设定】进行配置。

使用 Live2D Cubism Viewer 为模型添加表情文件的方法将在之后的章节中介绍。

3.3 基本概念和工具介绍

本节将介绍一些 Live2D 中的基本概念和常用工具的使用。如果你是第一次接触 Live2D，一次性掌握这些工具的使用方法，并且记住每一种对象的属性可能较为困难。因此，笔者建议读者先尝试进行模型的制作，对具体制作有疑问或想深入了解时，再返回此节进行学习。

3.3.1 图形网格

1. 多边形，顶点与边缘

在 Live2D 中，每个图形网格包含一个与 PSD 文件图层对应的图像和一个网格。多边形网格由顶点和边缘组成，当图形网格被选中时，网格外侧会出现一个红色的控制器，控制器能改变图形网格整体的大小和方向，如图 3-38 所示。

网格中的每个三角形（有时也称为多边形）为图像变形的基本单位。一般来说，密度越高的网格变形后的效果也越好，但过高的网格密度会导致运行时的负载增大。图 3-39 对比了密度较高（A）和密度较低（B）的网格在变形后的效果。当网格密度较低时，在图像边缘会出现不平滑的情况（图中箭头所示区域），而对于纯色的部分影响则不大。在编辑网格时，一般会增加图像边线两侧顶点的密度，使网格的边缘线与图像边线和纹理走势相同。

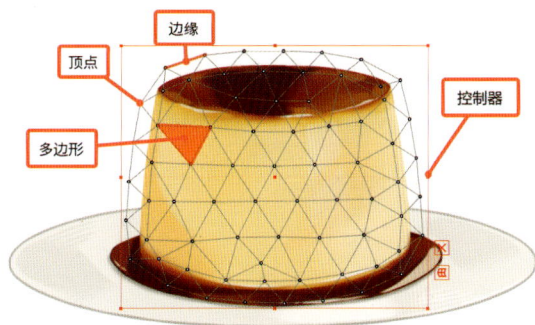

图 3-38

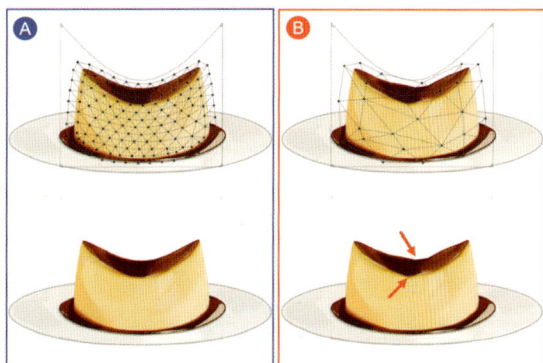

图 3-39

2. 自动生成图形网格

将 PSD 文件导入 Live2D 编辑器时，Live2D 编辑器会自动为每个图层生成一个图像网格。自动生成的网格为长方形，如图 3-40 所示。

图 3-40

使用【自动网格生成】功能可以自动为选中的图形网格添加更为精细的网格。在工具栏中选择【自动网格生成】工具，在弹出的【自动网格生成】窗口中的预置区域，选择一个预置的网格精度。在设置区域可以对各项设置进行调整。调整数值的方式是直接输入数值或使用鼠标左键左右拖动数值，如图 3-41 所示。

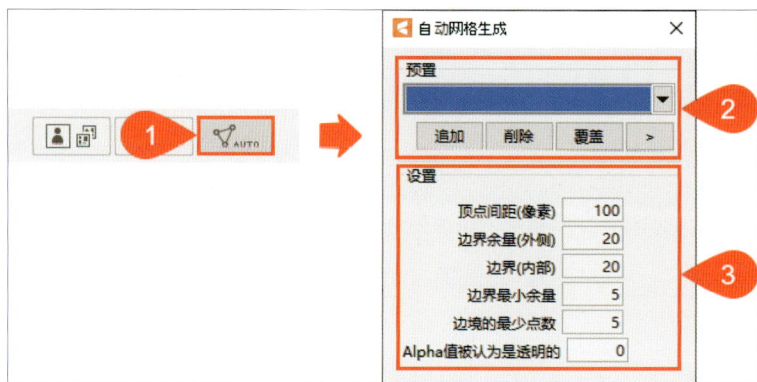

图 3-41

自动网格生成的各项设置，说明如下。

顶点间距（像素）：顶点之间的间隔，间距越小网格越密。A 为较小的顶点间距，而 B 为较大的顶点间距，如图 3-42 所示。

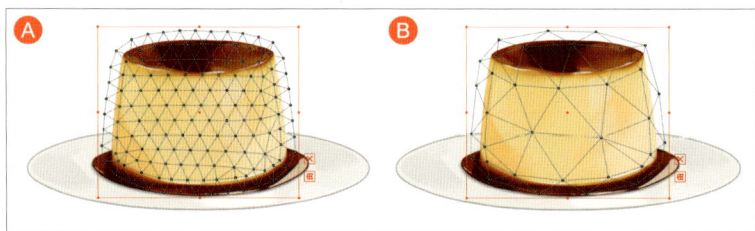

图 3-42

边界余量（外侧）：网格外侧边缘到图像边缘的平均距离。外侧边界余量越大，外侧顶点距离图像边缘就越远。A 为较小的外侧边界余量，B 为较大的外侧边界余量，如图 3-43 所示。

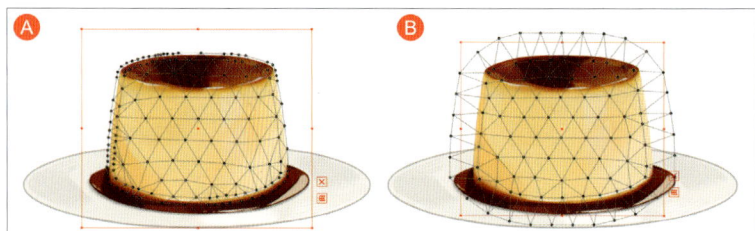

图 3-43

边界（内部）： 网格内侧边缘到图像边缘的平均距离。内侧边界值越大，内侧顶点距离图像边缘就越远。A 为较小的内侧边界值，B 为较大的内侧边界值，如图 3-44 所示。

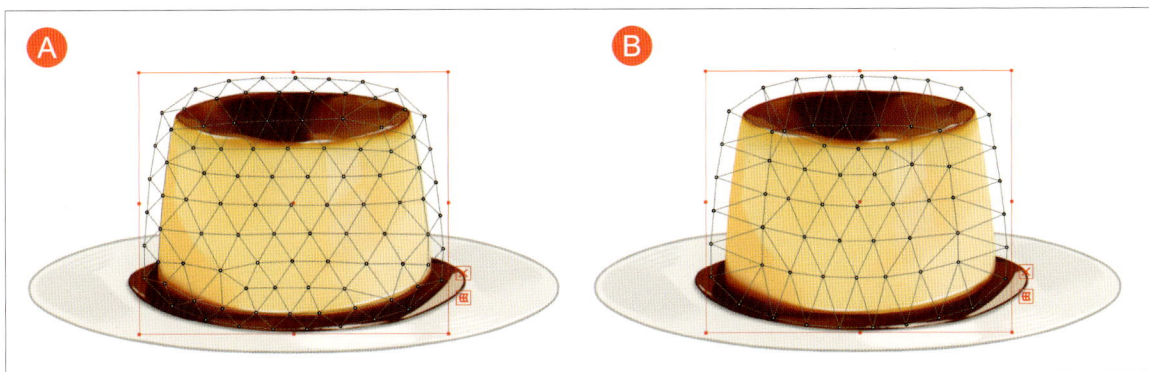

图 3-44

边界最小余量： 边缘线距离图像边缘的最小距离。在图像有比较尖的部分时，建议将此值调大。Live2D 编辑器将会在尖端部分自动追加顶点，保证边缘线与图像边缘的距离大于此值。

边境的最少点数： 只有在图像较小且边界余量较大时会对网格产生影响（例如眼睛高光的图像）。边境的最少点数由少至多的效果（从左至右），如图 3-45 所示。

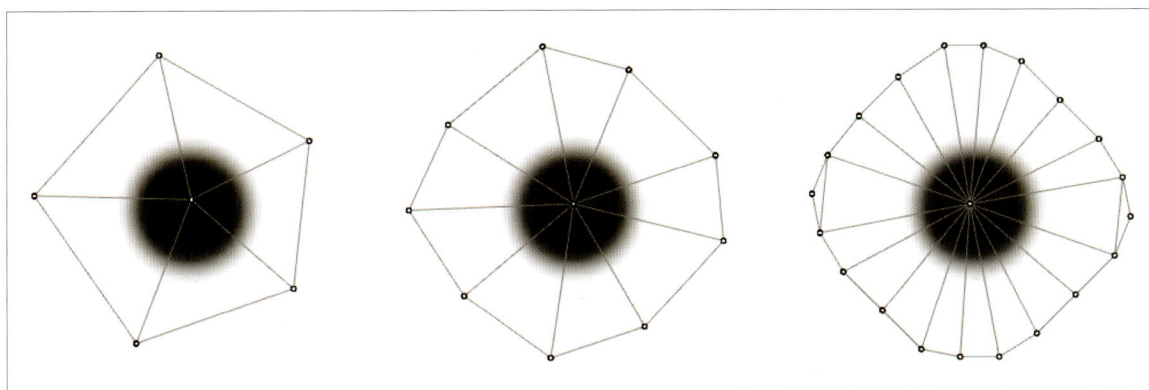

图 3-45

Alpha 值被认为是透明的： 图像的 Alpha 值低于此值的部分将被视作是透明的区域。如果图像中有少量不必要的半透明部分，可以适当增加此值，使边缘变得平滑。

在 Cubism 5.0 版本中，提高了生成网格的质量。特别是在生成长条形物体时，Cubism 5.0 版本的自动网格生成工具可以生成更高质量的网格，如图 3-46 所示。

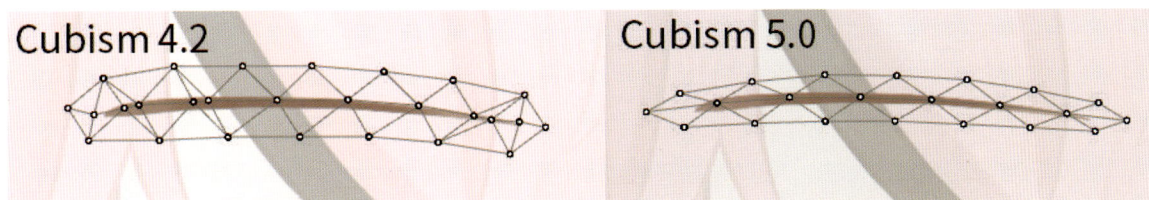

图 3-46

此外在 Cubism 5.0 版本中可以分别调整内侧和外侧的顶点间隔，如图 3-47 和图 3-48 所示。

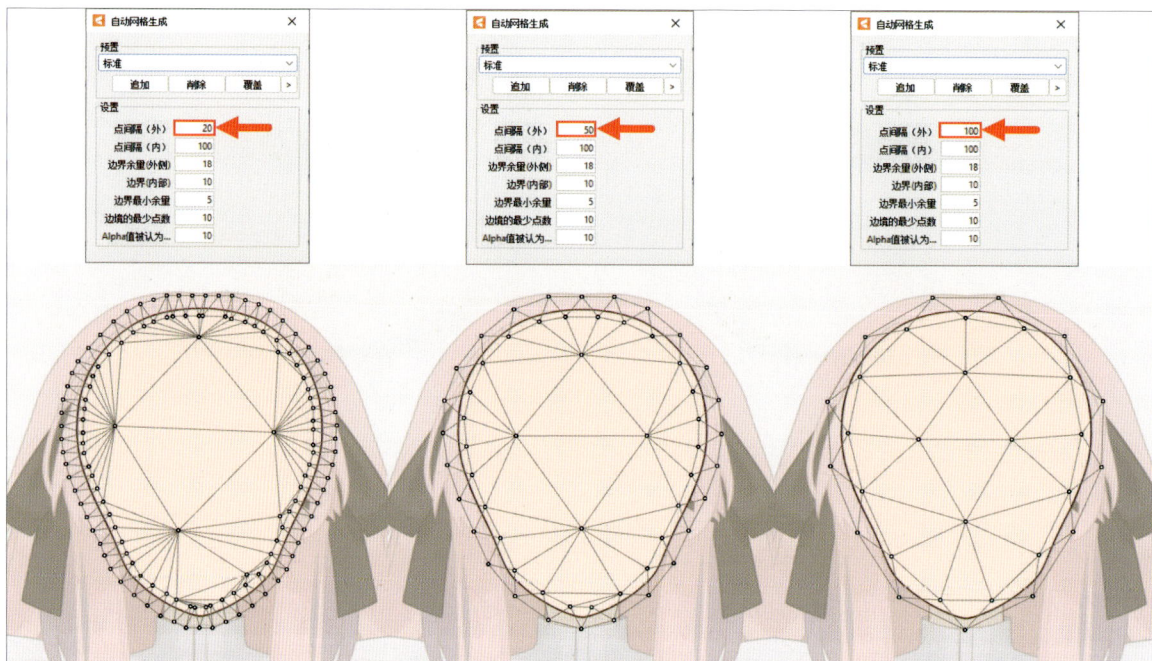

图 3-47

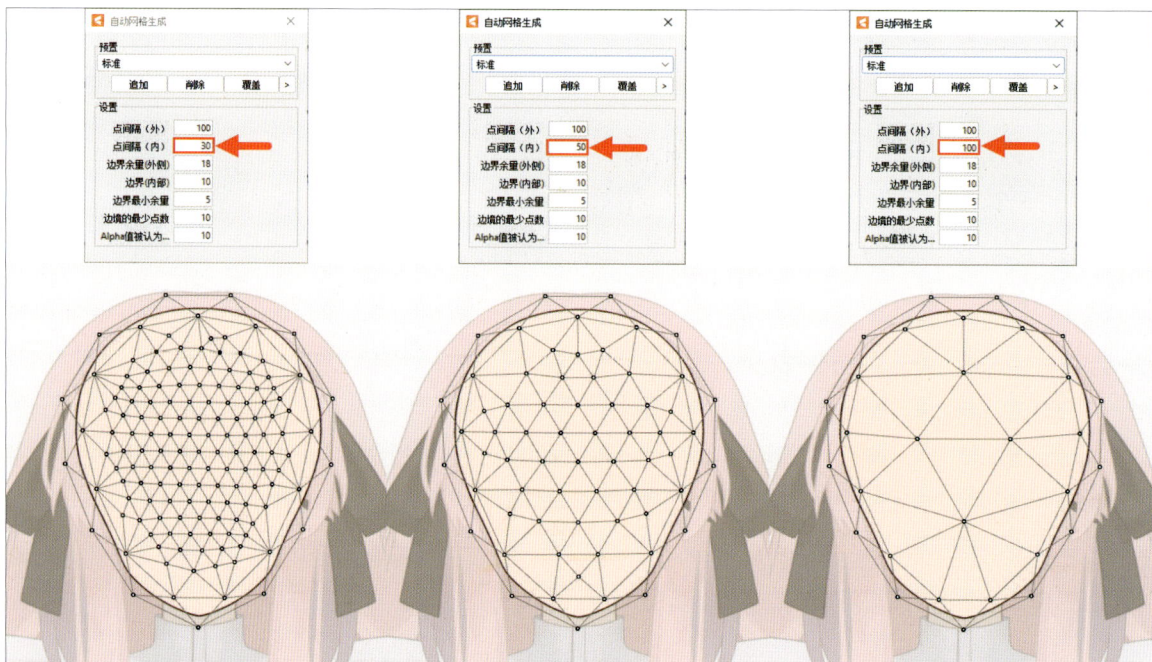

图 3-48

3. 手动编辑图形网格

如果需要手动编辑网格，可以使用【手动网格编辑】工具。单击工具栏中的【手动网格编辑】工具，进入网格编辑模式，在编辑完毕后选择检视区左上角的【确认】或【取消】按钮，保存或丢弃当前的更改，如图 3-49 所示。

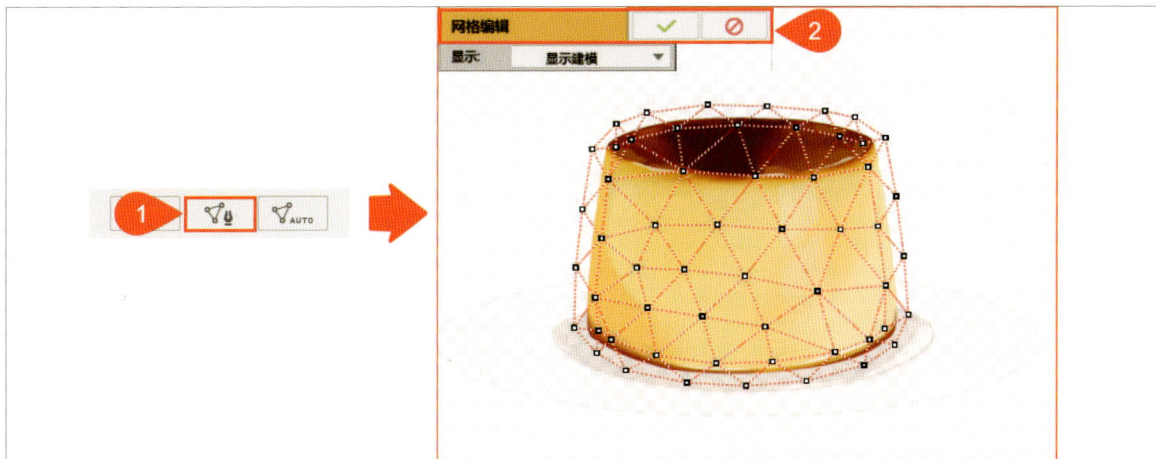

图 3-49

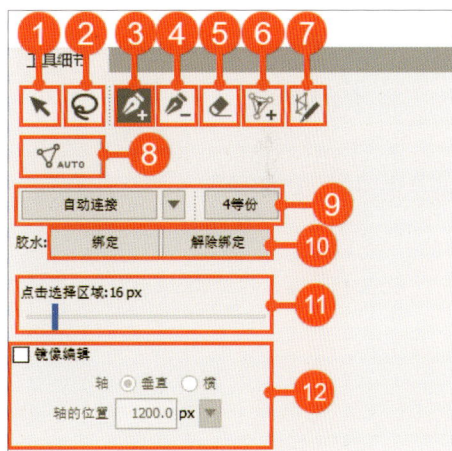

图 3-50

当进入网格编辑模式后，在【工具细节】窗口中会列出可用的网格编辑工具，如图 3-50 所示。

① 选择 / 编辑：用于选择和移动顶点。

② 套索：用于选择不规则区域内的顶点。

③ 追加顶点：添加一个新的顶点。

④ 删除顶点 / 边（线）：删除顶点或边缘线。

⑤ 橡皮擦：删除多个顶点。

⑥ 增加顶点：在已有网格的区域增加顶点，Live2D 编辑器会自动调整边缘线的位置。

⑦ 按笔触划分网格：使用该工具可以在视图区绘制生成路径，并通过网格划分设置调整网格宽度和重复的间隔，生成一排、两排或三排顶点，通过【网格宽度】的顶点数调整，如图 3-51 所示。

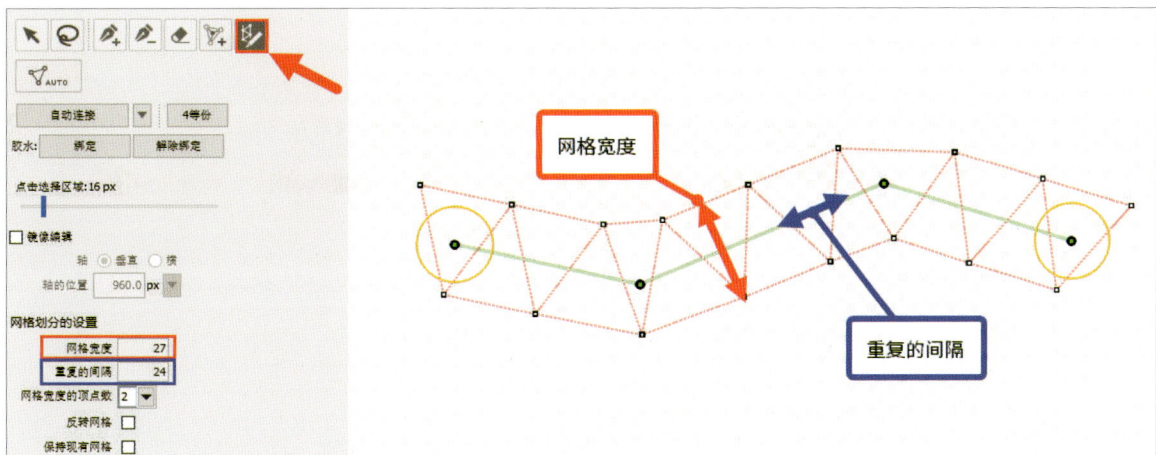

图 3-51

⑧ 自动生成网格工具。

⑨ 自动连接：自动连接顶点，生成三角形网格，浅蓝色边缘线为预览效果，如图 3-52 所示。自动连接顶点不是必须的，在不进行连接的情况下 Live2D 编辑器会按预览边缘线处理网格的变形。四等分：将每个网格分为四个部分，增加网格密度。

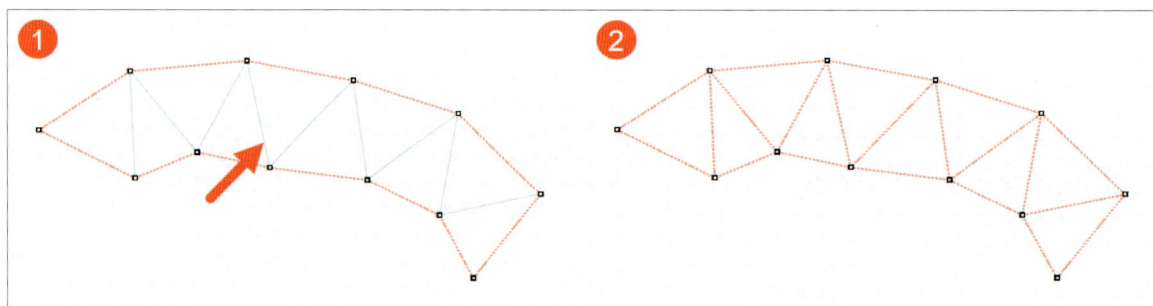

图 3-52

⑩ 胶水绑定和解除绑定：绑定选中的顶点并生成胶水对象。

⑪ 点击选择区域：调整笔刷的影响范围（例如，当追加顶点工具在已有顶点附近使用时会选择该顶点而非新增顶点，删除笔刷，远离已有顶点时会变为追加顶点工具，此数值控制距离阈值）。

⑫ 镜像编辑：启用时可用镜像编辑顶点，也可以调整对称轴的位置。

在视图区域，可使用右键菜单中的【合并顶点】工具合并选择的顶点，如图 3-53 所示。

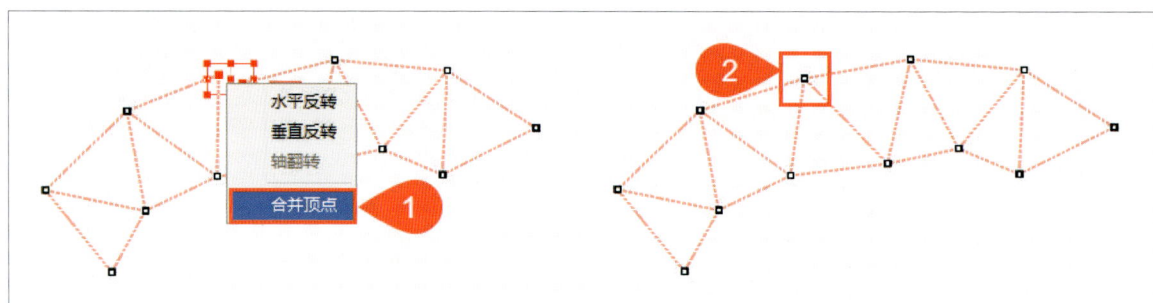

图 3-53

使用鼠标单击右键菜单中的【水平反转】可以将网格反转至画布另一侧，如图 3-54 所示。在划分另一侧眼睛或眉毛的网格时，可以直接复制已有的网格并水平反转至另一侧，垂直反转同理。

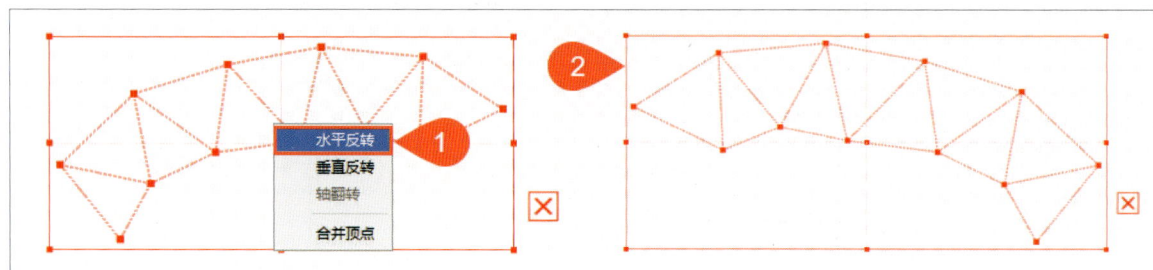

图 3-54

4. 图形网格的属性

当图形网格被选中时，其属性将在【检视面板】窗口中显示，如图 3-55 所示。

名称： 图形网格的名称，默认使用图层名。

ID： 图形网格 ID，一般和 PSD 文件图层名相同。在图层名中包含不被允许字符（例如中文字符和空格）时自动分配 ID。

部件： 所在的部件（PSD 文件中的图层组），没有所属部件时显示为 Root Part。

变形器： 父级变形器，没有父级变形器时显示为 [Root]。

剪切 ID： 作为剪切蒙版图形网格的 ID，图形网格只显示与剪切蒙版重合的部分。在图 3-56（A）中盘子为布丁图层的剪切蒙版。使用剪切 ID 栏右侧的下拉菜单可以从图形网格列表中选择多个图形网格作为蒙版，而准星图标可以用于快速选择用作剪切蒙版的对象。

反转蒙版： 勾选此选项时，图形网格只显示不与剪切蒙版重合的部分。在图 3-56（B）中盘子为布丁图层的反转蒙版。

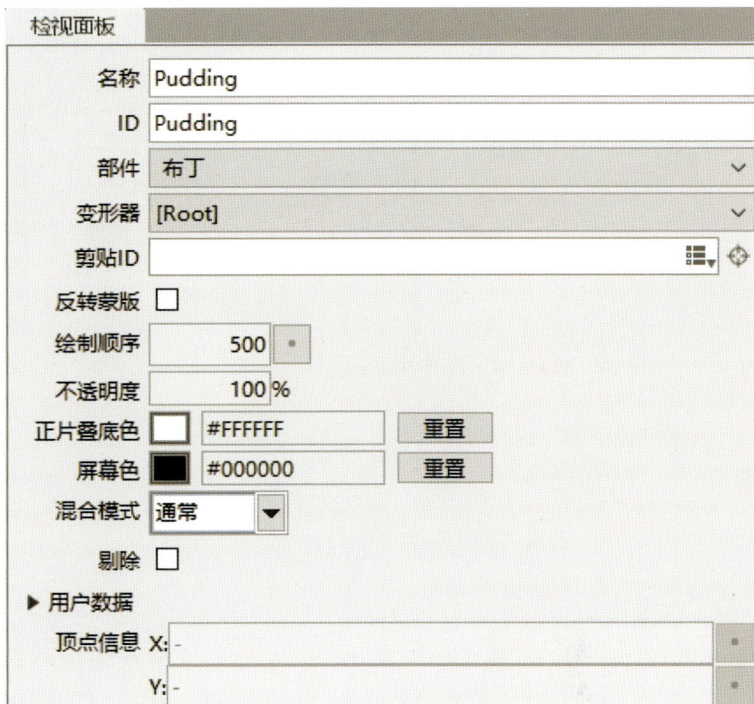

图 3-55

图 3-56

绘制顺序： 决定图形网格的前后关系，范围为 0-1000。绘制顺序数值越大的图形网格越靠前，当绘制顺序相同时，图形网格的前后关系由其在部件栏的顺序（图层顺序）决定，如图 3-57 所示。

图 3-57

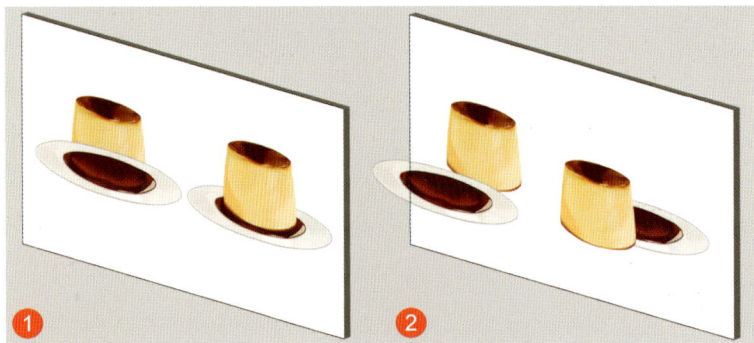

图 3-58

使用 3D 旋转画布（快捷键为 E+ 鼠标左键拖动），按绘制顺序展开（快捷键为【W】+ 鼠标左键拖动）调整画布的角度，并按绘制顺序展开图层查看图形网格的前后关系，如图 3-58 所示。

不透明度：图形网格的不透明度，默认为图层的不透明度。图层的不透明度和图层中的半透明像素的透明度不同，为图层整体的属性。

正片叠底色：图形网格的正片叠底色。

屏幕色：图形网格的屏幕色。

混合模式：该图形网格和下方图形网格的混合模式，有通常、变亮和正片叠底 3 种模式。

剔除：是否显示图形网格的背面。A 为不勾选【剔除】选项时图形网格的显示效果，B 为勾选【剔除】选项时同一图形网格的显示效果，如图 3-59 所示。

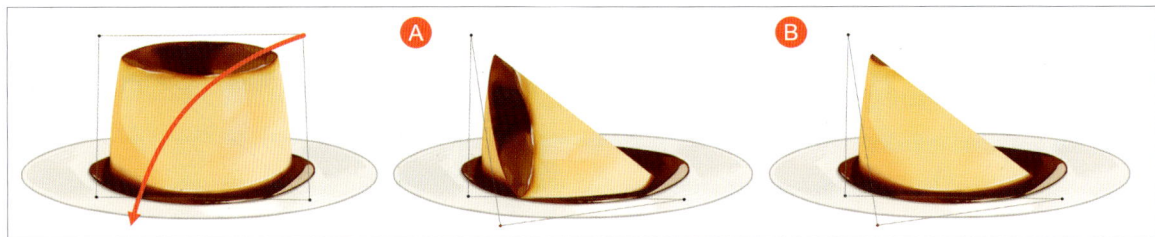

图 3-59

3.3.2 变形器

变形器能够调整多个顶点和图形网格形状的对象，分为弯曲变形器和旋转变形器两种。

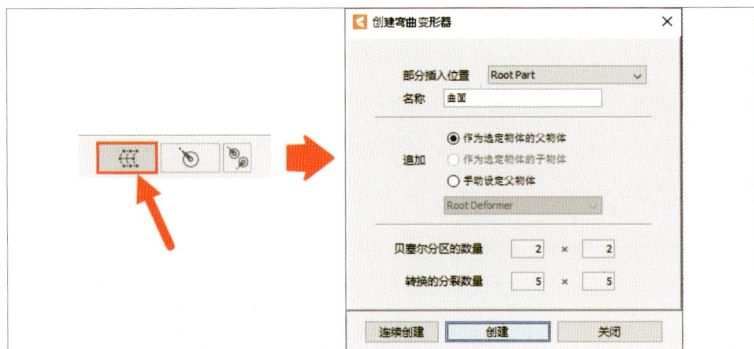

图 3-60

1. 弯曲变形器

在工具栏中单击【创建弯曲变形器】工具，即可创建新的弯曲变形器，一般情况下会选择【作为选定物体的父物体】追加选项，将变形器作为选定对象的父级对象，这样选定的物体会随着变形器的变化改变形状，如图 3-60 所示。

在变形器的【检视面板】窗口中可以设置弯曲变形器的【贝塞尔分割数】和【转换的分裂数量】，如图3-61所示。【贝塞尔分割数】以绿色控制点和控制手柄的形式显示，用以控制变形器网格的整体形状。贝塞尔控制点是为了方便调整变形器形状的控制器，可以使用任意数量的分割而不会增加模型运行的负载，在调整时也可以随意改变其数值。在【编辑级别】为2和3时，可以为贝塞尔控制器设置不同的分割值以方便操作。【转换的分裂数量】以灰色网格的形式显示，为变形器变形的基本单元。增加转换的分裂数量会增加模型运行的负载。Live2D官方推荐的转换的分裂数量为5×5，但一般来说，虚拟主播用模型（比起游戏用模型）对负载没有过多要求，即使使用10×10或更大的转换的分裂数量也完全没有问题。在编辑过程中调整转换的分裂数量可能会影响变形的结果，在调整转换的分裂网格前应先确定网格的密度。

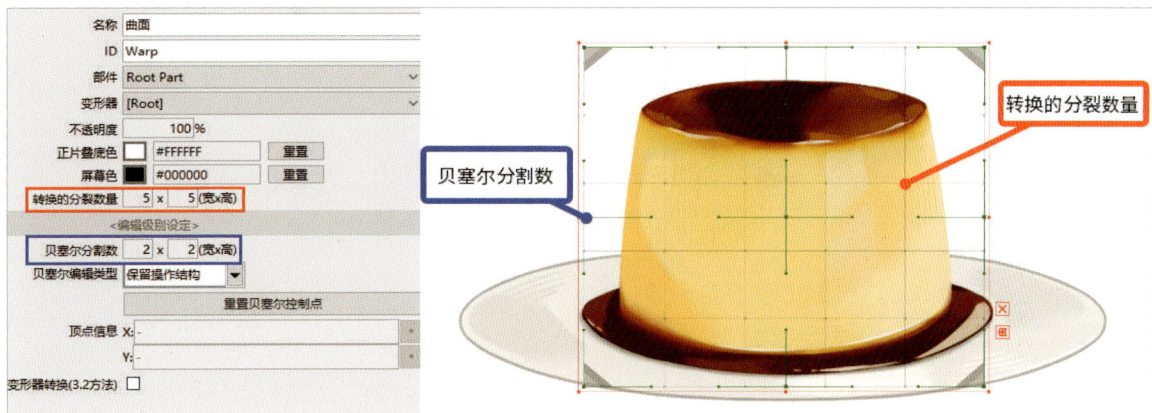

图 3-61

通过拖动贝塞尔控制点（A）或转换的分裂点（B）可以对变形器的形状进行调整，此时处于变形器内部的物体（该变形器的子物体）也会随变形器形状的变化而变化，如图3-62所示。

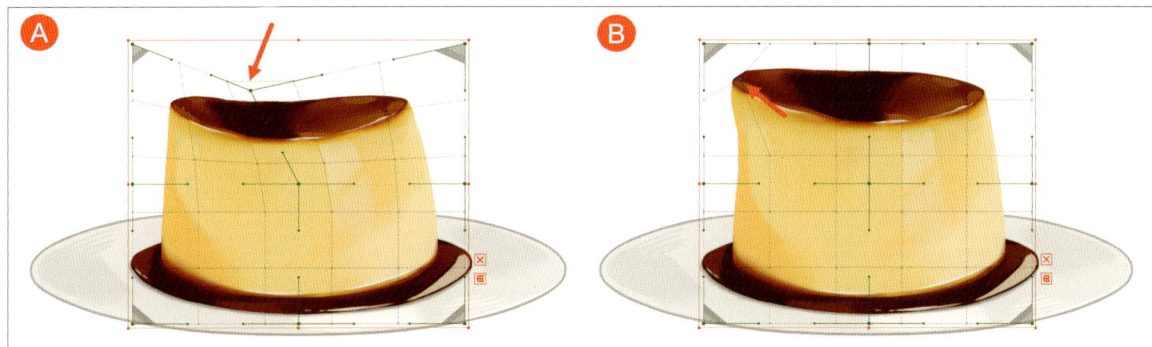

图 3-62

当按住【Ctrl】键时，拖动变形器分割点或控制点可以只改变变形器的形状、大小和位置，不影响其子对象。当新建变形器的位置和大小不符合预期时，可以按住【Ctrl】键调整变形器，此调整应在将变形器和参数关联前完成。

变形器的贝塞尔编辑类型有6种，可以在【贝塞尔编辑类型】下拉菜单中选择，如图3-63所示。

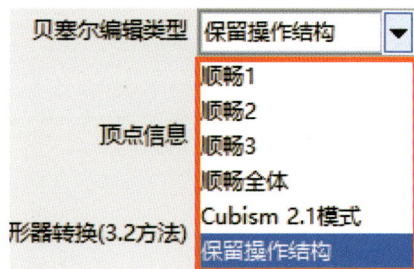

图 3-63

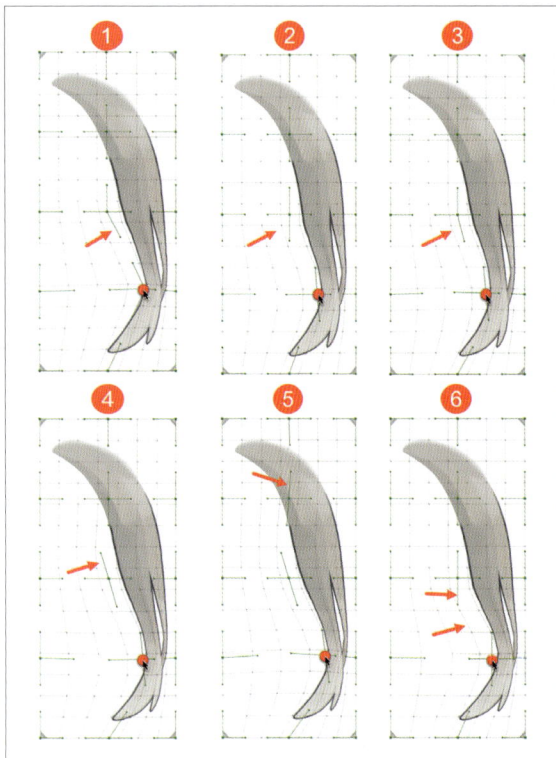

图 3-64

当不同贝塞尔编辑类型被选中时，贝塞尔控制点会以不同的形式影响分裂网格。图 3-64 展示了当不同贝塞尔编辑类型被选中时，拖动同一控制点网格的变化，可以对比观察箭头所示区域贝塞尔控制手柄的方向和灰色网格的走势。

（①保留操作结构、②顺畅 1、③顺畅 2、④顺畅 3、⑤顺畅全体、⑥ Cubism 2.1 模式，标注在图中。）

顺畅模式的使用技巧

一般情况下不会使用【Cubism 2.1 模式】。顺畅模式的数值越大贝塞尔控制点对转化的分裂网格的影响范围也越大。在调整脸部五官和透视时推荐使用【保留操作结构】和【顺畅 1】两个模式，而在调整布料和头发的摆动动作时，可以根据习惯使用任意的顺畅模式，最后再切换为保留操作结构模式进行微调。

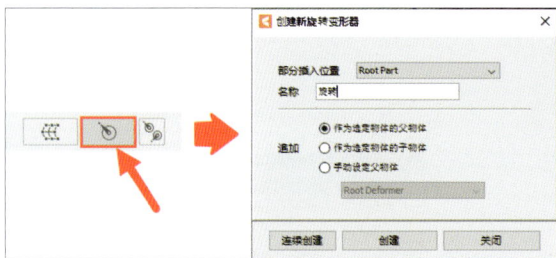

图 3-65

2. 旋转变形器

在工具栏中单击【创建新旋转变形器】工具，即可创建新的旋转变形器，如图 3-65 所示。

旋转变形器的属性和结构，如图 3-66 所示。

图 3-66

调整旋转变形器的旋转手柄可以改变该变形器内所有对象的角度（A），而调整旋转变形器的缩放手柄可以改变该变形器内所有对象的大小（B），如图 3-67 所示。也可以在该变形器的【检视面板】窗口中直接调整变形器的【角度】或【倍率】属性。

图 3-67

3. 变形器父子级关系

　　在 Live2D 中，可以将变形器设置为图形网格或者其他变形器的父级变形器。这样在父级变形器发生变化时，在其内部的子对象（变形器内的对象）也会随着发生变化。每个变形器可以拥有多个子对象，但同一变形器只能从属于一个父级变形器。图 3-68 中弯曲较大的变形器（蓝色）为弯曲较小的变形器（红色）的父级变形器。

　　当子级弯曲变形器变形时，父级变形器不会受影响（A）。而当父级变形器变形时，子级变形器也会随着父级变形器一同变化（B），如图 3-69 所示。此外，父级变形器的缩放和旋转也同样会影响子级变形器，这一点在旋转变形器作为父级变形器时也适用。

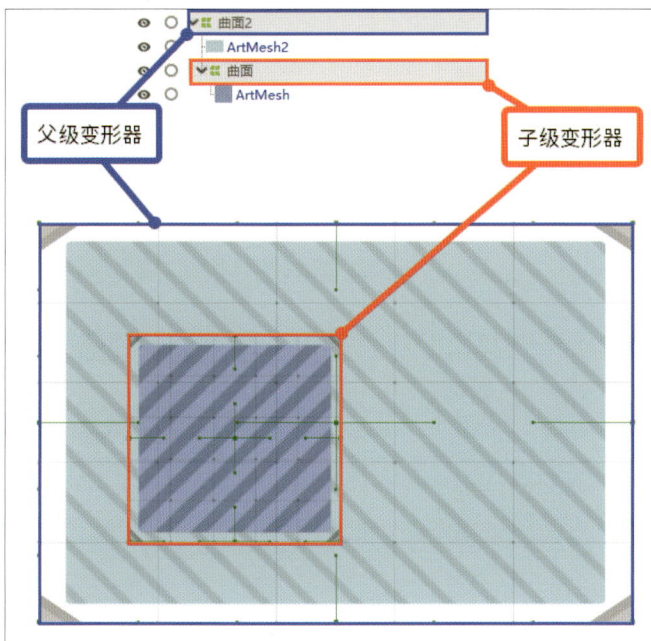

图 3-68

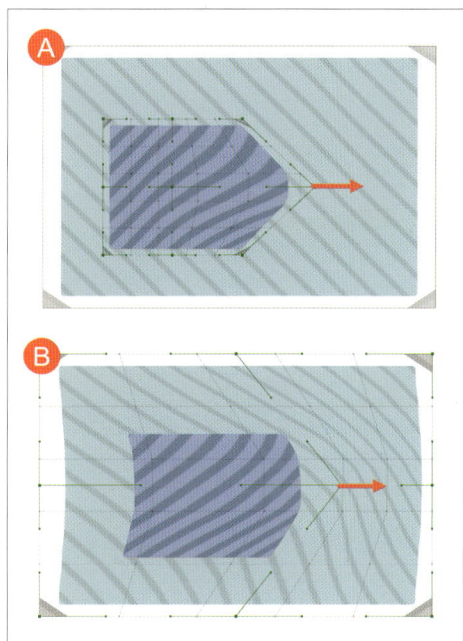

图 3-69

需要注意的是，当旋转变形器被设置为弯曲变形器的子级变形器时，旋转变形器内只能被移动和旋转，而其内部的对象将不会受到影响。图 3-70 中弯曲变形器（蓝色）为旋转变形器（红色）的父级变形器。

当父级弯曲变形器变形时，旋转变形器只有角度和位置发生了变化（A）。当对父级变形器进行整体的缩放操作时，旋转变形器内的对象并未受到影响（B），如图 3-71 所示。

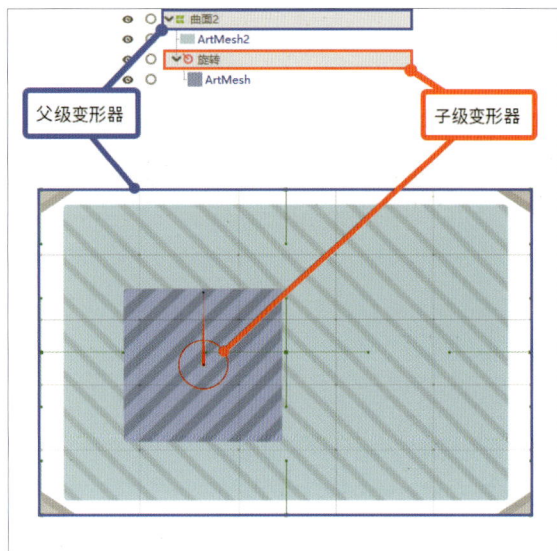

图 3-70

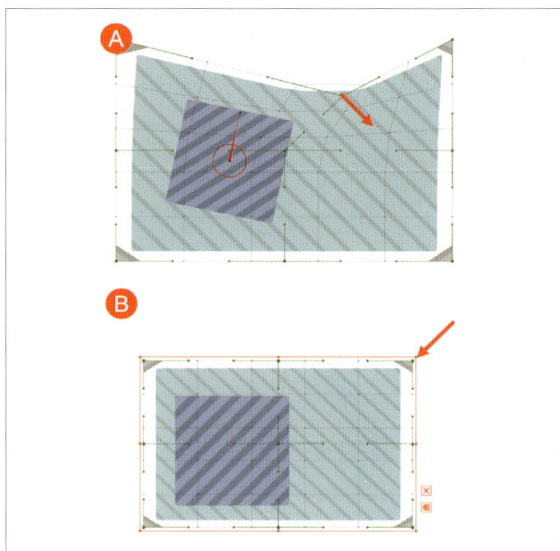

图 3-71

在建立变形器时，父级变形器应略大于子级变形器并防止其子级变形器的顶点超出父级变形器，虽然顶点超出不会使模型的运行出现错误，但会在运行时增加计算负载，最好避免大面积的顶点超出。

3.3.3 对象和部件

在 Live2D 中，图形网格、弯曲变形器、旋转变形器和胶水均被称为"对象"。而每一个对象可以被放置在一个"部件"（文件夹）中。图 3-72 中所有对象均被放置在名为"布丁"的部件中。

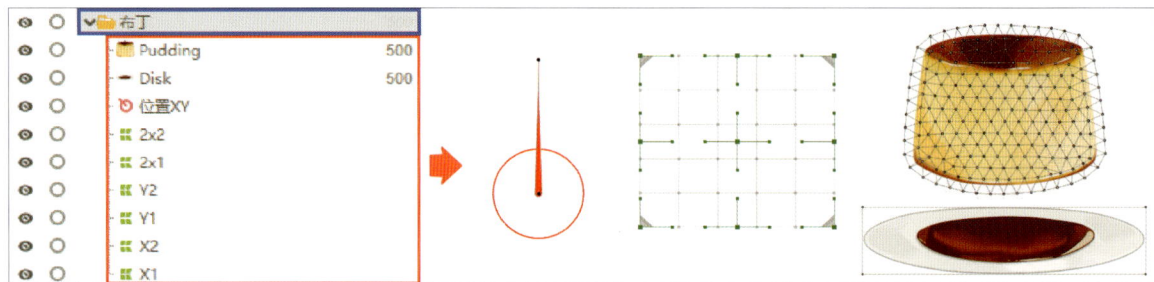

图 3-72

通过将这些对象进行分组，可以快捷地隐藏或锁定不需要的部件，也可同时对多个图形网格的绘制顺序进行修改。一般会将五官、头发分为多个部分并放入多个部件中（例如眼睛、眉毛、嘴、前发、侧发和后发），这样在编辑特定部分时，可以将其他部件隐藏或锁定。这样在编辑时就不会选中或不小心移动其他部件中的图形网格或变形器了。

在将 PSD 文件导入时，PSD 文件中的图层组会被转化为部件，如图 3-73 所示。

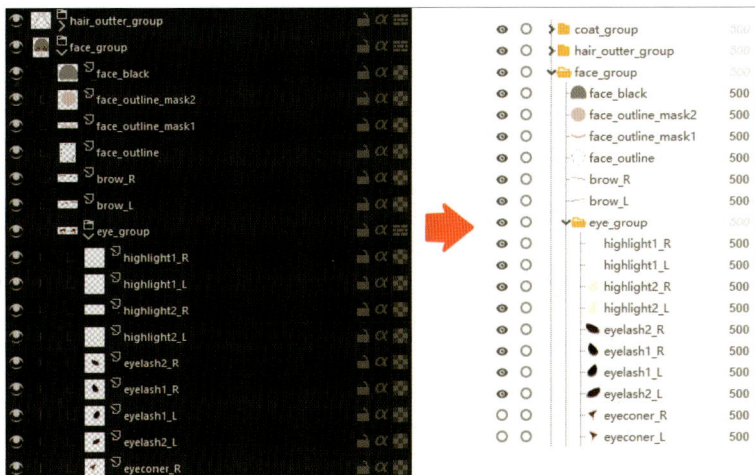

图 3-73

1. 对象的操作

在对象的检视区右键菜单（A）或变形器窗口的右键菜单（B）中，可以对对象进行复制粘贴等基本操作，如图 3-74 所示。

选择父变形器：选择该对象的父级变形器。

选择子物体：选择该对象的所有子对象（也包含所有子级变形器内的对象），除了使用菜单，也可以通过菜单上方的结构树直接选择合适的对象，如图 3-75 所示。

剪切 / 复制 / 粘贴：剪切 / 复制 / 粘贴当前对象。如果该对象在参数上有关键点，这些关键点也将被复制粘贴至新的对象。可以在不同模型间复制粘贴对象。需要注意的是，当复制的曲面变形器在参数上有关键点时或将对象复制至不同的模型时，Live2D编辑器会自动生成一个位置调整变形器（旋转手柄为蓝色），方便对粘贴的变形器进行调整，在调整完毕后可删除变形器，如图3-76 所示。

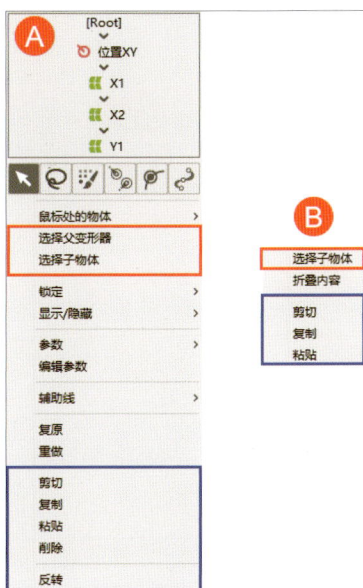

图 3-74

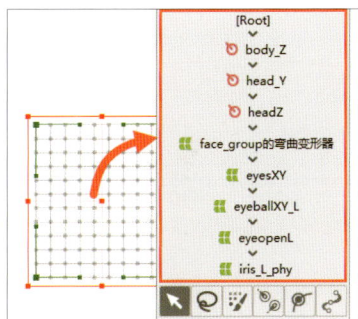

图 3-75

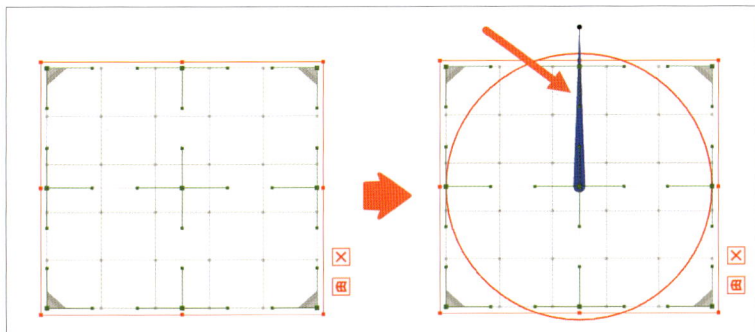

图 3-76

反转： 将弯曲变形器反转至画布另一侧。在反转时，该对象的所有子对象也会一并反转，可以选择是否反转相关联的参数。旋转变形器反转规则不同，是基于角度进行反转而非直接反转至画布另一侧。如果需要将旋转变形器反转至画布另一侧，可以为该旋转变形器新建父级弯曲变形器，再进行反转操作。

2. 部件属性

在部件的【检视面板】窗口中，可以查看部件的属性，如图 3-77 所示。部件的名称和 ID 均取自 PSD 文件的图层组名，当 ID 重复或图层组名中含有不支持的字符时，Live2D 编辑器将为部件自动分配 ID。部件菜单中会显示当前部件所属的部件，当没有所属部件时显示为 Root Part。当部件的参考图选项被勾选时，该部件会被设为参考图模式。在生成纹理集时，该部件包含的对象默认不会被放入纹理集。在导出运行时文件时，这些参考图也默认不会被导出。

当分组选项被勾选时，可以使用【绘制顺序】调整部件中所有图形网格的绘制顺序，如图 3-78 所示。

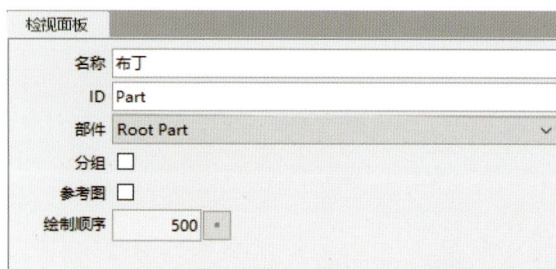
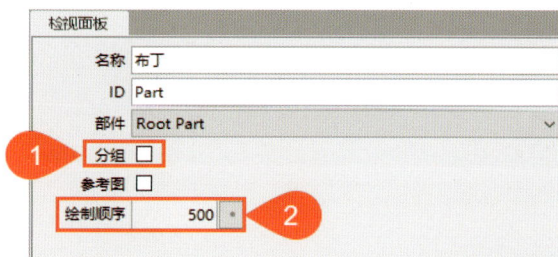

图 3-77   图 3-78

除了直接在检视面板中勾选分组选型，也可以在该图层组的右键菜单中选择【合并组群绘制顺序】选项，如图 3-79 所示。在勾选分组复选框或选择【合并组群绘制顺序】选项后，该部件所包含对象的绘制顺序会变为灰色，而这些对象的绘制顺序将由部件绘制顺序决定。

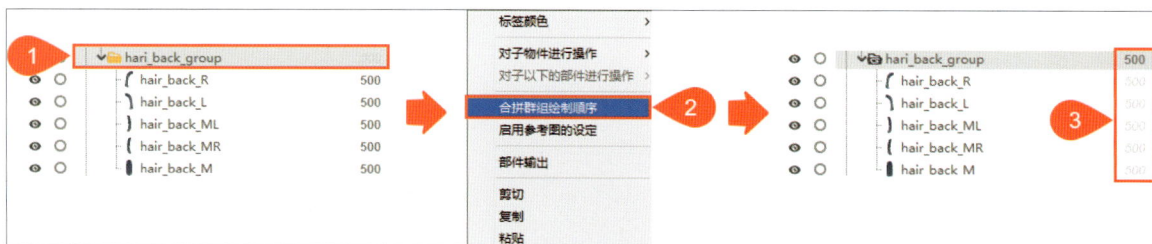

图 3-79

3.3.4 参数与关键点

1. 标准参数列表

在新建新模型时，Live2D 编辑器会自动创建参数列表。Live2D 的标准的参数，如表 3-2 所示。

表 3-2

名称	ID	最小值	默认值	最大值
角度 X	ParamAngleX	−30	0	30
角度 Y	ParamAngleY	−30	0	30
角度 Z	ParamAngleZ	−30	0	30
左眼 开闭	ParamEyeLOpen	0	1	1
左眼 微笑	ParamEyeLSmile	0	0	1
右眼 开闭	ParamEyeROpen	0	1	1
右眼 微笑	ParamEyeRSmile	0	0	1
眼珠 X	ParamEyeBallX	−1	0	1
眼珠 Y	ParamEyeBallY	−1	0	1
左眉 上下	ParamBrowLY	−1	0	1
右眉 上下	ParamBrowRY	−1	0	1
左眉 左右	ParamBrowLX	−1	0	1
右眉 左右	ParamBrowRX	−1	0	1
左眉 角度	ParamBrowLAngle	−1	0	1
右眉 角度	ParamBrowRAngle	−1	0	1
左眉 变形	ParamBrowLForm	−1	0	1
右眉 变形	ParamBrowRForm	−1	0	1
嘴 变形	ParamMouthForm	−1	0	1
嘴 张开和闭合	ParamMouthOpenY	0	0	1
脸颊泛红	ParamCheek	0	0	1
身体旋转 X	ParamBodyAngleX	−10	0	10
身体旋转 Y	ParamBodyAngleY	−10	0	10
身体旋转 Z	ParamBodyAngleZ	−10	0	10
呼吸	ParamBreath	0	0	1
摇动 前发	ParamHairFront	−1	0	1
摇动 侧发	ParamHairSide	−1	0	1
摇动 后发	ParamHairBack	−1	0	1

2. 参数和参数组

在 Live2D 中，对象的状态会被记录在参数上，如图 3-80 所示。①为一个没有关键点的普通参数，参数轴上的黑色滑块代表该参数当前的值。②为一个有关键点的参数，关键点将以绿色标记点显示，而当前参数的值以红色滑块显示。③为一个参数组。为了方便参数的查找和分类，往往会将参数放在不同的参数组中。

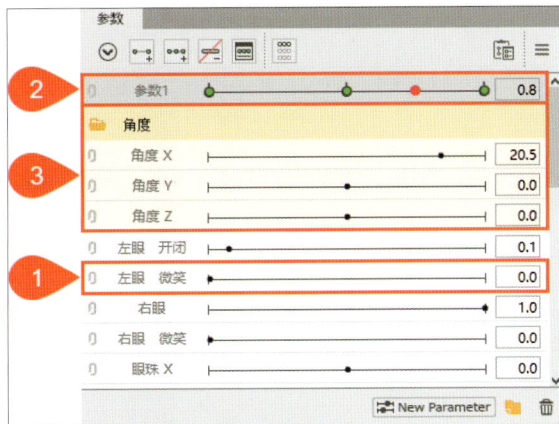

图 3-80

图 3-81

参数滑块可以直接使用鼠标左键进行拖动。如果想将滑块移动至有关键点的位置，可以在该关键点附近单击鼠标右键，快速将滑块移至该关键点所在的位置，也可以使用键盘左右箭头按键将滑块移至其左侧或右侧的关键点所在位置。

用鼠标单击参数窗口右下方的【New Parameter】按键即可新建参数，如图 3-81 所示。在新建参数的窗口中可以输入参数的名称、ID、最小值、默认和最大值，也可以将该参数设置为融合变形参数。其中参数名会在参数窗口中显示。可以使用重复的参数名，但参数 ID 必须是唯一的且只能包含字母、数字和下画线。

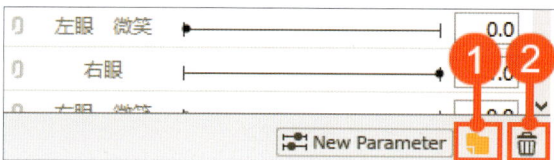

图 3-82

使用参数窗口右下角的【文件夹】按钮可以新建参数组，使用【删除】按钮可以删除一个或多个参数和参数组，如图 3-82 所示。

在参数列表中，可以使用左键拖曳的方式排列参数或将其加入不同的参数组。

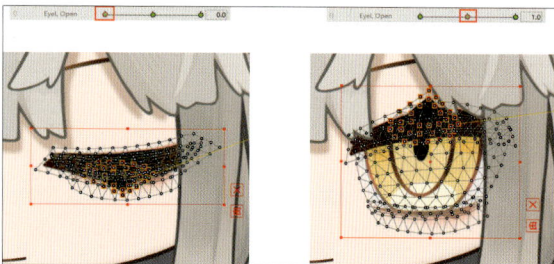

图 3-83

3. 关键点

如果需要使用参数记录对象的状态，需要在参数上为特定的对象添加关键点。在参数【EyeL Open: 0.0】处的关键点记录了眼睛各图形网格在眼睛闭合时的状态，而在参数【EyeL Open: 1.0】处的关键点记录了眼睛各图形网格在眼睛睁开时的状态，如图 3-83 所示。

在关联对象与参数并在参数上添加关键点时，需要保证该对象处于被选择的状态。在选择相关对象后，使用参数窗口上方的【添加关键点】按钮，使用参数窗口上方①【追加 2 点】或②【追加 3 点】的添加关键点按钮，在选定的参数上插入关键点，如图 3-84 所示。

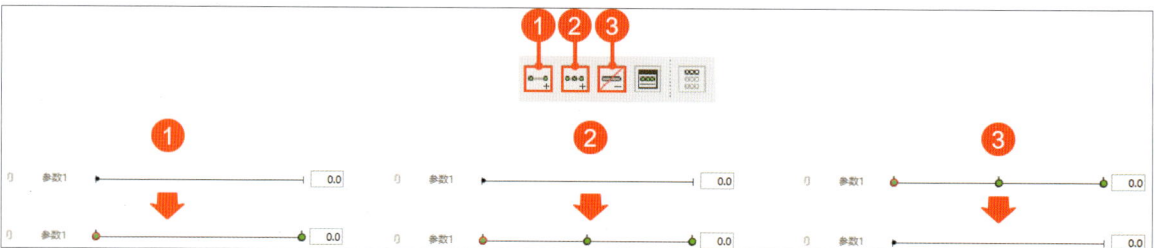

图 3-84

① 追加 2 点：在该参数最大值和最小值处添加两个关键点。

② 追加 3 点：在该参数最大值、最小值和中间值处添加 3 个关键点。

③ 删除所有点：移除该参数上与选定对象关联的所有关键点。

当需要在其他位置插入关键点时，可以使用【手动编辑关键点】命令。用鼠标单击【手动编辑关键点】按钮或双击该参数打开关键点编辑窗口。在参数轴上单击需要添加关键点的位置，在选定的位置添加关键点，添加后的关键点会出现在列表中，此时可以对关键点的位置进行调整。在编辑完毕后单击【OK】按钮确认，添加的关键点将会出现在参数轴上，如图 3-85 所示。

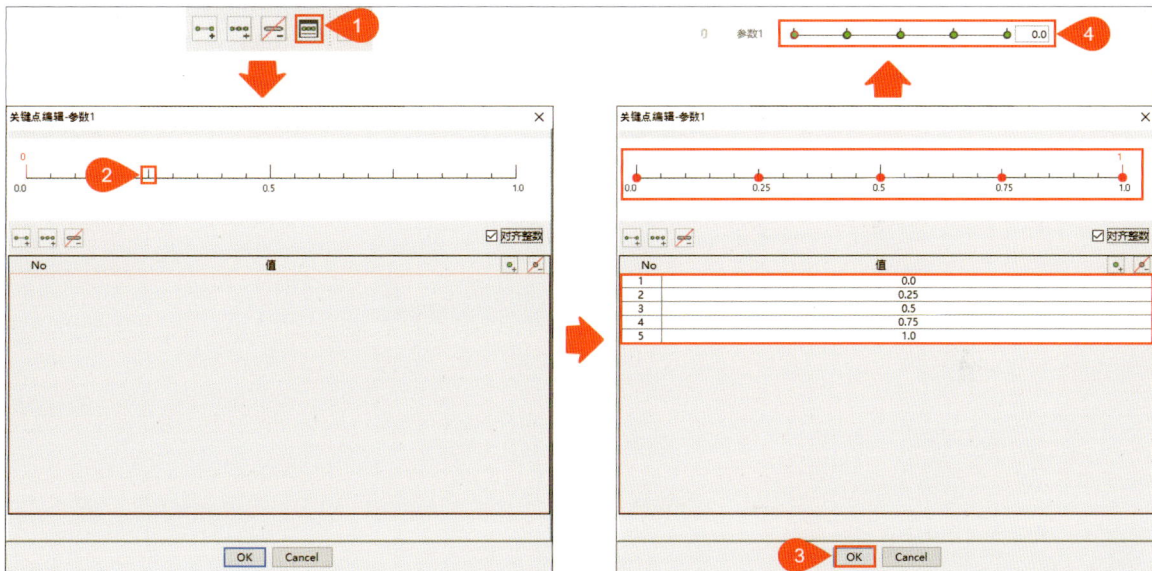

图 3-85

除了这种方式，也可以将参数滑块拖动至特定的点，并使用①按钮添加或删除该处的关键点。单击参数轴最右侧的倒三角按钮②，可以展开参数的菜单。

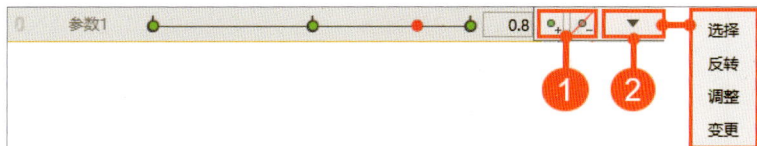

图 3-86

该菜单中的各项功能说明如下。

选择： 选择所有与该参数相关的对象。

反转： 将选定参数上的关键点反转，如图 3-87 所示。

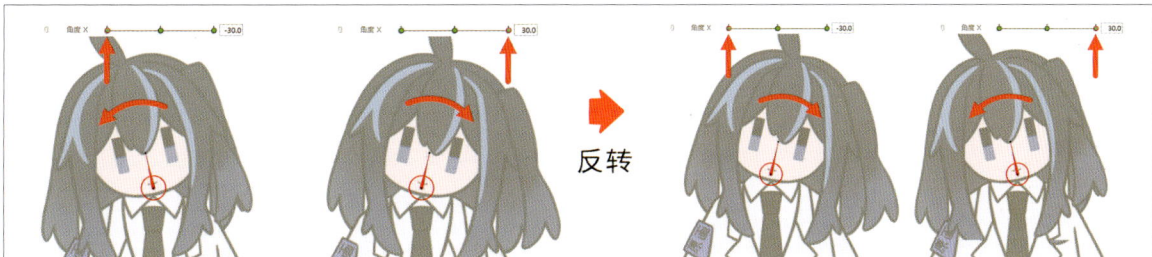

图 3-87

图 3-88

调整：打开【调整值】窗口，通过直接在【更换后值】里输入数值可以调整参数上各关键点的位置，如图 3-88 所示。

变更：打开【更改参数】窗口，可以将该参数上的关键点移动到不同参数，如图 3-89 所示。

图 3-89

4. 参数菜单

使用参数窗口右上角的菜单按钮，可以打开参数菜单，如图 3-90 所示。

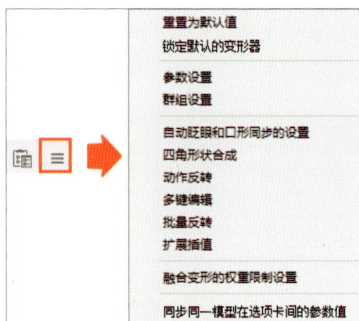

图 3-90

使用参数菜单，可以对一个或多个参数进行操作。

重置为默认值：可以将所有参数还原至默认状态。

锁定默认的变形器：会在参数为默认值时锁定图形网格和变形器，防止在默认状态时不小心移动图形网格导致原画状态改变。

参数设置和群组设置：可以打开参数及参数组设定菜单，可以同时对多个参数或参数组的名称、ID 和属性等进行调整。

自动眨眼和口型同步的设置：仅在制作动画时和物理模拟预览时有效。在此窗口中可以勾选自动眨眼和口型同步影响的参数。该选项不会影响在面捕软件中的模型，一般不进行设置。

四角形状合成：自动生成 4 个角的形状，对象顶点在不同参数上的位移将进行简单的加算。

动作反转：将选中对象在参数上的形状由一侧翻转至另一侧。在制作对称的动作（例如转头）时只需制作一侧，另一侧可以使用本选项产生完全对称的动作。反转设置如图 3-91 所示。

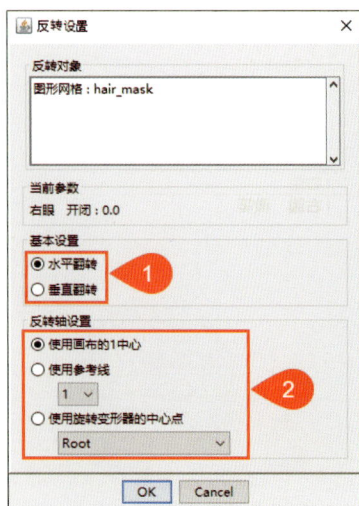

图 3-91

① 基本设置：动作翻转的方式，有水平翻转和垂直翻转两种模式。两种翻转其效果，如图 3-92 所示。A 将参数【角度 X：-30.0】时变形器的形状水平翻转至【角度 X：30.0】；B 将参数【角度 Y：30.0】时变形器的形状垂直翻转至【角度 Y：-30.0】。

② 反转轴设置：在反转变形器动作时该选项不可用，反转参考默认为该变形器在当前参数中间点的状态。当选择图形网格时可使用画布中心，参考线或旋转变形器的中心点作为反转参考，其中参考线和旋转变形器均可使用下拉菜单选择。

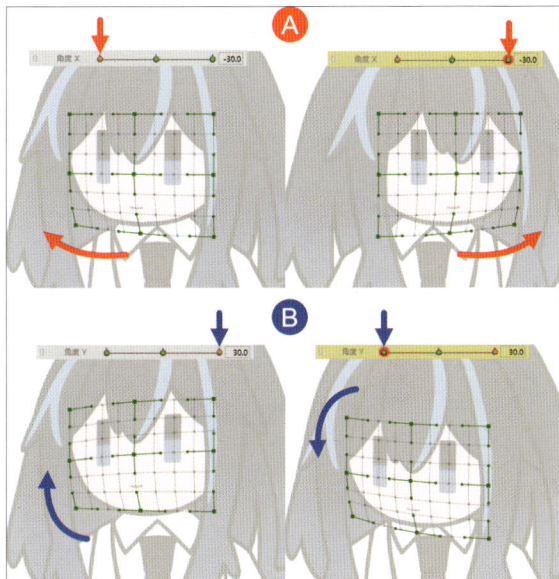

图 3-92

多键编辑：编辑与多个参数相关联对象的绘制顺序、不透明度、正片叠底色和屏幕色等属性。多建编辑的窗口，如图 3-93 所示。

① 编辑范围：用于选定参数和该参数上的所有关键点。

② 编辑内容：当特定内容的复选框被勾选时，可以同时调整当前对象在选定关键点上的属性。编辑内容右侧的单选框可以选择对当前对象属性值进行覆盖操作，或在当前对象属性值的基础上进行运算。

批量反转对话框：一次性反转多个参数，如图 3-94 所示。在该对话框中可以同时对多个参数进行反转操作。

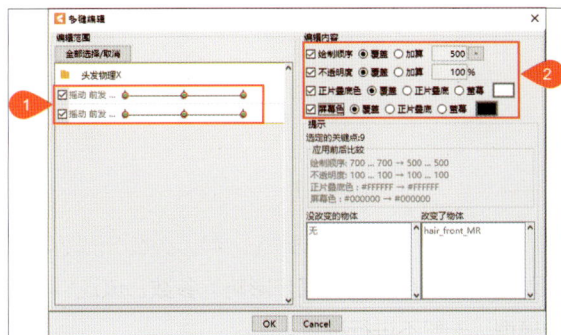

图 3-93

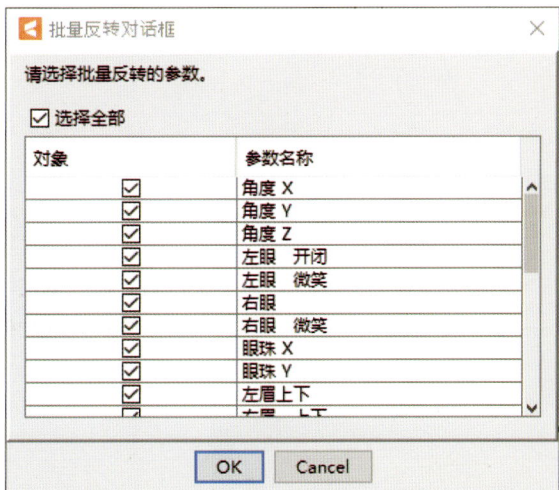

图 3-94

扩展插值：改变参数的插值模式使运动更加平滑。

融合变形的权重限制设置：设置融合变形的权重。

同步同一模型在选项卡间的参数值：同步参数在不同视图的状态。

在 5.0 版本中，增加了【动态同步设置】和【自动生成面部动作】的选项。【动态同步设置】为动画用口型同步功能的增强版本，在制作动画时按提供的音频文件进行嘴型同步。因为一般虚拟主播用模型的嘴型通过面捕软件而非动画控制，所以在这里不介绍【动态同步设置】的使用。【自动生成面部动作选项】为使用 AI 半自动合成面部角度动作的功能，可以为面部部件自动添加变形器并进行小角度动作的合成。

5. 顶点选择工具

在菜单栏中，提供 3 种顶点选择工具，如图 3-95 所示。

① 箭头工具：用于选择图形网格和部分顶点。单击图形网格可以将该图形网格选中，而按住左键拖曳则可以使用长方形选框选中图形网格的部分顶点。

② 套索工具：当需要选择的顶点形成不规则形状时，可以改工具选择不规则区域内的顶点，如图 3-96 所示。

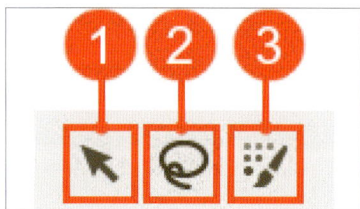

图 3-95

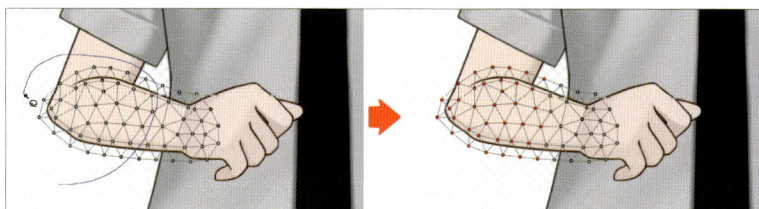

图 3-96

③ 笔刷选择工具：同套索和箭头工具不同的是，使用【笔画选择】工具可以调整选择的权重。笔刷的重量代表了笔刷选择的权重，而笔刷大小代表笔刷的面积。选中的顶点将以红色表示，如图 3-97 所示。

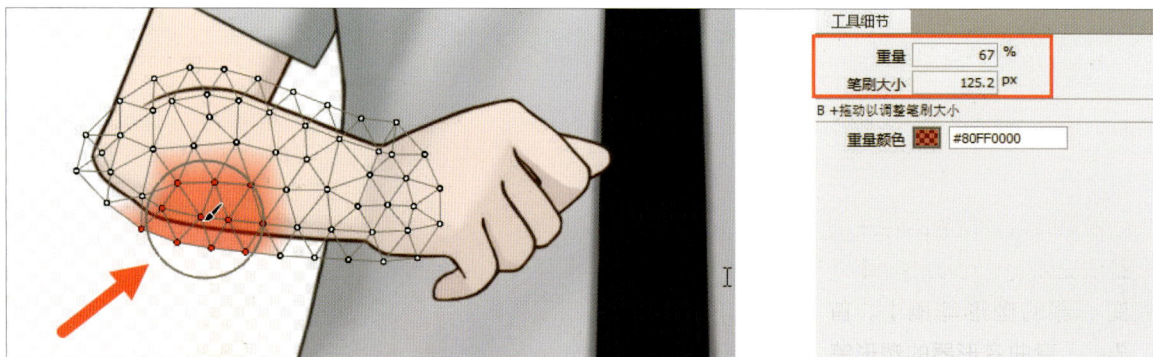

图 3-97

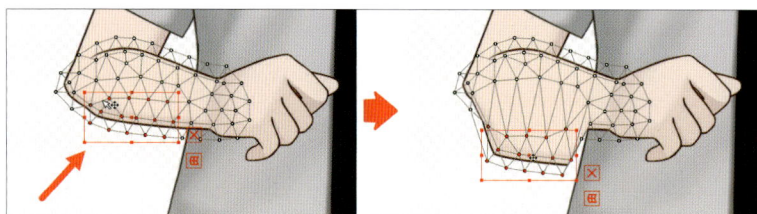

图 3-98

在使用【选择】工具时，选择一个或多个顶点后，可以使用【箭头】工具整体移动或缩放选择的顶点，如图 3-98 所示。

6. 变形笔刷

使用变形笔刷，可以直接拖动图形网格的顶点和变形器的分割点。在菜单栏中选择①【变形笔刷】工具后，可以在工具细节窗口中调整具体的笔刷设置，默认选择的模式为②【变形笔刷】模式。也可以在窗口中切换为③【弯曲变形器的塑形笔刷】。在设置区域，可以改变笔刷权重、大小和硬度等多种属性，如图 3-99 所示。

【变形笔刷】工具适用于图形网格和弯曲变形器。使用【变形笔刷】可以直接拖动图形网格的顶点，被影响的点会以红色（图 3-99 中设置的权重颜色，默认为红色）表示，如图 3-100 所示。

图 3-99

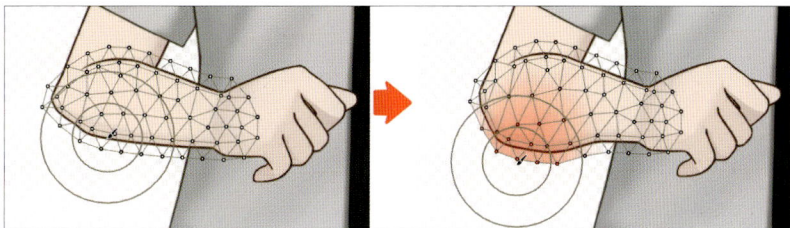

图 3-100

当【变形笔刷】被应用于弯曲变形器时，受影响的点将以紫色高亮状态显示，而受影响的区域将以红色（图 3-92 中设置的权重颜色，默认为红色）显示，如图 3-101 所示。

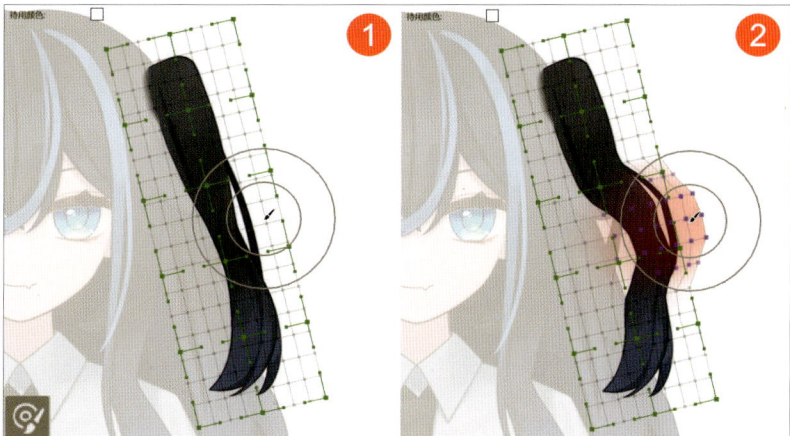

图 3-101

如果想将变形后的弯曲变形器恢复原状，可以使用【弯曲变形器的塑形笔刷】。首先选择【弯曲变形器的塑形笔刷】，在检视区变形器发生形变的位置拖动光标，即可按贝塞尔控制柄的状态调整弯曲变形器中分割点的位置，在贝塞尔控制柄处于初始状态时可将弯曲变形器恢复原状，如图 3-102 所示。

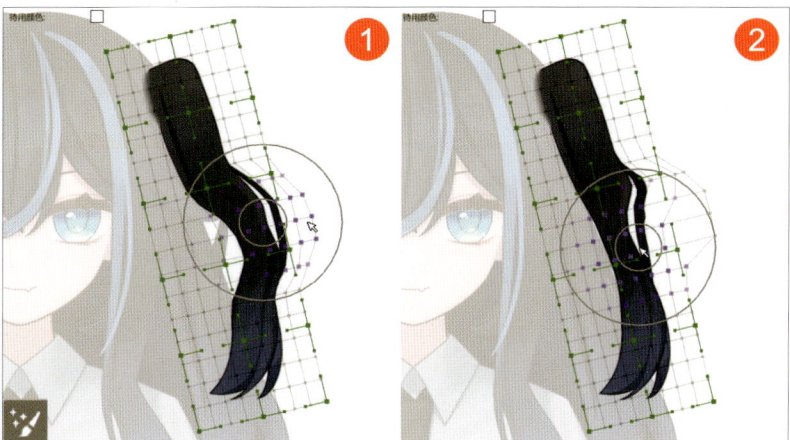

图 3-102

7. 变形路径

在对长条形图形网格进行变形操作时会使用变形路径功能，变形路径由控制点和路径组成，如图 3-103 所示。

在工具栏中选择【变形路径编辑】，可以为所选图形网格添加变形路径或编辑已有的变形路径，并且可以一次为多个图形网格同时添加变形路径，而当变形路径变化时，多个图形网格会一同随变形路径变化。图 3-104 的【工具细节】窗口中各项功能如下。

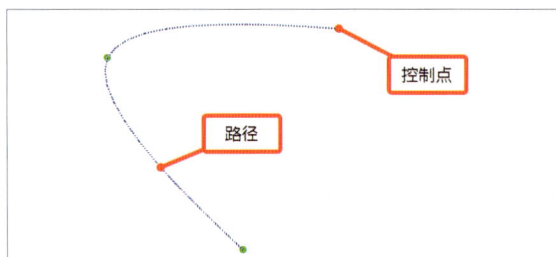

图 3-103

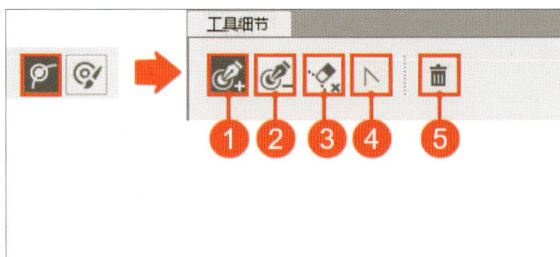

图 3-104

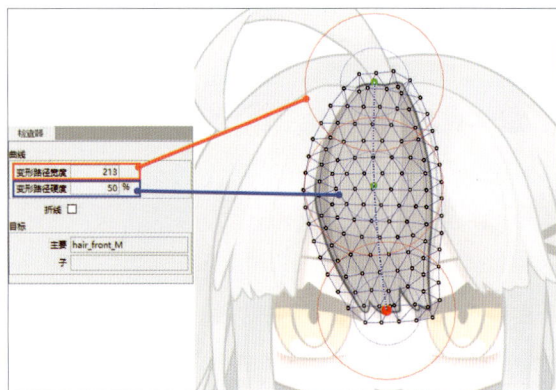

图 3-105

① 追加控制点：在画布上连续单击，即可创建一条变形路径。路径会自动在控制点间生成。

② 删除控制点：删除控制点，控制点间的路径会自动改变。

③ 删除路径：删除两个控制点间的路径。

④ 折线：将所选顶点转化为折线顶点，再次单击同一顶点将其恢复为平滑模式。

⑤ 删除当前编辑级别中的变形路径。

在【检查器】窗口中，可以调整变形路径的属性。变形路径的宽度使用红色圆圈表示，宽度越大，控制点的影响范围也就越大；变形路径的硬度由蓝色圆圈表示，硬度越高，过渡部分也就越窄，如图 3-105 所示。

在添加完变形路径后，使用【箭头】工具拖动控制点，以改变图形网格的整体形状，如图 3-106 所示。

当控制点为折线模式时，该控制点两侧的路径变为直线。在拖曳折线控制点（箭头所示处的控制点）时，图形网格的变化模式也有所不同，如图 3-107 所示。

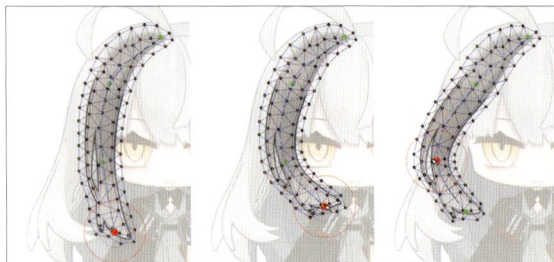

图 3-106

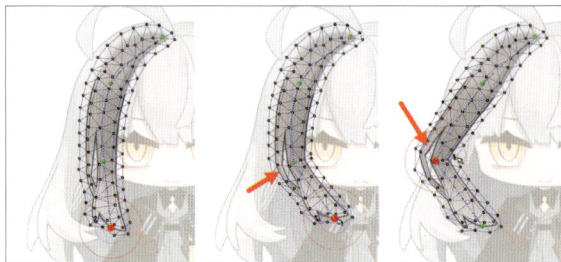

图 3-107

8. 临时变形工具

【临时变形工具】可以应用于图形网格和弯曲变形器，并提供多种可选的变形模式。在【建模】菜单中选择【临时变形工具】。【临时变形工具】菜单中为所选对象使用临时变形工具或对当前临时变形工具进行调整，如图 3-108 所示。

除了使用菜单，也可以在对象被选中时，使用右下角的【临时变形工具】按钮，如图 3-109 所示。

当使用【临时变形工具】时，可以在【工具细节】窗口中更改变形方法，如图 3-110 所示。

图 3-108

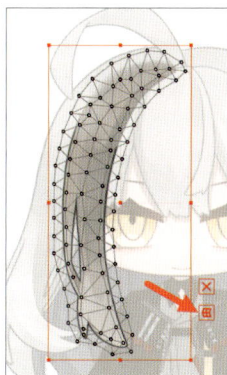

图 3-109

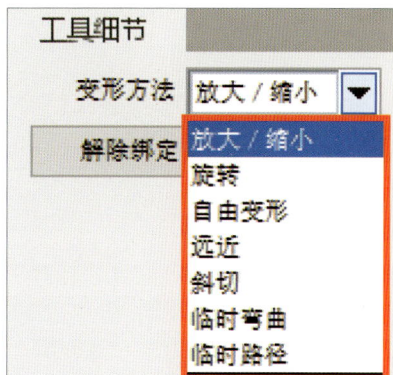

图 3-110

除了临时弯曲和临时路径模式，其他模式的临时变形工具均为图 3-111 所示的蓝色控制框和 8 个方形红色控制点的状态。当【放大/缩小】模式被选中时，只能进行缩放操作。当【旋转】模式被选中时只能进行旋转操作。使用【自由变形】模式可以随意拖动控制点并改变对象形状；使用【远近】模式可以同时将一侧两个角的控制点向内侧或外侧移动或沿边缘方向移动边缘控制点；使用【斜切】模式会将控制点的移动方向限制在蓝色控制框的方向上。

【临时弯曲】模式和变形器类似。在选择【临时弯曲】模式时，【工具细节】窗口中会出现弯曲面的分割数调整选项，在调整好分割数后，使用【临时变形工具】的红色控制点调整其整体的形状，如图 3-112 所示。

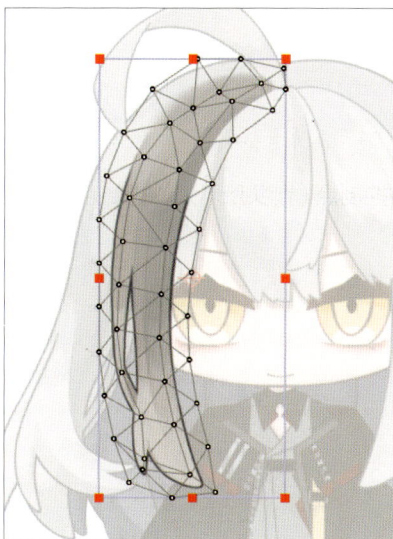

图 3-111

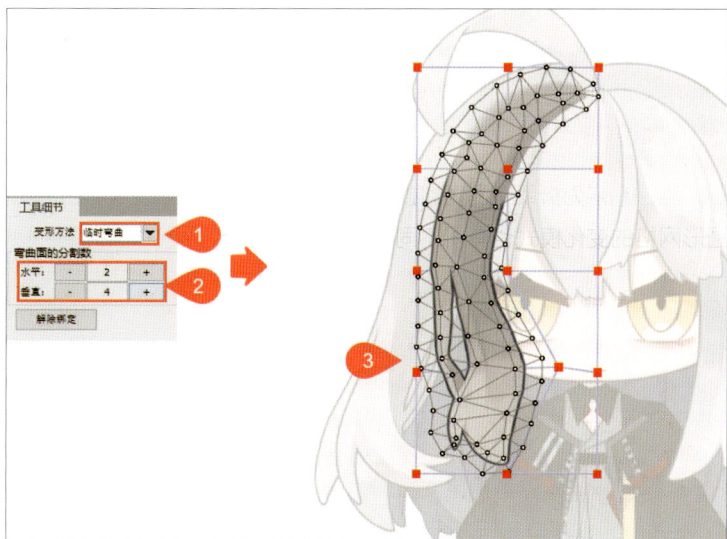

图 3-112

【临时路径】变形模式和变形路径的使用类似，在对象适当位置单击鼠标左键创建控制点，控制点间将自动连接生成路径，路径生成完毕后可直接拖动控制点改变路径和对象的形状，如图 3-113 所示。

与变形路径不同，【临时路径】变形也可应用于弯曲变形器，如图 3-114 所示。

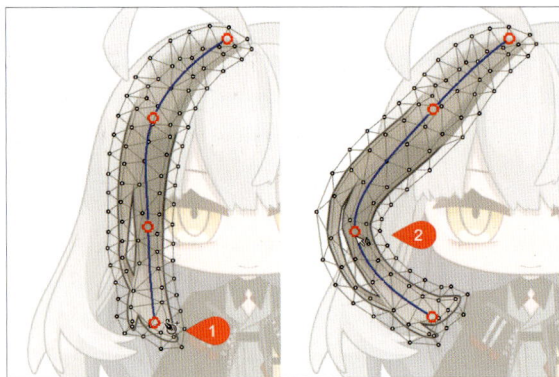

图 3-113

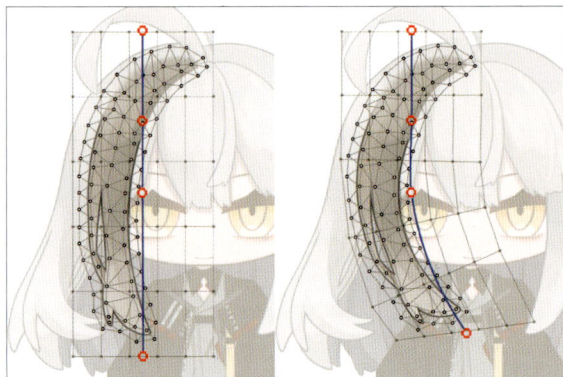

图 3-114

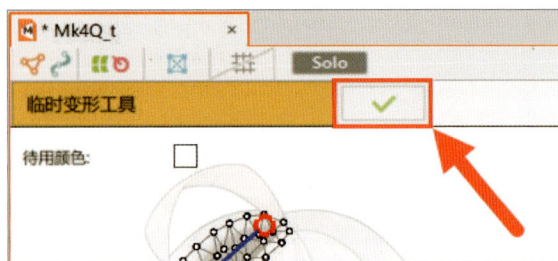

图 3-115

在使用【临时变形工具】编辑对象后，需要单击检视区左上角的确认按钮保存当前更改，如图 3-115 所示。

9. 形状的反转

在【建模】菜单中的【形状编辑】子菜单中选择【反转】，或直接在对象的右键菜单中选择【反转】即可打开反转设置菜单，如图 3-116 所示。

在【反转设置】菜单中，可以调整反转的模式，需要进行反转参数的设置选择【不要自动调整剔除】，如图 3-117 所示。

图 3-116

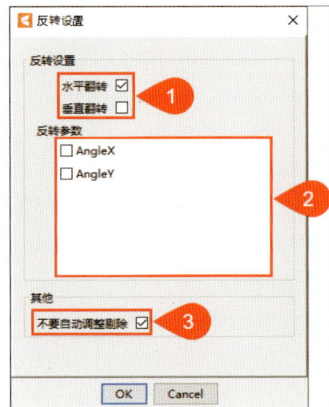

图 3-117

① 反转模式设置：反转以画布中心或父级变形器中心为基准进行。父级变形器的方向会影响水平和垂直的参考方向。旋转变形器以旋转控制手柄指向的方向为垂直基准方向，效果如图 3-118 所示。

图 3-118

② 反转参数：当参数被勾选时，反转该参数。

③ 不要自动调整剔除：只有当图形网格的剔除模式开启时有效。当勾选【不要自动调整剔除】时反转前状态为正面的物体在反转时翻面。若不勾选此项，Live2D 编辑器会在图形网格翻转后自动关闭该图形网格的剔除选项。

10. 形状的恢复

当误操作时，除了可以使用撤销功能（快捷键 Ctrl+Z）还原上一步的操作，也可以直接将图形网格和变形器恢复至最初的状态。在【建模】菜单中的【编辑形状】子菜单中，可以使用【恢复原状】/【沿着贝塞尔控制柄为弯曲变形器塑形】选项将图形网格 / 弯曲变形器恢复原状，如图 3-119 所示。

图 3-119

需要注意的是，当贝塞尔控制柄状态被改变时，该功能并不会将变形器恢复为初始的状态，如果想保留图形网格或弯曲变形器的初始状态，推荐在参数菜单中选择【锁定默认的变形器】。当参数处于默认值将无法改变图形网格和变形器的形状，使得图形网格和变形器的初始状态得以保留。

11. 形状的复制和粘贴

如果需要将图形网格或变形器的状态从一个关键点粘贴至另一关键点，可以使用复制 / 粘贴形状功能。在【建模】菜单中的【形状编辑】选项中可以找到复制形状和粘贴形状的相关选项，如图 3-120 所示。也可以直接使用快捷键【Ctrl+Shift+C】复制和【Ctrl+Shift+V】粘贴形状。如果选择【混合形状】选项，则可以将复制的形状与当前图形网格的状态按百分比进行混合。如果需要改变粘贴的内容，鼠标单击【形状的特殊粘贴选项】，打开形状的特殊粘贴选项窗口。

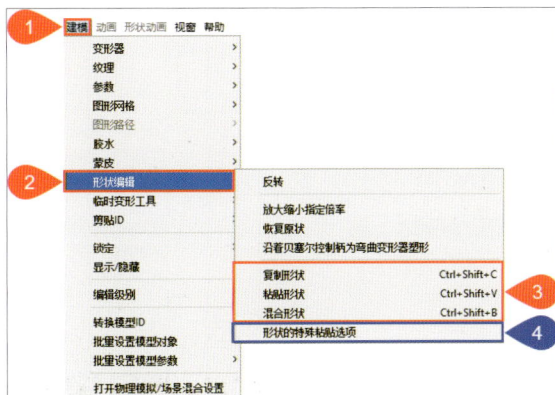

图 3-120

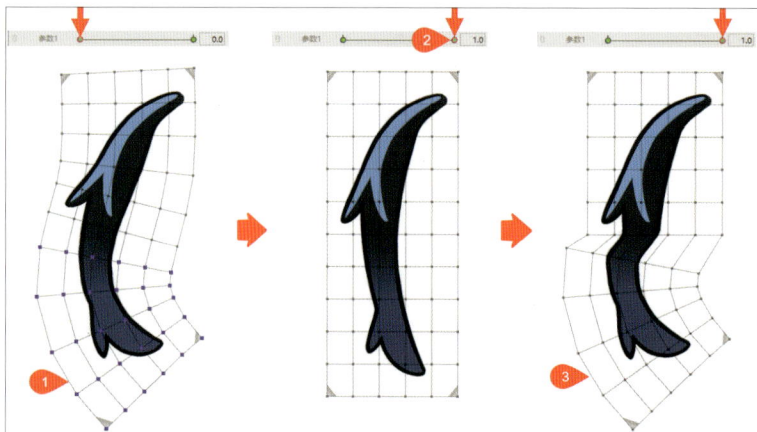

图 3-121

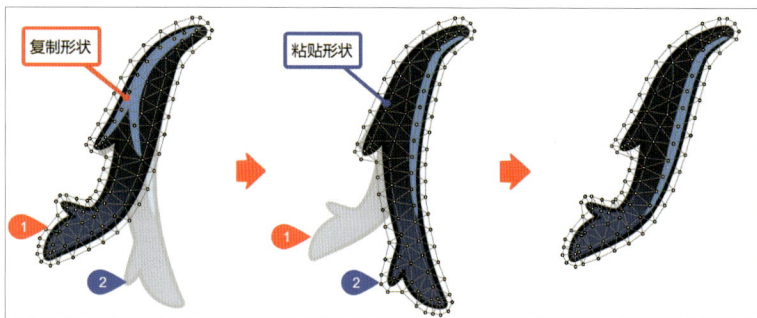

图 3-122

复制 / 粘贴形状可以被应用于整个图形网格或变形器，也可以被应用于选中的部分顶点，首先使用箭头工具或套索工具选择需要复制的顶点（复制时该图形网格可以处于任何状态，例如两个关键点之间或初始状态）并选择复制形状选项，选择需要进行形状粘贴的关键点，并使用粘贴形状选项粘贴复制的部分顶点位置，将顶点的位置由一个关键点复制到另一个关键点。若在复制时不选择特定的顶点，则会复制该图形网格的所有状态信息。如图 3-121 所示。

在顶点数相同的情况下，在不同的图形网格或变形器之间也可以进行复制和粘贴的操作。例如可以将图 3-122 中图形网格①顶点的状态，复制到具有相同顶点数的另一个图形网格②。

除了直接进行形状粘贴，也可以将复制的形状与当前对象的状态按百分比进行混合。当选择【混合设置】时，将出现图 3-123 所示的窗口。其中兼容性表示混合的百分比，对象顶点的位置使用线性插值计算。当兼容性为 0 时，为当前对象状态；当兼容性为 100 时，为复制的对象状态。兼容性可以小于 0 也可以超过100。在【选项设置】中，软件默认仅勾选【预览】。当【预览】选项被勾选时，显示预览混合结果。当【显示选择模式】被勾选时，该对象以被选择的状态在检视区显示。如果需要查看该对象的洋葱皮显示，应勾选【显示选择模式】选项。

在复制粘贴时，默认会复制图形网格及变形器的所有顶点状态和属性信息（例如绘制顺序，不透明度等）。

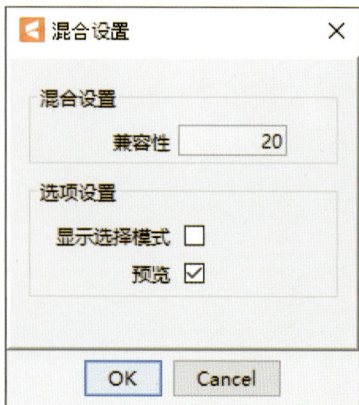

图 3-123

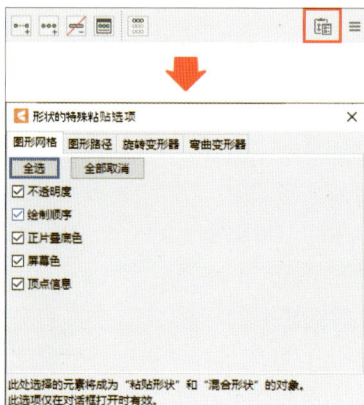

图 3-124

若想改变粘贴的内容，可以单击图 3-120 中的④【形状的特殊粘贴选项】，打开形状的特殊粘贴选项窗口。也可以使用参数窗口右上角的按钮打开同一窗口，如图 3-124 所示。在该窗口打开时，可以取消选择对象的部分属性，这样在粘贴时只有被选择的属性才会被粘贴至其他图形网格或变形器（顶点信息：即顶点的位置信息）。

1. 原图和模型导引图像

在项目窗口中可以查看模型的原图和引导图像，原图为包含所有原始图层信息的图像。模型导引图像为转换后在模型中使用的图像。原图中图层的部分信息（例如不透明度和混合模式）会被转换为图形网格属性。每个引导图像可以与多张原图关联，也可在多个图形网格中被使用。

模型原图、引导图像和图像网格的关联关系，如图 3-125 所示。原图①②均与③模型引导图像关联。在模型引导图像下，使用中的原图图层名称前有 > 标记，可以在原图图层用鼠标单击右键菜单，将原图切换为当前使用中的原图。当有多个原图时，只能有一个原图处于使用状态，例如①为使用中的原图，而②为未使用原图，④为与模型引导图像关联的图形网格。使用复制粘贴功能可以创建多个图形网格。

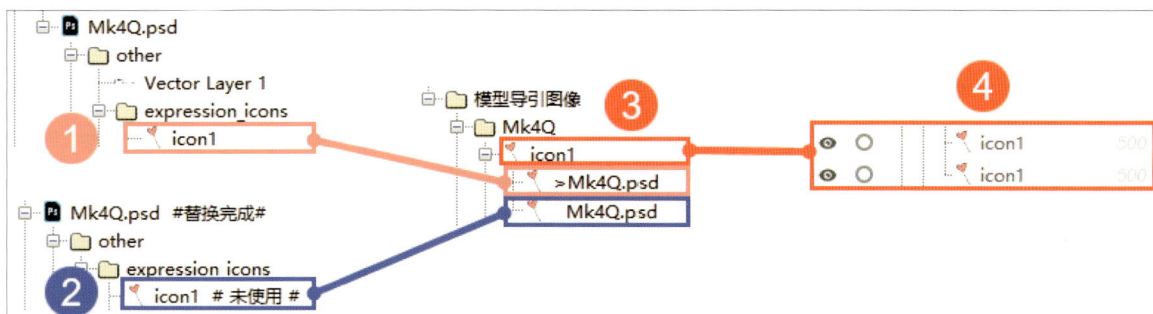

图 3-125

2. 模型纹理集

模型的纹理集是包含所有模型图像的平面图片，如图 3-126 所示。在将模型导出为运行时时会被导出一个或多个 png 图像文件。纹理集中图片的大小可以和原图不同，取决于纹理的分辨率设置。如果在导出后对纹理集的 png 文件进行修改，改变也会反应在模型本身上。

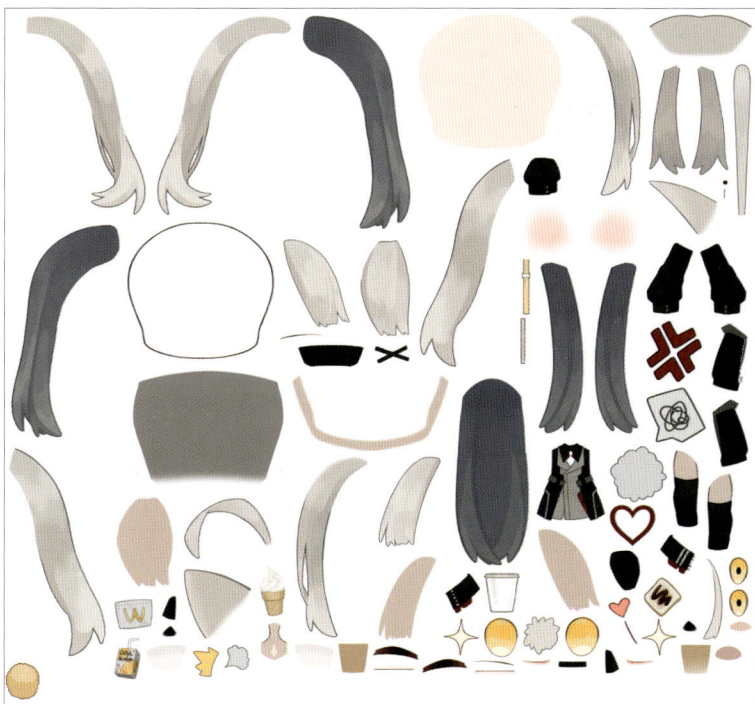

图 3-126

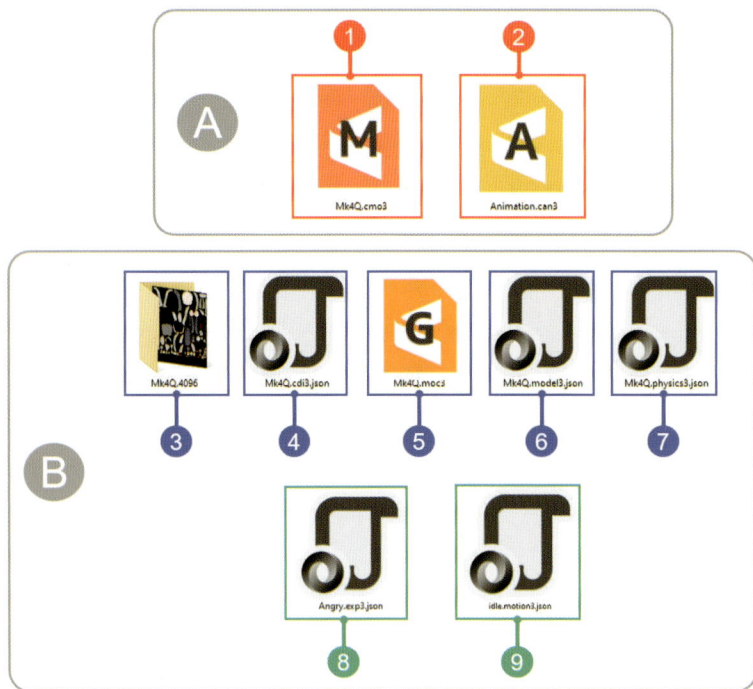

图 3-127

3.3.6 模型文件

在制作中涉及的文件类型，如图 3-127 所示。（A）中的文件为制作时产生的文件，包含模型的原始数据，只能被 Live2D 编辑器读取并编辑。（B）中的文件为制作完毕后导出的文件，能被面捕软件或其他使用 Live2D Cubism SDK 的软件读取并使用。其中标记为蓝色的文件是模型运行所需的文件，而标记为绿色的文件为可选文件。导出后的 moc3 模型文件不能使用 Live2D 编辑器编辑。

表 3-3

序号	扩展名	说明
1	.cmo3	Live2D 模型文件，包含模型的原始数据，可在 Live2D 编辑器中编辑。
2	.can3	Live2D 动画文件，包含动作场景的原始数据，可在 Live2D 编辑器中编辑。
3	.png	模型贴图文件，即纹理集中设定的图片。
4	.cdi3.json	包含模型参数和部件的名称和 ID 信息以及名称和 ID 的对应关系。将模型运行时文件导出时生成。
5	.moc3	模型的数据文件，可被 SDK 读取，但无法使用 Live2D 编辑器进行编辑。将模型运行时文件导出时生成。
6	.model3.json	模型的配置文件，包含于该模型关联的各文件的位置信息，方便 SDK 查找和调用相关文件。将模型运行时文件导出时生成。
7	.physics3.json	包含模型的物理模拟设定数值。将模型运行时文件导出时生成。
8	.exp3.json	表情文件，包含与该表情相关的参数信息。可以使用 Live2D Cubism Viewer 或面捕软件制作。
9	.motion3.json	动作文件，包含于该动作相关的参数、关键帧和曲线信息。由动画文件导出，动画文件中的每个场景对应一个动作文件。

模型制作

本章将完整地介绍制作 Live2D 模型的步骤和使用的各种工具。之前没有接触过 Live2D 模型制作的读者，可以选择性地跳过部分内容（标有 * 的小节），先进行基础模型的制作。在熟悉基础制作流程后，再阅读这些部分实现对模型的优化。

这里以一个结构较为复杂的角色为例，详细讲述了从立绘绘制到模型制作的所有步骤。读者可以使用本书附带的素材进行制作，也可以将自己绘制的立绘进行拆分作为模型素材使用。

4.1　立绘的准备与拆分

本节将介绍 Live2D 模型用立绘的绘制与拆分。"4.1.1 立绘绘制时的注意事项"仅针对打算自己绘制立绘的读者。如果使用已经绘制好但未进行拆分的立绘，可以直接阅读"4.1.2 立绘拆分"。若使用已拆分好的立绘，可以参照 4.1.3 一节检查是否需要补画或增加部件。即使没有绘画基础的读者，也可以进行立绘拆分，但补画的过程会较为困难且耗时，因此还是推荐通过委托等渠道获得已拆分好的立绘。

4.1.1　立绘绘制时的注意事项

1. 图像格式和大小

Live2D 编辑器支持的图像格式为 PSD，文件的颜色模式为 RGB，颜色通道需设置为 8 位整数通道。设置错误可能会导致文件无法被 Live2D 编辑器读取。一般保持绘图软件的默认设置即可，但如果同时也需要进行印刷品的绘制作业，则需要特别检查颜色模式的设定为 RGB 而非 CMYK。

官方推荐的用于绘制立绘以及创建 PSD 的软件为 Adobe Photoshop 和 Celsys Clip Studio Paint（CSP）。其他常见绘图软件，例如 PaintTool SAI（SAI1、SAI2）和 Procreate 也可以用于立绘绘制。笔者使用的绘图软件为 Krita，以下的配置和立绘的绘制均在 Krita 中完成，在其他软件中配置的过程非常类似，在此不再赘述。

图 4-1

对于正比模型，需至少选用 A4（300ppi）预设，即 2480 像素 ×3508 像素的画布。过小的画布会导致模型在放大时模糊，因此推荐创建大一些的画布，如使用 A4（600ppi）预设，即 4960 像素 ×7016 像素的画布。分辨率（称 ppi 或者 dpi）并不重要，只要保证画布长宽达到指定像素数即可。画布宽度像素数量推荐为偶数。在这里笔者将画布设置为 5000 像素 ×7500 像素，注意检查颜色模式及颜色通道的配置，如图 4-1 所示。

2. 立绘绘制

绘制时，立绘位置必须在画布正中间，否则在制作 Live2D 模型时，反转功能将不能正常使用。一般使用对称尺功能绘制对称的部分，立绘四周到画布边缘应留有一定空隙，如图 4-2 所示。

因为在拆分时需要把各个部件分开并且补画被遮挡住的部分，推荐在细化前尽量将大块的部件分开，如前发、侧发、五官、脸、身体和后发。在将大块部件分开后补画被遮挡的部分。因为这个模型的身体和后发有很大一部分被前方的部件遮挡，这里在细化前先将身体和后发被遮挡的部分补全，如图 4-3 所示。

图 4-2

图 4-3

笔者的立绘绘制顺序是：草稿—勾线和拆分—上色—合并线稿—左右部件拆分（赛璐璐画风，需勾线）或者草稿—大块部件拆分—细化—小块部件和左右拆分（偏厚涂画风，无须勾线）。

3. 图层模式和命名

在绘制立绘时，通常会使用不同的滤镜图层（如曲线调整和渐变映射等）和图层混合模式（如正片叠底和叠加等）来达到理想的效果。Live2D 不支持任何滤镜图层，因此需要在拆分时将滤镜图层和正常图层合并。Live2D 支持的混合模式只有 3 种：①通常、②变亮和③正片叠底，如图 4-4 所示。这 3 种模式分别对应 Photoshop 中正常、线性减淡（添加）和正片叠底的图层混合模式。在绘制过程中应尽量避免使用其他混合模式的图层，并将有其他混合模式的图层在导出前合并。

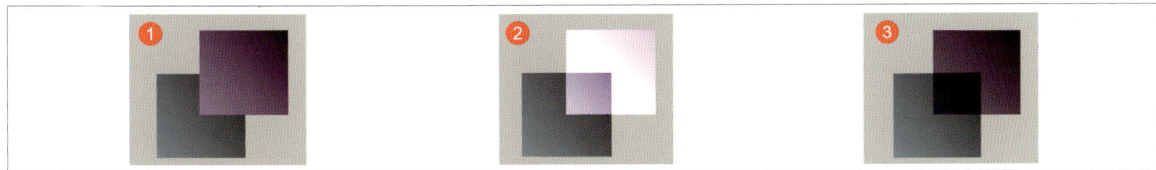

图 4-4

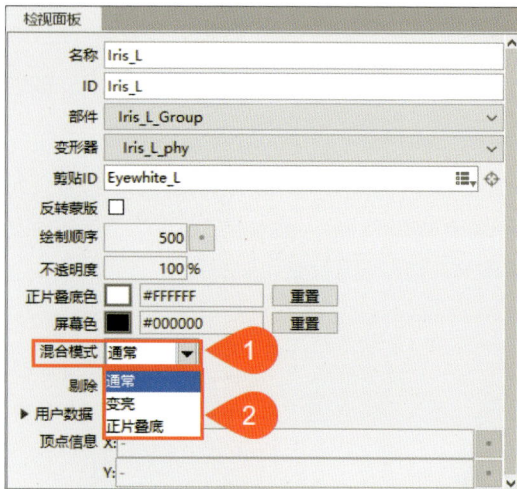

图 4-5

其中混合属性为线性减淡（添加）的图层在导入 Live2D 时不会自动进行混合模式的配置，因此需要手动配置混合模式。推荐画师在对图层进行命名时，将混合模式添加到图层名当中，方便模型师在 Live2D 中进行配置。选择要改变混合模式的部件，在【检视】面板中的【混合模式】下拉菜单中，可以在 3 种混合模式间切换，如图 4-5 所示。

图层的不透明度设置在导入 Live2D 时会自动保留，因此不需要作特别处理。

图层名推荐使用拼音或英文进行表示，中文图层名在早期或非中文版本的 Live2D 软件中会出现乱码。此外，在导入分层文件时，Live2D 将会为每个部件添加图形网格 ID。若图层名中包含中文或者特殊字符，Live2D 将会按顺序添加默认的 ID。如图 4-6 所示，①中的图层 1 因为含有中文字符， ID 被自动设置为 ArtMesh1。 ②和③因为含有空格或特殊字符，ID 也被设置成默认格式。而④中仅有英文字母和下画线，图形网格 ID 和图层名相同，均为 Layer_4，方便后期寻找和使用。

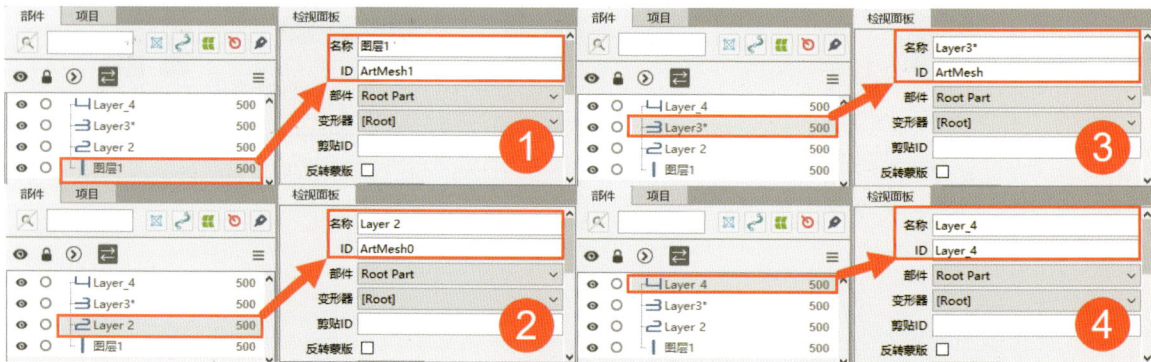

图 4-6

4.1.2 立绘拆分

在绘制完立绘或得到未经拆分的立绘后，需要对立绘进行细节拆分并且补画被遮挡住的部分。在修补时，尽量使用实色笔刷，不要留下空隙。即使被遮挡住的部分，也不应留下太多的笔触和不规则的边缘。虽然有些部分平时移动时不容易露出，但也应用纯色补全大块的地方（如后发和头部），而不是仅仅将可以看见的部分加宽。

立绘一般会分为几个大块来拆分：①前发，②侧发，③后发，④五官和脸，⑤胳膊，⑥～⑦身体和服饰，⑧腿，如图 4-7 所示。

图 4-7

如果在绘制时就按大块分开进行绘制，会让拆分变得简单。因为拆分后的立绘有非常多的图层，为了方便后期查找和操作，建议将属于一个大部件的图层放入一个图层组中。

在拆分特定的部件时，笔者使用的步骤如图 4-8 所示。首先将图层复制一份，用硬边缘橡皮工具移除多余的部分并调整大型。在确定最后的形状后，再使用画笔工具按照纹路补全细节。最后开启锁定图层不透明度的选项并补全边缘线。当然也可根据习惯采用先补全原画再进行擦除的方式。

下面将详细讲述各部分的拆分。

图 4-8

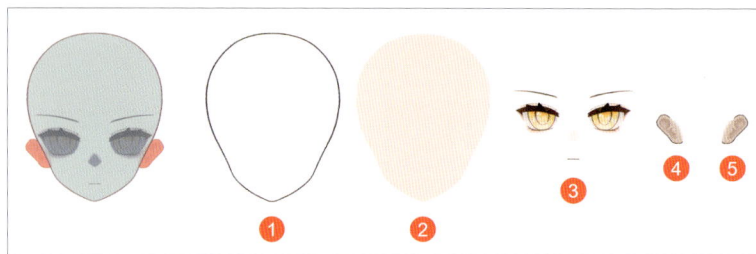

1. 五官和脸

①脸部边缘线，②脸部底色，③～⑤五官要分开，脸部边缘线需和脸部底色有少量重叠部分，如图 4-9 所示。

图 4-9

五官全部需要左右分开。部件左右分割应根据角色的左右，即画面左边的眼睛为角色右眼，绑定参数时也应绑定右眼，如图 4-10 所示。

图 4-10

眉毛只需左右分开，鼻子一般也没有需要特别注意的地方。如果鼻子由一条边线和高光（或阴影）色块组成，可以将边缘线和色块拆开。眼睛和嘴需要按照以下说明进行细节拆分和补画。如果有花纹、痣或者其他脸部装饰，也应和脸部底色分开并放置在单独的图层上。

眼睛的拆分，①上眼睑（深色睫毛部分和眼影，为了和分开的睫毛区分，统一称上眼睑）、②～③睫毛、④眼角、⑤双眼皮线、⑥下眼睑、⑦虹膜、⑧瞳孔和⑨眼白要拆开且补画被遮住的部分，如图 4-11 所示。⑦虹膜和⑧瞳孔可以选择合并，也可根据画风不同分为更多图层。此外，高光和阴影等应尽量分开以实现更加生动的效果，如图 4-11 ⑩～⑬ 所示。如果眼睛里有星星或者爱心等小部件需要和瞳孔分开并且放置在单独的图层上。

图 4-11

①上眼睑和⑥下眼睑的部分是不需要补画肤色的，因为一般情况下制作眼睛动作，仅使用蒙版也可以达到很好的效果（而上下嘴皮因为边缘线较窄，且嘴部动作更为复杂需要补画肤色）。如果有眼影，在眼影比较窄的情况下可以和眼睑合并，但如果比较宽则推荐放置在单独的图层上。瞳孔需要把超出眼眶的部分补画完整，在 Live2D 中添加蒙版，这样在眼白之外的部分就不会显示。

如果是偏厚涂的画风或上睫毛包含颜色渐变部分，在② ~ ③睫毛和①上眼睑的衔接部分做模糊处理（但不宜过宽）， 如图 4-12（A）所示。如果上眼睑和睫毛部分有高光，可将高光分开并置于顶层。⑨眼白边缘的部分需要与①和⑥上下眼睑有一定的重叠，并且边缘部分需要保持平滑和整齐，如图 4-12（B）所示。需要注意的是：眼白部分的不透明度必须为 100%，且必须全部涂满颜色，不能留下空隙，如图 4-12（C）所示。虽然这点在与瞳孔和虹膜重叠的部分非常容易察觉，但因为眼白和脸底色较为接近，可能会在两侧有不易察觉的空隙。

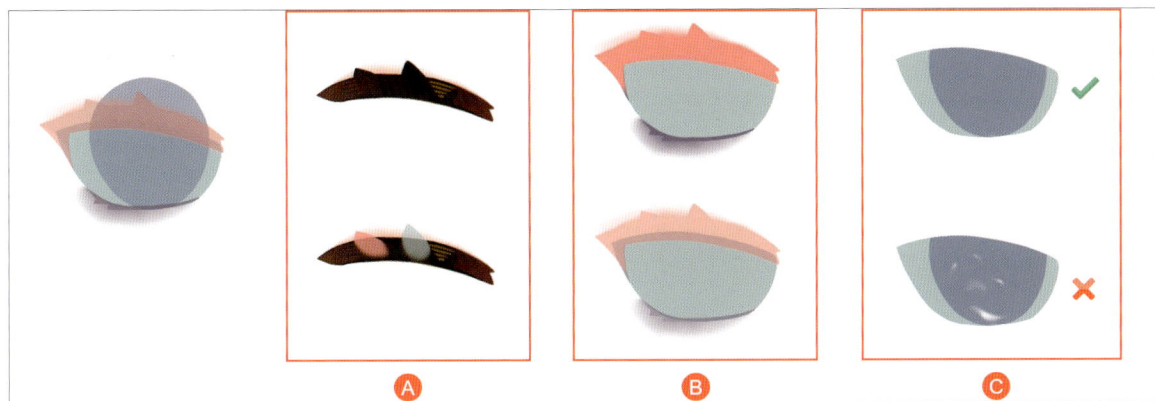

图 4-12

嘴巴一般分为上下嘴皮、舌头、上下牙和内口，有时牙齿会省略，如图 4-13 所示。①上嘴皮和②下嘴皮需要分开，补画嘴唇的部分。为了效果更好，在补画时调整嘴唇的弧度使其约为一条直线。肉色的部分一般不需要非常宽。两端肉色的部分不宜超出深色边缘线，如果怕露出内口，可以使下嘴唇或上嘴唇的肉色部分少量超出，但不可上下嘴唇都超出。否则在制作张嘴的口型时，肉色部分会对下方图层的边缘线造成遮挡，如图 4-14 所示。注意这个部分的颜色必须与脸的颜色一样并且不要留下空隙。如果有口红，也可以把下嘴唇线、下嘴唇底色和口红拆开，将口红夹在两者之间。

图 4-13

上下牙、舌头和内口也要拆开，如图 4-13 中③ ~ ⑤所示。制作较小角度的脸部动作时，下牙可以和舌头合并或者省略。内口作为蒙版图层使用，需要保证内部不要留有空隙且边缘整齐，方法是直接画两条稍长的直线作为上下嘴皮，如图 4-13 中⑥和⑦所示。这种方式的好处是布点会变得简单，且在嘴部变形较大（如波浪嘴型）时，线条的粗细更容易保持一致。在原画较小时，使用直线或接近直线的上下嘴皮线能显著改善嘴部的效果。

脸部表情的贴图也需要和底色分开并放置在单独的图层上。例如脸部变黑的表情是通过正片叠底的混合模式实现的，加深的部分需要和底色分开且稍稍多出一些，最好能盖住耳朵，否则脸和耳朵的衔接处会不自然，如图 4-15（A）所示。腮红 / 脸红的部件也需要分开，腮红需要将超出脸部边缘线的部分也画出来，如果把腮红换成深色，可以看出即使在边缘线外的部分过渡也非常自然，如图 4-15（B）所示。如果腮红范围较小，推荐左右分开。

五官和脸部边缘线的图层在图层顺序的顶部，而脸部底色的图层在底部，腮红等部件的图层则处于两者之间。这样的话，脸红等图层在转头时不会影响或遮挡住脸部边缘线。其他脸部的图案，如果在转头时露出，都需要补画完整。

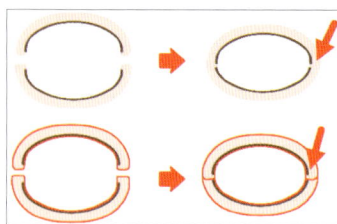

图 4-14

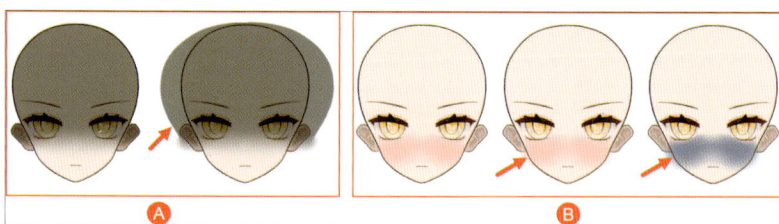

图 4-15

2. 头发

头发大体分为前发、侧发和后发。前发每一块都要拆开且补画被遮挡住的部分，如图 4-16 所示。刘海分成了① ~ ④部分，而脸两侧的头发分成了⑤ ~ ⑧部分。如果有较细的头发，像⑨ ~ ⑪，可以分开，也可以和刘海的部分合并。如果有⑫呆毛，也需分开。

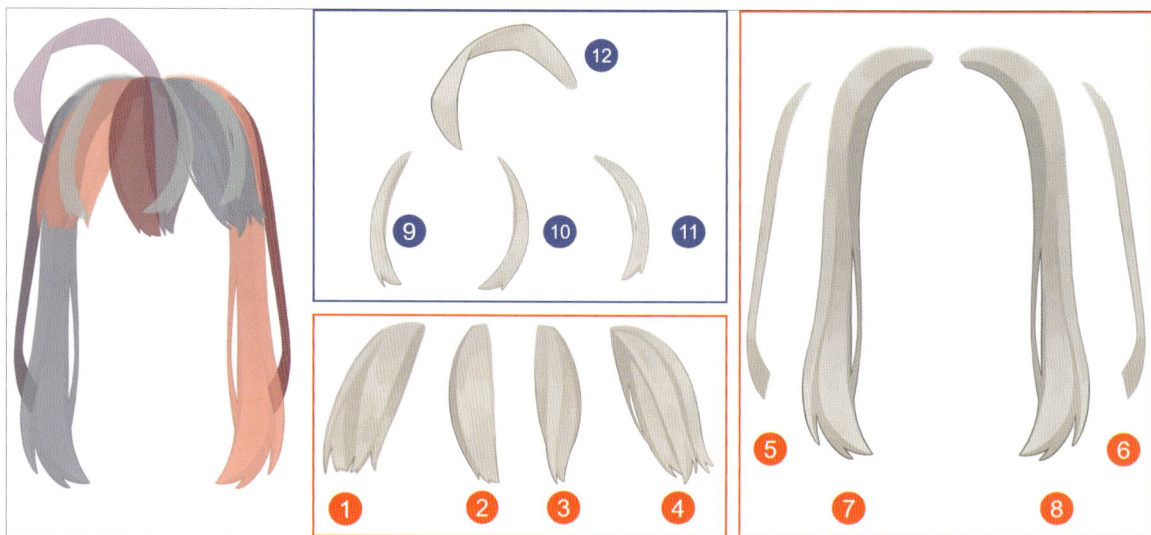

图 4-16

侧发需左右分开并补全被前发遮挡的部分，因为前发晃动时侧发很容易露出来。两侧的头发分成了4部分，左右各两块，如图4-17中①～④所示。补画的部分不宜过宽，和下部一样的宽度即可。此外，为了使低头时发旋处更加立体，可以把⑤头顶的部分和⑥发旋阴影拆出，如果由于画风原因没有发旋阴影，这一部分则可以省略。阴影拆出来或直接在这一部分使用纯色效果会比较好。

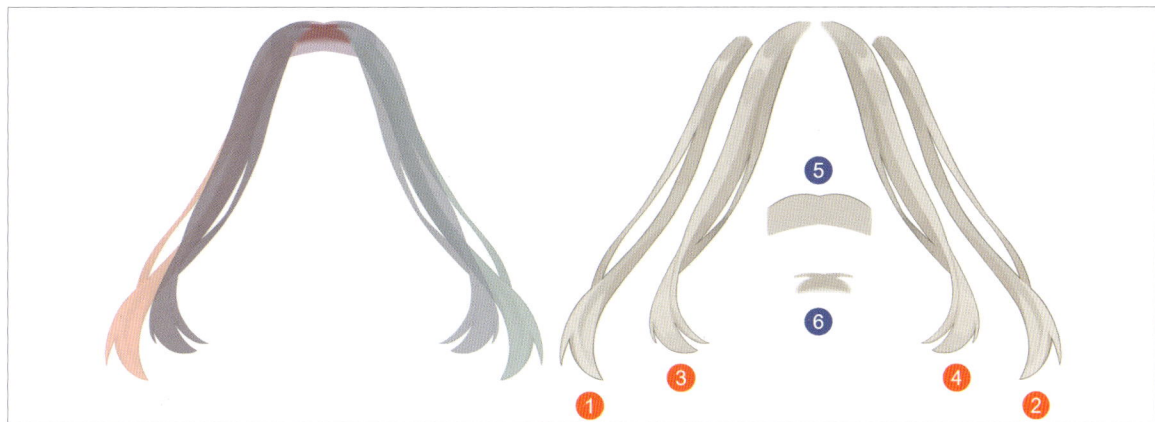

图 4-17

后发需要补全被头部遮挡住的部分，一般不需要有很复杂的结构。中长发推荐拆成至少3块，短发或者被遮挡部分较多的话可以不拆。被头和侧发遮住的部分需要补全，如图4-18所示，后方的长发被拆成了①～⑦部分。一般后发不需要添加非常多的细节，实际绘制中，可以比下图粗略很多，但边缘必须整齐。

图 4-18

头发阴影也需要进行拆分，这里的前发阴影和刘海被拆成了4部分，如图4-19所示。因为此处脸和侧发重叠的部分较少，所以无须添加侧发阴影。

图 4-19

图 4-20

如果原画没有阴影但想添加阴影的话，也可以采取复制前发的方式添加阴影，将原画前发或刘海的图层组复制，将前发的颜色改为阴影色并调整大小即可。

还有一种常见的拆分方法是将头顶和头部侧面的部分和后发放在一起，如图 4-20 所示。头发被分成了①前发、②后发、③发带和④辫子 4 部分。

其中前发和图 4-16 所示的拆分方式类似，而辫子被拆成了①②两部分，其中①在脸部图层顶部，而②在脸部图层底部，如图 4-21 所示。而后发则被分成了③～⑤三部分，其中④因为被头部遮挡的很多，不用特别进行拆分。因为在低头和转头时，④的上方和侧面会露出，所以这里使用了和前发相同的较浅颜色而非阴影色。这种方法常见于脸部转动角度较小的模型。如果想制作头部活动角度较大的模型，还是推荐将侧发部分分开。

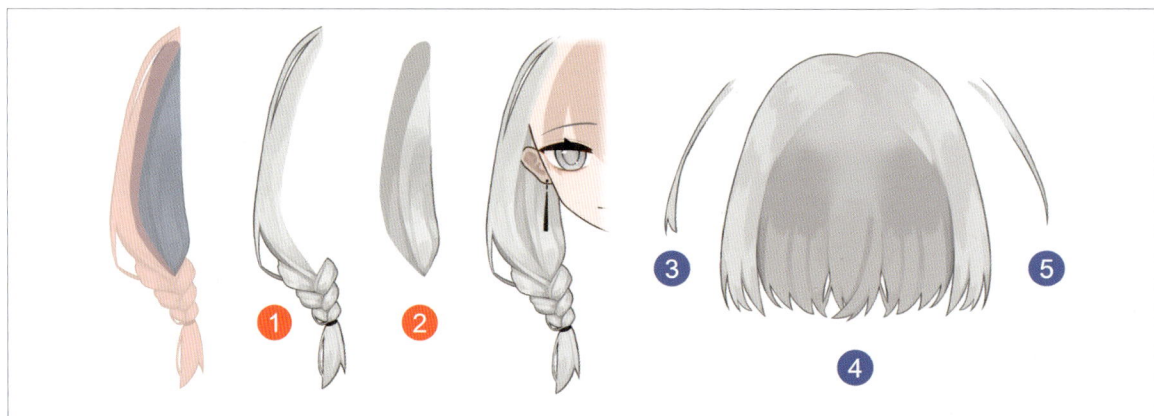

图 4-21

3. 身体

身体一般需要分成手臂、腿和躯干。手臂和腿均需要左右分开并且补画被遮盖的部分。手臂若完全被袖子遮挡，则无须画出整个手臂，只需将手腕被袖子遮住的地方适当延长。袖子需要从手肘连接处拆开，分为①上臂袖子和②下臂袖子且在连接处有重叠部分，和手的连接处无须做特别处理，如图 4-22（A）所示。如果没有袖子，则直接从手腕和手肘处分开且预留重叠部分，胳膊被分为连着部分肩膀的③上臂、④下臂和⑤手，如图 4-22（B）所示。

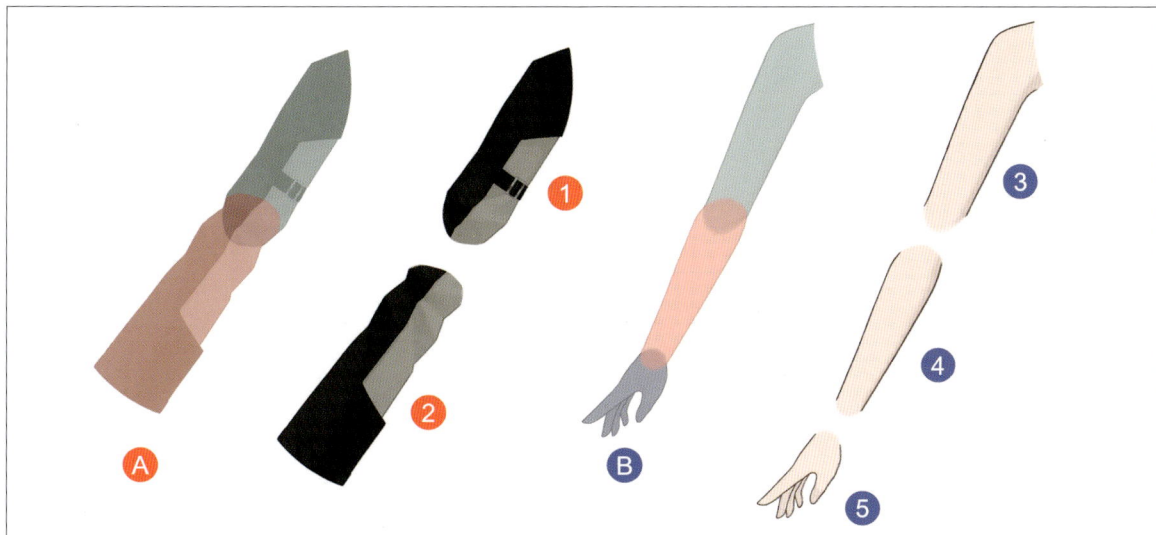

图 4-22

　　手指可以拆开也可以不拆，如果想要比较细节的动作，将指头和手掌分开并预留重叠部分，如图 4-23（Ａ）所示。若觉得麻烦，只将⑦前部和⑧后面两部分分开，也可以达到不错的效果，如图 4-23（Ｂ）所示。

图 4-23

　　腿部一般不常被看见，也没有较大的动作，不需要进行特别的拆分。在有下蹲或迈步动作时，可以把①腿、②鞋子后部和③鞋子分开，如图 4-24 所示。鞋子若有鞋带，则也需和鞋子本体分开，如图 4-24 的④和⑤所示。

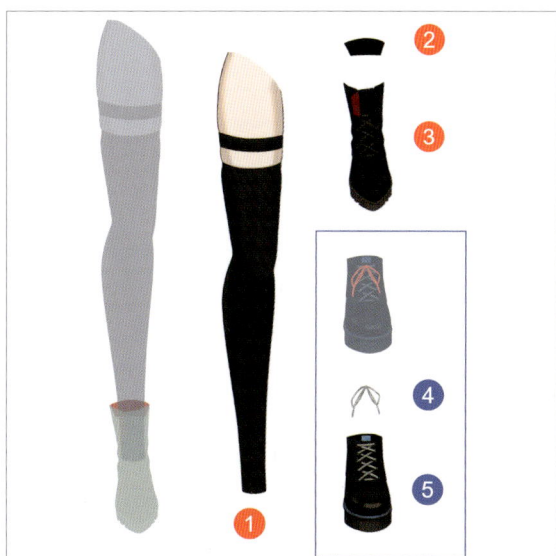

图 4-24

躯干被衣服遮挡的部分一般不需要补画。贴身服饰的拆分，如图 4-25 所示。

①领子后部、②领子前部、③领子阴影需要和④脖子分开。脖子需要进行适当延长，使其和头部有较多重叠的部分，上部可以适当加宽。裙子以⑥腰带为界，分为上部和下部。其中上部分为⑤灰色领子、⑦和⑧肩膀连接处和身体侧面、⑨和⑩胸部侧面、⑪和⑫胸部中间部分。其中⑨～⑫可以合并为一个图层，但⑦～⑧在身体转动角度大的情况下必须分开且补画完全。裙子下部分为⑬～⑰部分，其中⑯为被遮挡的可选部分，若裙子晃动幅度小不会露出躯体，无须进行补画。

图 4-25

4. 其他服装和配饰

如果有外套、披风或任何穿在外层的服饰，也需要进行拆分。一般不需要分为身体上下部进行拆分，只要把左右和不同层级拆开即可。外套的领子被分成了①～③部分，主体部分则被分成了④～⑧和⑯部分。会单独飘动或移动的带子（例如图 4-26 中⑧～⑮）也需要和主体分开。袖子⑰、⑱在手臂没有很大动作的情况下左右分开即可，如图 4-26 所示。

图 4-26

　　如果有蝴蝶结，可以将其拆分为①主体和②③尾部飘带部分，也可以将主体部分分为④⑤两侧飘带和⑥中部部分，如图 4-27 所示。根据需要选择拆分方式。

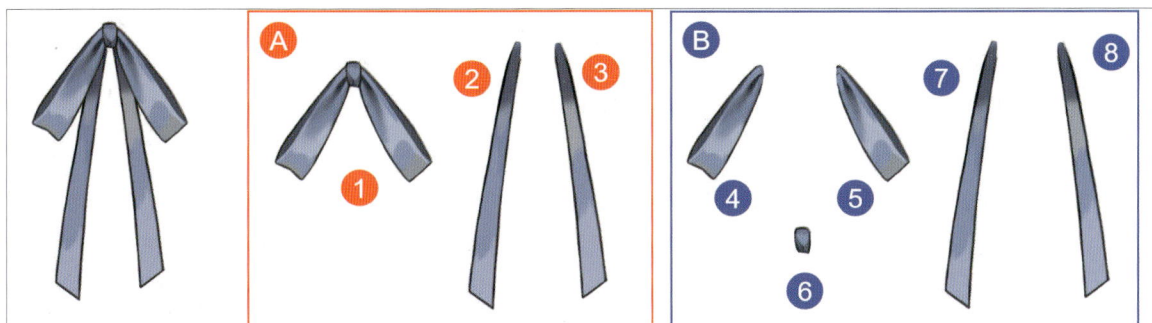

图 4-27

　　兽耳可以分为前中后部分，被遮挡住的毛球和后部需要进行补画，如图 4-28 所示。

图 4-28

5. 表情贴图

表情贴图只要放置在不同的图层上即可，没有特殊要求，则不需要特别进行拆分，如图 4-29 所示。

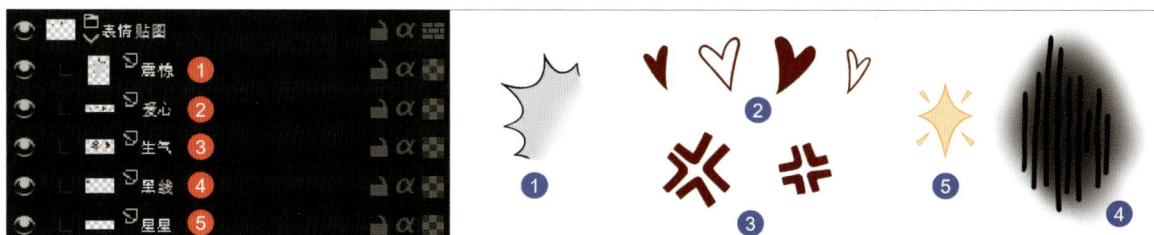

图 4-29

拆分后的检查

在立绘拆分完毕或收到画师提供的分层立绘后，应对立绘进行检查。检查图像的分辨率和格式是否符合要求，查看每一个部件并检查有无命名错误，是否有缺失或没有分开的部件。

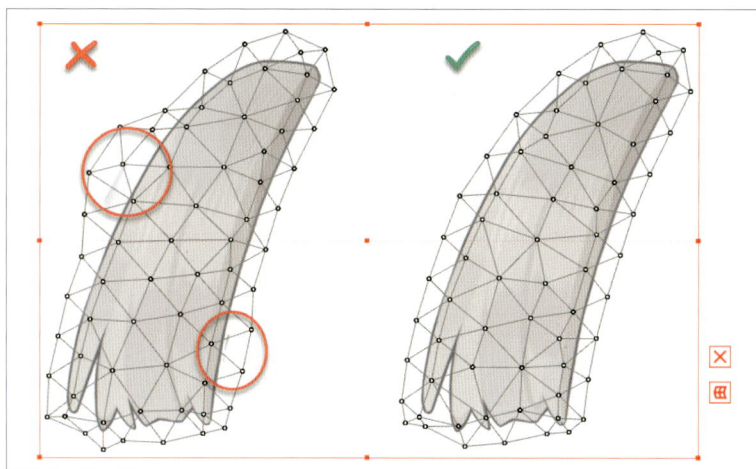

图 4-30

检查每个部件的图层，清除没有被擦干净的线稿或颜色。没有清理干净的部分会影响自动布点工具的工作，如图 4-30 所示。如果补画部分有半透明区域或不规则的笔触，也会造成类似的问题。

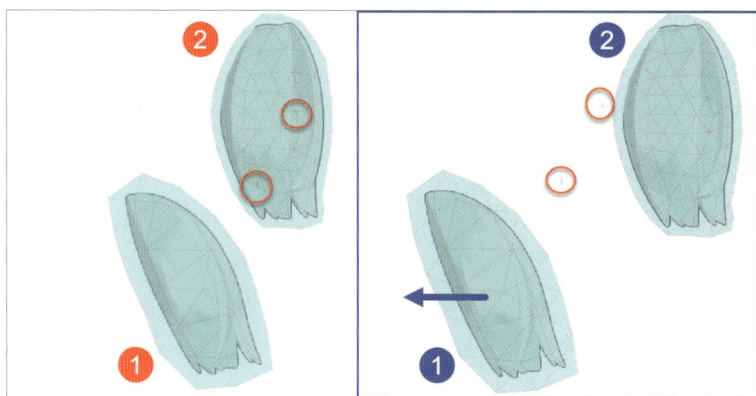

图 4-31

离主体较远且较小的杂色在布点时不易被察觉，有可能在制作纹理集时与其他部件重叠。在模型纹理集中图像①中未清除干净的杂点与图像②重叠，若此时直接导出模型，②上将会出现来自①的黑点。这时候如果移动部件①，会发现这些黑点跟随部件①移动，如图 4-31 所示。因此，在导入前应检查每个图层并清除图层上的杂色。

使用绘画软件中的图层缩略图可以快速检查各个部件。检查部件时，部件主体四周有很大空隙，说明该图层上有没有清理干净的杂色，而如果该部件四周没有空隙，则说明该图层没有离主体较远的杂色，如图 4-32 所示。如果有未清理干净的杂色，一般可以选择使用选区选取主体之外的部分直接删除，或者使用选区选中主体并将其移至新的图层。

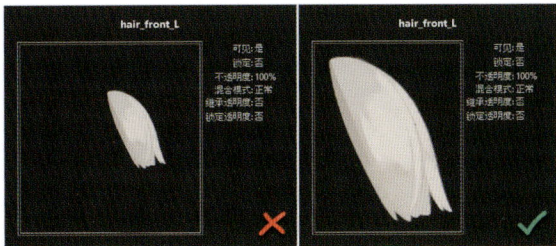

图 4-32

想要制作抬头时脸部轮廓消失的效果，则需要补画边缘线蒙版，可以根据习惯选用图 4-33（A）或（B）任意一种画法。方法 A：使用和脖子一样的颜色，画出一条遮住下巴轮廓的线，边缘模糊，在使用时直接用该部件遮住下巴轮廓。方法 B：画出一个圆形的部件，边缘模糊，在使用时将该部件设置为脸部轮廓的反转蒙版。

图 4-33

为了使脸部显得更立体，也可以为其增加阴影，如图 4-34 所示。②脸部阴影的颜色应与①前发阴影保持一致，沿着脸部轮廓的部分画一条较窄的阴影即可，边缘模糊，如图 4-34（A）所示。脸部阴影应与头发阴影衔接。如果使用【正常】图层混合模式，则无须进行特殊处理；若想使用【正片叠底】图层混合模式，则应复制一份脸部底色的图层，并改为阴影的颜色。在使用时，将①②两组部件设置为该阴影色部件的剪切蒙版，避免出现如图 4-35 所示的阴影重叠部分颜色过深的问题。

图 4-34

图 4-35

为了保证有比较好的效果，在制作动作幅度较大的模型时需要检查以下几点。

（1）补画被胸部遮住的身体或少量身体侧面。

（2）脖子一定要适量延长，并且使上部更宽，这样在抬头时能与脸部有更好的衔接。

（3）裙子、外套以及袖口后面的部分需要视情况补画，如图 4-36 所示。

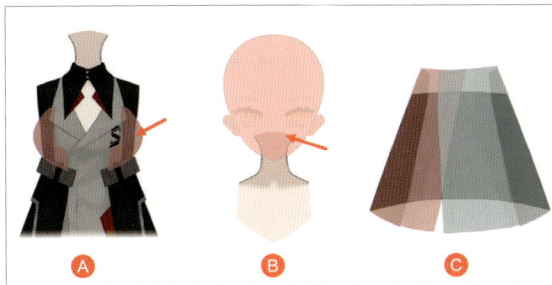

图 4-36

4.2 分层立绘的导入与预处理

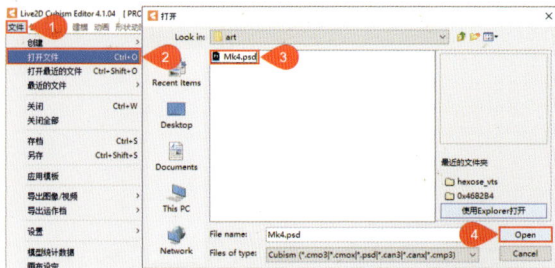

图 4-37

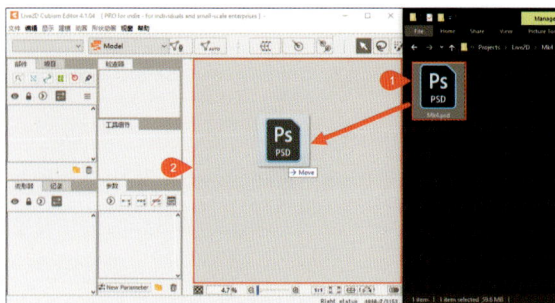

图 4-38

图 4-40

在分层立绘准备好之后，需要将立绘导入 Live2D。有两种方法可以将准备好的 PSD 文件导入 Live2D 编辑器中。第一种是在菜单栏中依次选择 ①【文件】、②【打开文件】，然后在弹出的文件浏览器中选择需要的文件，如图 4-37 所示。

第二种方法是直接将 PSD 文件拖入 Live2D 编辑器的视图区域，如图 4-38 所示。

显示图像的分辨率

如果导入的 PSD 文件较大，Live2D 为避免占用过大内存，会在导入时弹出【请选择模型图像显示的解像度】窗口，如图 4-39 所示。这时候按情况选择较小的分辨率即可，这里的选择并不会改变原画本身的大小，只会改变图像在显示时的分辨率。如果在制作过程中需要修改显示分辨率，可以在【显示】>【显示质量（显示模型图像）】中调整。

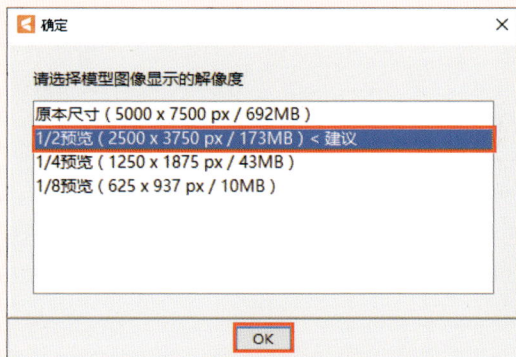

图 4-39

在 PSD 文件加载完毕后，模型将出现在视图区域，如图 4-40 所示。

使用了蒙版的图层和线性减淡模式的图层都会变回初始状态，如图 4-41 所示。需要手动在 Live2D 中为这些图层设置剪切蒙版和混合属性。推荐在对该图像的网格进行编辑后再添加蒙版，否则在进行图像网格编辑时图像将不会完整显示。

保存此模型的工程文件，在菜单栏中依次选择【文件】>【存档】即可将模型保存为可编辑的 cmo3 文件，如果视图区上方模型文件的标签有 * 标识，说明文件有新的改动但未被保存。

图 4-41

使用自动备份

Live2D 会自动对文件进行自动备份，默认间隔为 30 分钟一次。自动备份的文件夹可以通过"帮助>打开自动备份文件夹"找到。而如果要对自动备份的间隔和保存文件的大小进行设置，可以通过【文件】>【设置】>【自动备份设定】打开设定窗口。

4.2.2 调整绘制顺序

在开始制作前，需要调整各图层的绘制顺序，图层的绘制顺序可以为 0~1000 之间的任何整数，数字越大代表该图层越靠前。当绘制顺序相同时，图层的前后由其在部件栏中的顺序决定，即在部件列表中，越靠上的图层越靠前。在导入 PSD 文件后，所有部件（文件夹）都会出现在部件窗口，如图 4-42 ①所示。而展开后，可以看到所有图层的绘制顺序均被设置成了 500，如图 4-42 ②所示。

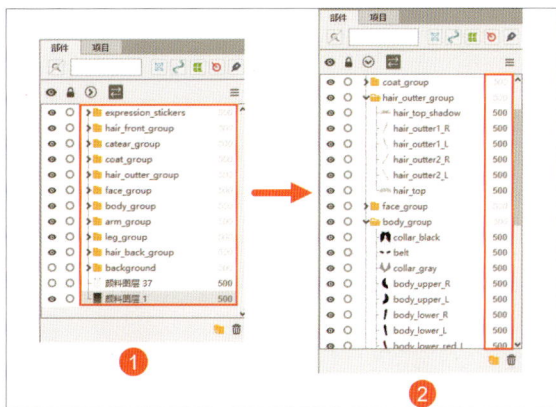

图 4-42

为了方便之后的操作，建议调整图层的绘制顺序，调整方法如下，如图 4-43 所示。

第 1 步：选择想要调整绘制顺序的图层。

第 2 步：在检视面板中找到【绘制顺序】属性。

第 3 步：输入绘制顺序或使用输入栏右侧的菜单按钮进行调整。

除了使用上述方法，也可在选中该图层的同时直接拖动视图区左侧刻度条上的红色滑块调整绘制顺序，如图 4-44 所示。当不需要为单个图层调整绘制顺序时，可以使用"3.3.3 对象和部件"中介绍的【合并组群绘制顺序】选项以组为单位调整部件绘制顺序。

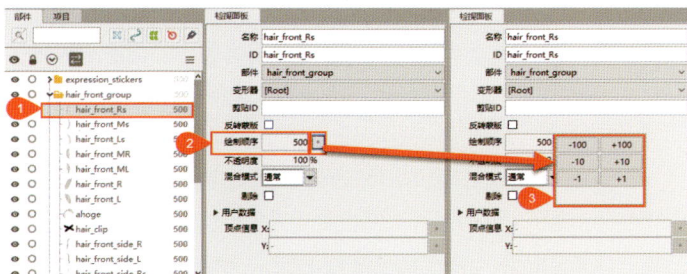

图 4-43

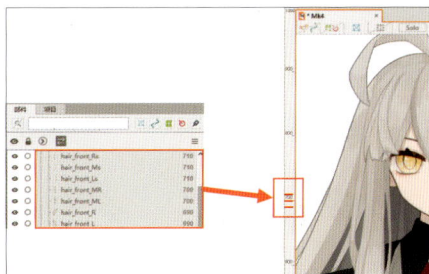

图 4-44

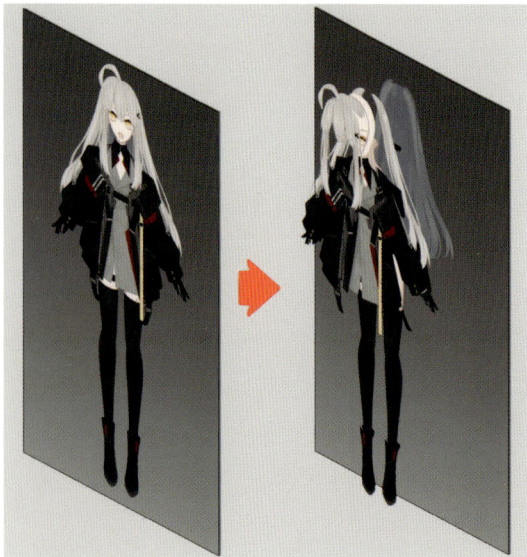

图 4-45

在调整完毕后，可以按住【E】键并拖曳画布调整画布角度，再按住【W】键拖动以查看各图层绘制顺序的关系，如图 4-45 所示。重置的方法是分别按住【E】键和【W】键双击鼠标左键，这样画布就会恢复初始的状态了。

图层或部件的绘制顺序能通过参数控制，通过改变绘制顺序可以实现左右脚交替向前的迈步走路等动作。如果计划中有需要改变图层绘制顺序的动作或动画，在开始制作前先大致设置好绘制顺序，以免后期修改麻烦，但如果觉得模型比较简单，不会有需要改变绘制顺序的情况，也可以不做这一步。

4.2.3 编辑图形网格（布点）

在调整好图层绘制顺序后，需要编辑每个图层对应的图形网格。这一步通常被称为"布点"，接下来将说明如何为各部件的图形网格布点。这一步没有必要在制作前全部完成，可以在制作中逐步添加。比如第一步是眼睛动作的制作，可以先完成眼睛所有部件的布点。当制作其他部件时，再为该部件布点。这里集中进行说明是为了方便查找。

在有图案的区域尽量保证网格由等边三角形组成，不要有细长的网格。网格的走势跟随图案纹理，在图案复杂的地方使用较高密度的网格，在图案简单或纯色的部分使用较低密度的网格，要保证图案边缘部分的网格足够密，而中间可以适当减少网格。使用自动网格生成工具的网格在中间部分会比实际需要的密度偏高，如果需要减少网格数量，可以手动优化内部的网格，没有卡顿的情况，一般不需要耗时耗力地进行优化，可以直接使用自动生成的网格。

Cubism 5.0 版本对自动生成网格工具进行了优化，本节中部分使用手动布点，也可在新版本中使用自动网格生成工具生成。是否进行手动调整需根据实际情况决定。

图 4-46

1. 五官

眼睛、嘴、眉毛一般有非常丰富的变化和比较大的动作，推荐手动布点，虽然在网格较小的情况下差别不是很大，但手动布点往往比调节自动布点参数更快，也方便后期调整。图 4-46 对比了两种布点方式，图 4-46（A）所示的图形网格为自动生成的，而图 4-46（B）的图形网格为手动添加的。在弧度较大的地方，手动编辑的图形网格比自动生成的图形网格效果更好（边缘更平滑），而在弧度不大的情况下两者差别不大。

首先介绍手动布点的方式。对于细长的图像和边缘线，可以使用【按笔触划分网格】功能生成均匀的网格。选中需要编辑的图形网格，在菜单栏中选择【手动编辑网格】命令进入网格编辑模式，如图 4-47 所示。进入编辑模式后，在【工具细节】窗口中选取橡皮擦工具并移除自动生成的顶点。

图 4-47

之后，从工具栏中选取【按笔触划分网格】工具并沿图案走势绘制引导线，如图 4-48 所示。

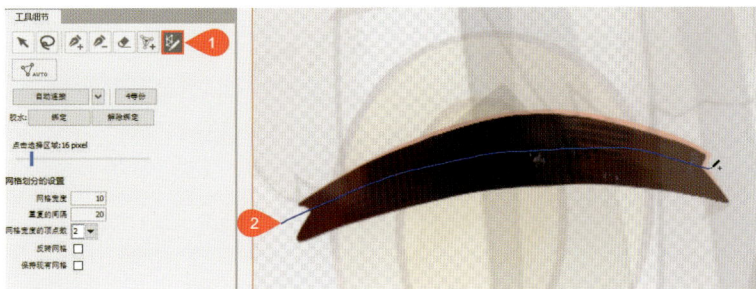

图 4-48

绘制完毕后，Live2D 会沿引导线自动生成网格。如图 4-49 所示，单击引导线中段即可在单击处添加控制点。使用鼠标拖曳控制点即可对其位置进行进一步的调整。

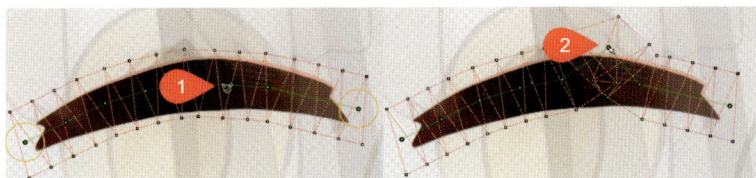

图 4-49

调整工具细节中的【网格划分设置】即可对网格的宽度、密度和顶点数进行调整，如图 4-50 所示。这里因为需要三排顶点，故将【网格宽度的顶点数】设置为 3。调整完毕后，单击视图区左上方的【编辑中的笔触的确定】按钮固定当前网格。也可以使用【Shift+E】快捷键。

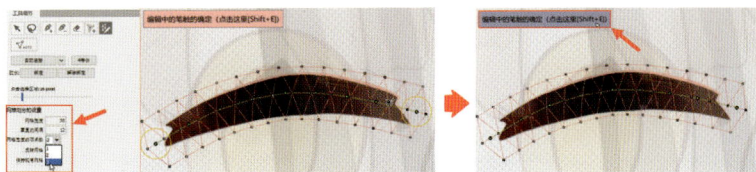

图 4-50

最后，使用【选择 / 编辑工具】选择并拖动顶点，调整单个顶点的位置使其贴合图案外边缘，如图 4-51 所示。编辑完毕后再次单击工具栏中的【手动编辑网格】按钮或视图区左上角的绿色确认键退出编辑模式。

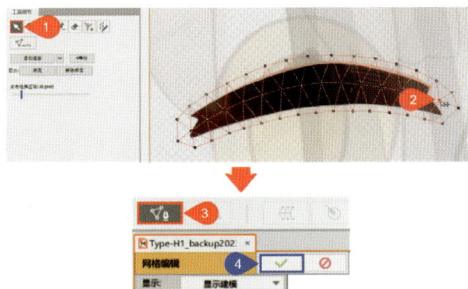

图 4-51

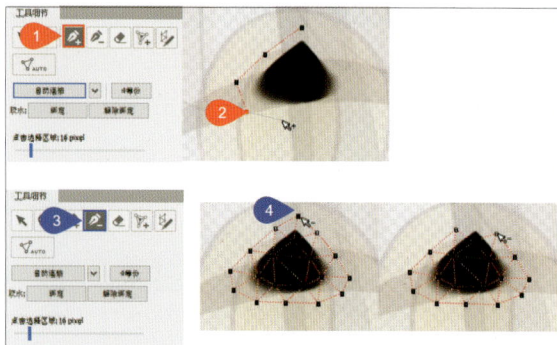

图 4-52

对于其他形状不规则但需要进行手动布点的图像，需要手动添加顶点。如图 4-52 所示，使用【追加顶点】工具可以依次在视图区单击鼠标添加顶点；而使用【删除顶点/边（线）】功能则可以通过单击移除特定的顶点或边缘线。

封闭的网格，内部会自动显示预览边缘线，如图 4-53 所示。此时可以通过【自动连接】工具按预览生成边缘线（浅蓝色）。这一步不是必需的，只要网格封闭，在不进行连接的情况下 Live2D 也会自动按预览的边缘线处理网格。

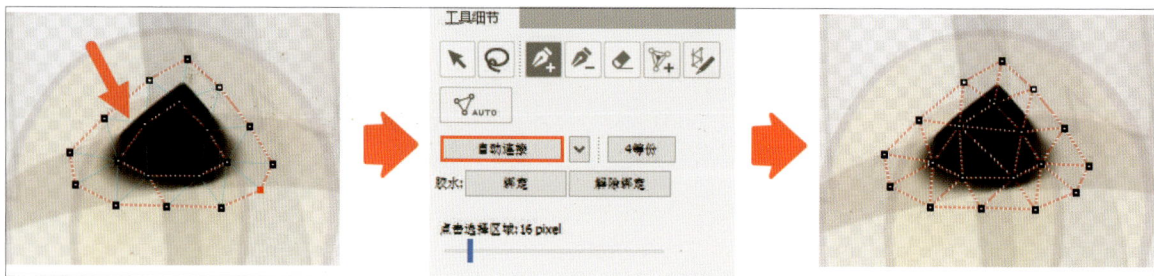

图 4-53

编辑网格时，边缘线必须首尾相接形成封闭的多边形。当网格未封闭时，视图区右下角会出现网格未关闭的提示信息。若此时尝试保存网格则会弹出"不合规格的网格"对话框，无法保存当前修改，如图 4-54 所示。

这时需要手动修复未封闭的网格才能保存当前的修改。如果需要在不修复网格的情况下保存修改，例如需要从其他对象复制部分网格来填补空缺，可以临时使用一个大的封闭多边形（如图 4-55 所示）将正在编辑的区域包括在内，这样就可以保存未封闭的网格了。

图 4-54

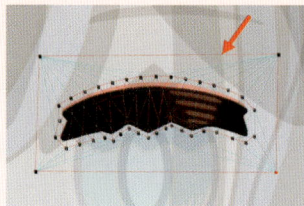

图 4-55

为了提高制作效率，大部分图形网格都可以使用自动布点。首先选择需要进行自动布点的图形网格，单击工具栏中的【自动网格生成】按钮打开【自动网格生成】对话框，如图 4-56 所示。在该对话框中，可以根据情况选择预设的网格参数并在设置区对网格进行微调。一般只需要调整顶点间距和内外两侧边界余量。

图 4-56

眼眶和眉毛部分的网格，如图 4-57 所示。①双眼皮线和⑦眉毛只要使用【按笔触划分网格】功能生成三排顶点即可。②上眼睑的部分也可以用同样的方法先生成三排顶点，再手动调整中间较宽部分和两头较窄部分顶点的位置。如果上眼睑部分较宽，可以使用四排顶点。对于③睫毛和④眼角，手动添加网格，使用两排顶点保护边缘，中间的部分使用【自动连接】功能生成。⑤下眼睑使用【按笔触划分网格】功能生成，这里手动添加了一排顶点把眼妆部分包括在内。⑥眼白只需要保证眼白边缘与外缘网格顶点之间的距离较近即可，如果眼白部分有比较明显的明暗交界线，应在明暗交界线处也增加一排顶点。

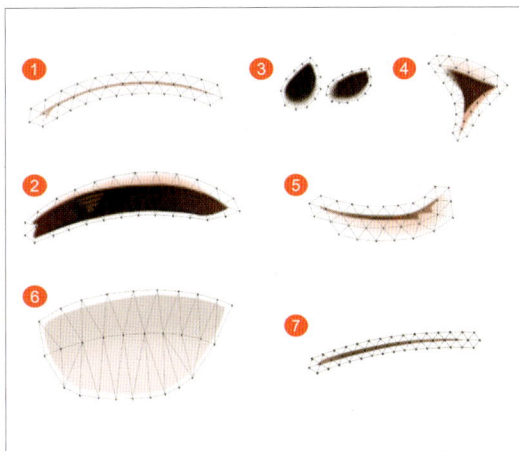

图 4-57

瞳孔和瞳仁在没有复杂图案的情况下只需使用两排顶点保护边缘线，如图 4-58 所示。

瞳孔里的高光或者阴影可以直接使用自动布点。如果中间的部分是纯色的，可以把多余的顶点擦除并使用【自动连接】工具链接边缘的点，参考图形网格如图 4-59 所示。

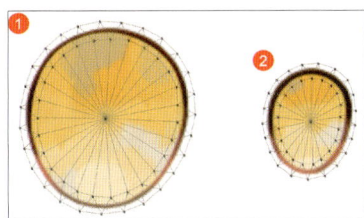

图 4-58

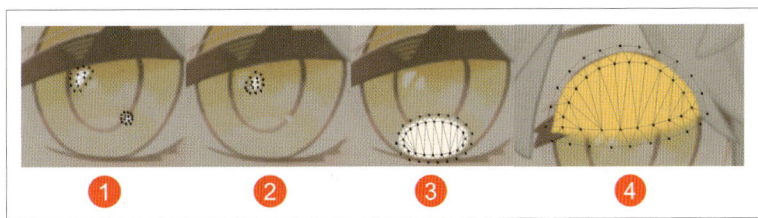

图 4-59

嘴部上下嘴唇的线条也需要使用三排顶点，并且需要手动添加一排顶点包括肉色的部分，如图 4-60 ①和②所示。③舌头和下牙部的分界处和阴影边缘多加一排顶点。④牙齿在没有复杂阴影的情况下只需要两排顶点。⑤内口使用两排顶点保护图案边缘，中间部分使用【自动连接】功能。如果内口中包含其他图案，则需添加更多的顶点。如果使用两条直线作为嘴唇，可以简单地使用【按笔触划分网格】功能添加网格，如图 4-60 ⑥和⑦所示。

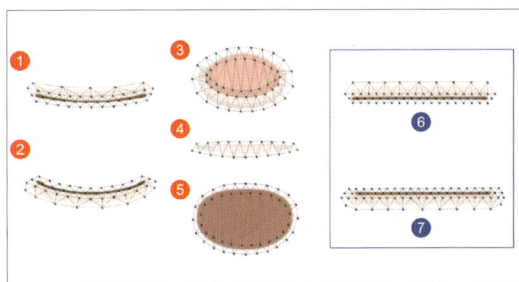

图 4-60

鼻子如果只有高光色或者阴影色，可以直接使用【自动布点】工具，也可以手动布点减少多边形数量，如图4-61所示。如果有轮廓线的话，则需像眉毛或者双眼皮线一样沿轮廓线使用三排顶点的布点方式。

耳朵可以使用自动布点，如图4-62所示。

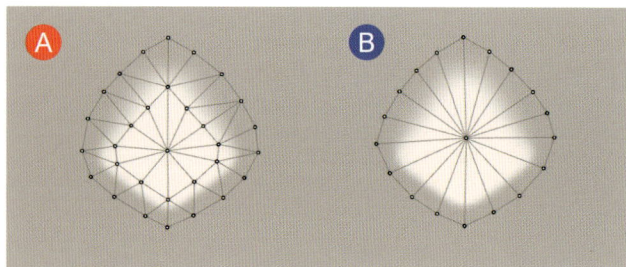

图 4-61

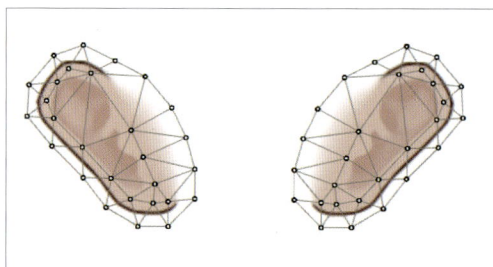

图 4-62

对称的图形网格

在完成一边的图形网格编辑后，可以直接将编辑好的网格复制至另一侧。选中已经完成布点的对象，然后使用右键菜单中的【复制】命令或【编辑】菜单中的【复制】命令复制网格，如图4-63所示。也可以在选中该图形网格时使用快捷键【Ctrl+C】复制网格。

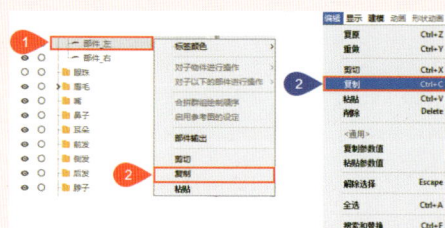

图 4-63

在复制完毕后，选择另一边的图层，进入编辑状态并删除默认网格，使用【编辑】菜单中的【粘贴】命令粘贴网格。在粘贴的网格上单击鼠标右键，并选择【水平翻转】命令，如图4-64所示。

熟悉后可使用快捷键【Ctrl+C】和【Ctrl+V】快速地将网格复制至另一半，提高工作效率。如果在不进入编辑模式的情况下直接粘贴，则会粘贴复制的图形网格。

在手动编辑时，也可同时选中左右两侧的网格，然后使用【镜像编辑】功能对两边的网格进行编辑，如图4-65所示。在完成编辑后，分别选中两边的网格，擦除多余的部分。

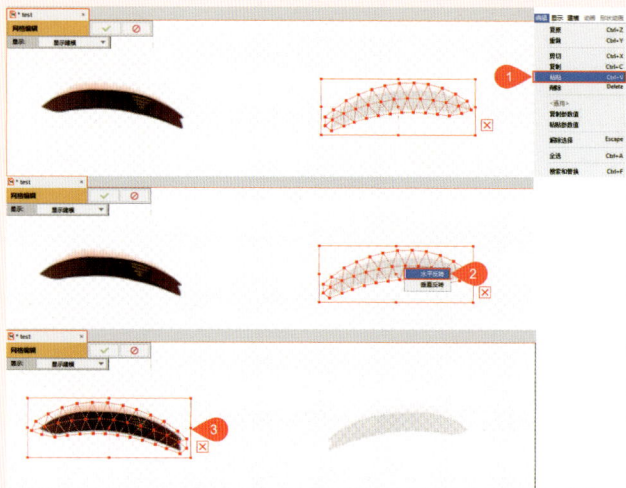

图 4-64

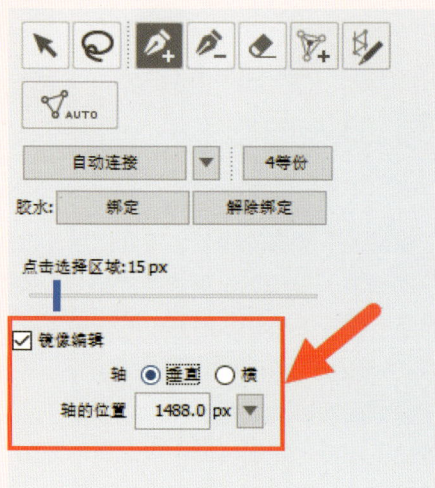

图 4-65

2. 脸

脸部①边缘线、②底色、③阴影的网格如图 4-66 所示。中间纯色的部分也可以选择不添加顶点或只添加一个顶点。

脸部表情贴图可以使用【自动添加网格】工具，纯色的地方适当减少点的数量，如图 4-67 所示。

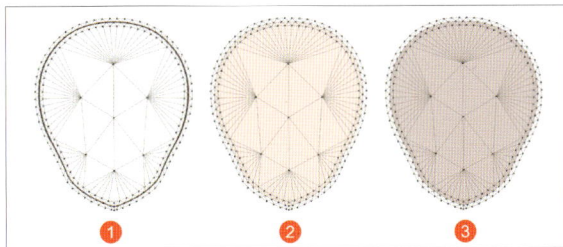

图 4-66

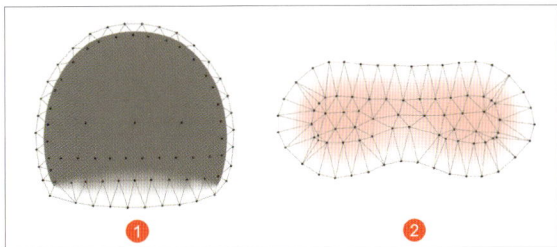

图 4-67

如何使网格更规整？

在使用【自动添加网格】工具时，若外部边缘不够整齐或没有沿着图形外缘添加顶点，可以适当增加【Alpha 值被认为是透明的】的数值。如图 4-68 所示，当该值被设置为 20 时，生成的网格（B）比在该值为 0 时生成的网格（A）边缘更为整齐。这是因为边缘线附近有少量未擦除干净的区域，一般这种情况不会影响模型最终的效果。当然，如果将【Alpha 值被认为是透明的】的数值调到非常大才能使边缘平齐，则说明在拆分时对原画的处理不到位，推荐重新处理原画并导入 Live2D。

图 4-68

注意，在图像周围有半透明渐变部分时，如果【Alpha 值被认为是透明的】的数值过高，可能会导致边缘部分溢出网格，图 4-69（A）为比较极端的情况。这时候只要降低该值使图像所有部分包括在网格内即可，如图 4-69（B）所示。

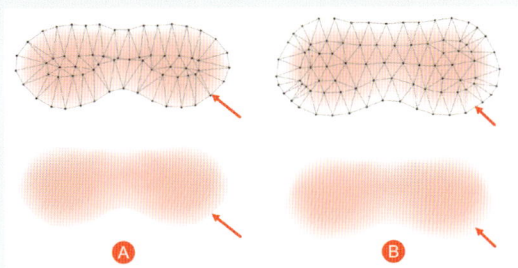

图 4-69

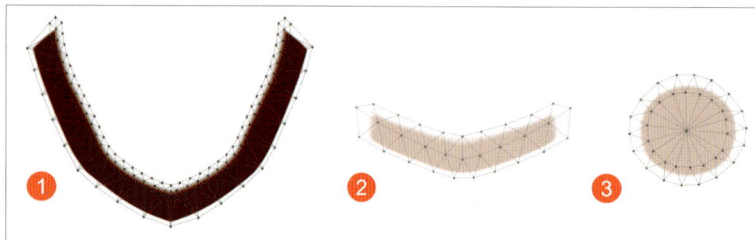

图 4-70

如果有脸部阴影，则可以复制部分脸轮廓的网格并在外侧增加一排顶点，脸部轮廓蒙版可以使用【自动添加网格】功能布点并略加调整，如图 4-70 所示。

3. 头发

头发一般使用自动生成的网格即可，少数不规则的点和细节部分在生成后进行了手动修正，刘海的图形网格如图 4-71 所示。

前发两侧可以使用复制粘贴和反转的功能产生完全对称的网格，如图 4-72 所示。

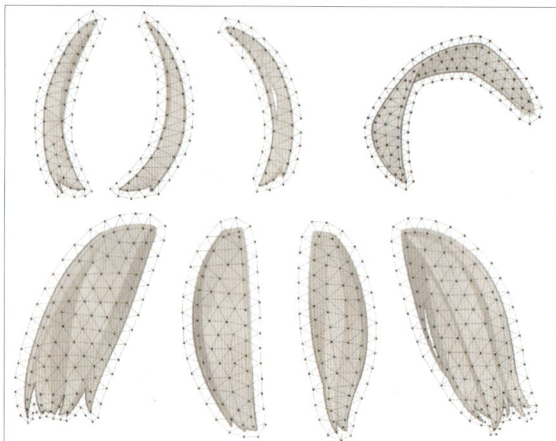

图 4-71

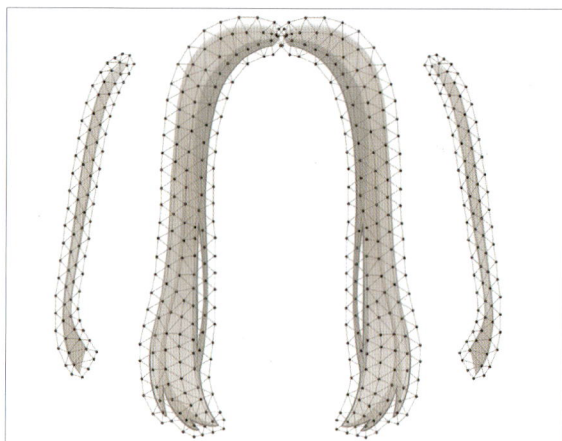

图 4-72

外侧的头发同样使用自动生成的网格，在靠近尖部的部位和中段镂空的部位进行了手动编辑和修正，尽量保证网格划分跟随边缘线和阴影的走势，如图 4-73 所示。

后发被遮住的部分可以适当降低网格的密度，但容易被看见的部分还是需要手动修正，后发部分的网格如图 4-74 所示。

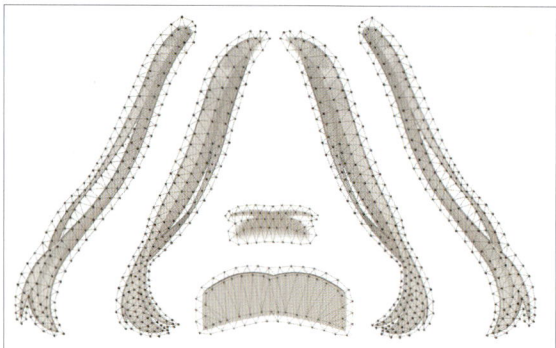

图 4-73

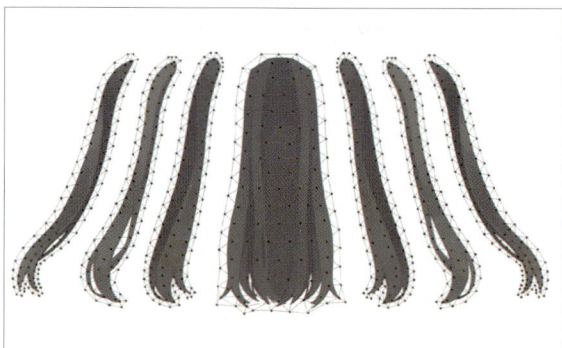

图 4-74

4. 身体和服装

身体和服装在一般情况下都可以使用自动生成的网格，纯色的部分可以减少网格密度。①脖子、②上层领子、③上层领子阴影和④下层领子的网格如图 4-75 所示。

上半身服装的网格为自动生成的网格，如图 4-76 所示。

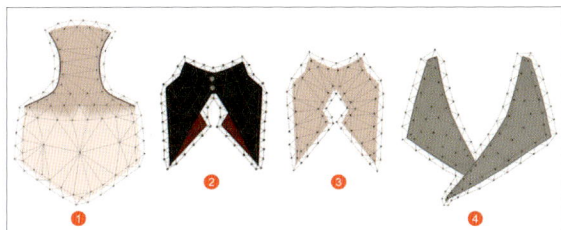

图 4-75

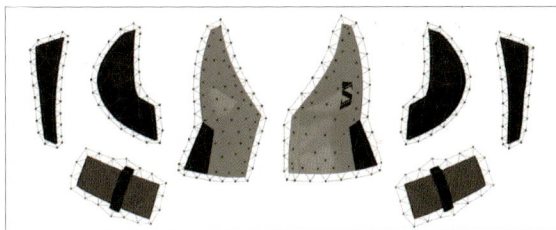

图 4-76

下半身服装的网格在自动生成后进行了少量调整，如图 4-77 所示。

鞋子、腿和袖子的网格是自动生成的，如图 4-78 所示。如果大小腿和上下臂是拆分开的部件，则需要在连接处手动布点并添加胶水。

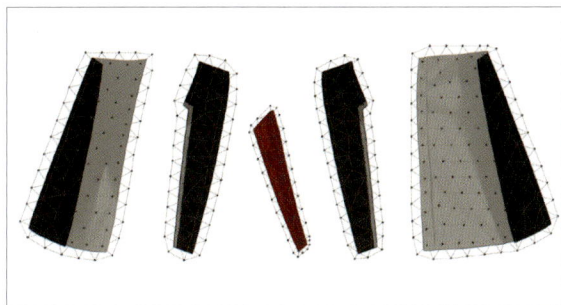

图 4-77

图 4-78

手部的网格如图 4-79 所示。如果手指是拆分开的并想制作手指弯曲的动作，可以适当地增加网格密度，同时边缘线两侧的顶点都要离边缘线稍近。如果不打算制作手指弯曲的动作，则可以使顶点间距更大。

外套部分的网格为自动生成的网格，如图 4-80 所示。①外套里层的上半部分因为结构比较复杂，手动调整了带子两侧的顶点，③外套领子边缘部分的顶点也做了调整。

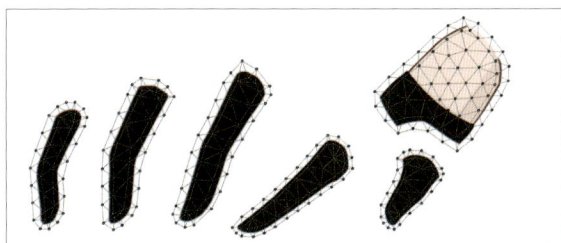

图 4-79

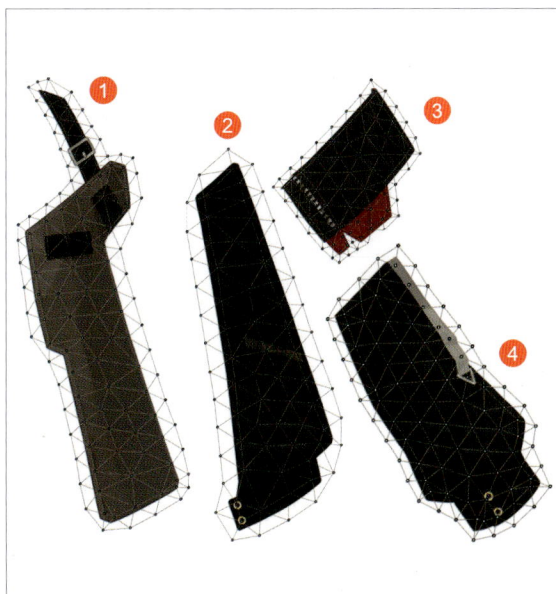

图 4-80

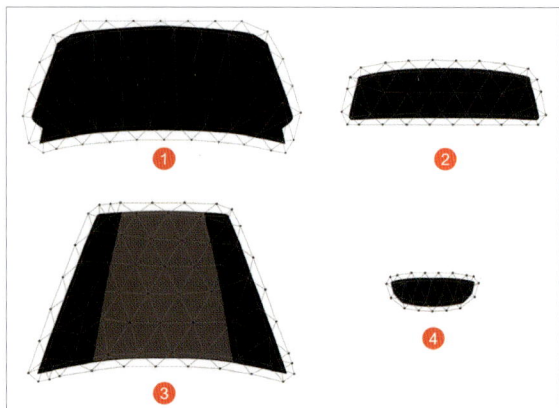

图 4-81

衣服和领子被遮挡的部分可以减少网格密度。①外套下摆后部、②外套领子后部、③裙子后部和④领子后部的网格如图 4-81 所示。

5. 配饰

配饰如衣服上的带子和蝴蝶结缎带等，使用自动网格生成工具生成网格。适当调整自动网格生成工具的参数，使边缘线内外两侧均有一排顶点即可，较细或摆动幅度较大的带子建议增加网格密度，因为右侧黄色的带子会有比较大的摆动幅度，所以使用了密度较高的网格，读者可以根据立绘的实际情况和计划的运动范围来调整网格的密度，如图 4-82 所示。

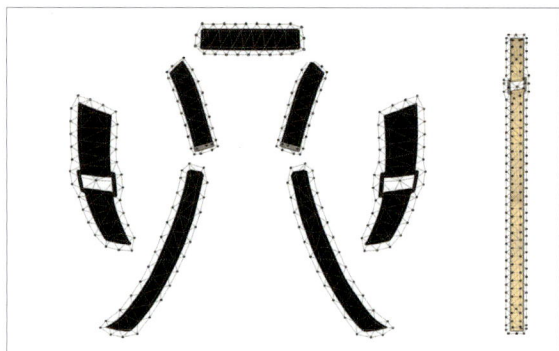

图 4-82

表情贴图的图形网格如图 4-83 所示。如果打算做出比较有弹性的效果，则要使用较高密度的网格，边缘部分需要手动调整使网格更加均匀。

图 4-83

4.2.4 添加蒙版

在完成图形网格编辑之后，需要为部分图形网格添加蒙版。

为瞳孔部分添加蒙版的过程如图 4-84 所示。首先选中眼白图层并复制①眼白图层的 ID，再选择想要添加蒙版的图层，将复制的 ID 粘贴在②【剪贴 ID】栏。如果图层使用拼音或英文命名且不含任何特殊符号，图层的 ID 将会和图层名称一样，这时直接将图层名称输入【剪贴 ID】栏即可。在完成上述操作后，可以看到瞳孔在眼白范围外的部分消失了，使用这种方法可以为眼睛的其他部分，例如高光、阴影或瞳孔中的图案等，添加蒙版。

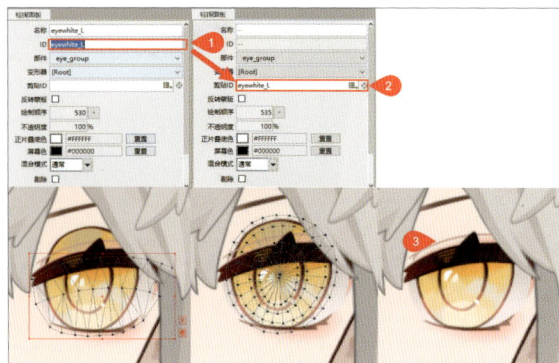

图 4-84

除了复制粘贴和直接输入，也可以使用【剪贴 ID】栏右侧的下拉菜单选择一个或多个图形网格作为剪切蒙版，如图 4-85 所示。

嘴部也需要添加蒙版，上下牙和舌头的图层添加完蒙版后，这些图层中没有与内口重叠的部分将被隐藏，如图 4-86 所示。这时只需要调整内口图形网格的形状，便可将上下牙隐藏，做出嘴巴闭合的动作。

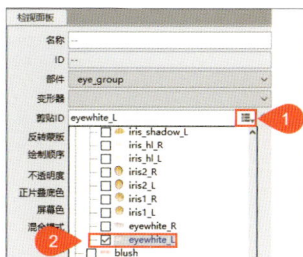

图 4-85

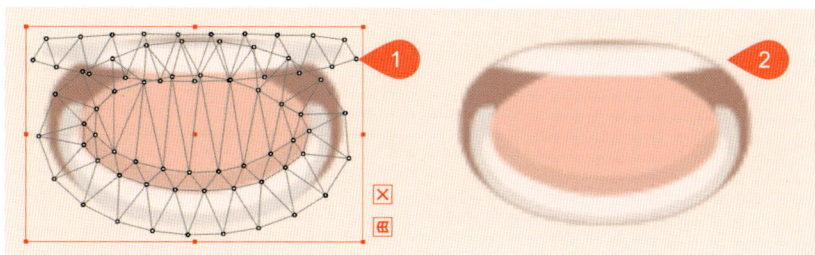

图 4-86

4.2.5 素材部件的替换和追加 *

1. 更新立绘原画

如果要修改原画或更新模型的立绘，则在模型文件打开的情况下直接将更新后的 PSD 文件拖入视图区，在弹出窗口中选择导入 PSD 的模型，如图 4-87 所示。

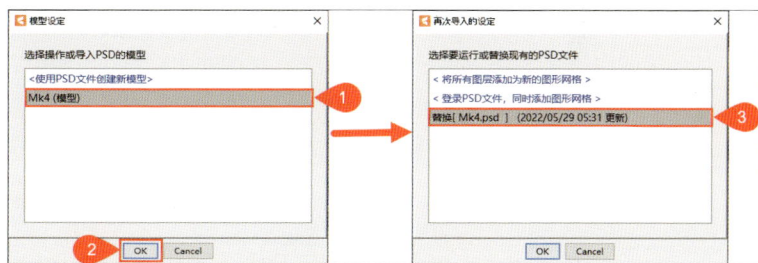

图 4-87

在替换完成后，项目栏（和部件栏在同一窗口中，一般被折叠）中的被替换的 PSD 文件将自动获得后缀"# 替换完成 #"，且所有图层均变成了"# 未使用 #"的状态，如图 4-88 所示。在未使用原画的右键菜单中选择【删除】命令可以将该原画删除。

当然如果想要保留多个版本的原画，也可以保留该 PSD 文件，并在右键菜单中使用【切换到当前】命令，在不同版本的原画间切换，如图 4-89 所示。

图 4-88

图 4-89

2. 追加新部件

如果想要追加新的部件，例如绘制了新的表情贴图，可以在原 PSD 里直接添加，在添加完成后，可使用上述步骤进行替换，在完成替换后，新添加的图层会出现在部件列表中。

如果新添加的部件在新的 PSD 中而非在原 PSD 中，在选择模型后则需要选择【将所有图层添加为新的图形网格】选项，如图 4-90（A）所示。在添加成功后，该文件将会出现在部件栏顶端，而该 PSD 文件则会出现在项目栏中，这时就可以在视图区域看见新添加的部件了。而若选择【登录 PSD 文件，同时添加图形网格】选项，该文件则会仅出现在项目栏中，且所有图层均为"# 未使用 #"状态，这时新添加的图层不会出现在视图区域，如图 4-90（B）所示。

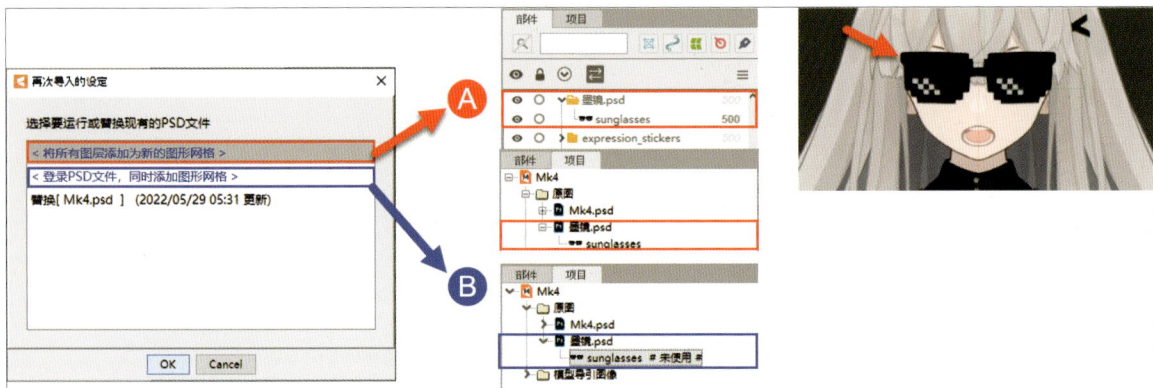

图 4-90

如果想要将使用图 4-90（B）所示的方法添加的图层变为可使用的图形网格，可以在新添加的图层上单击鼠标右键，并选择【创建模型图像】命令，该图像便会出现在【模型导引图像】文件夹中。在该图像上单击鼠标右键，选择【创建图形网格】命令，即可完成新部件的添加，如图 4-91 所示。

图 4-91

3. 替换部件

一般需要替换部件时，使用更新立绘原画的方式即可。在某些特殊的情况下，需要用另一个 PSD 文件中的图层替换原有的图层，这时候需要使用图 4-90（B）所示的方法添加该 PSD 文件。

添加完成后，首先选择要替换的图形网格，例如图 4-92 中的灰蓝色长方形。在新添加图像（# 未使用 # 粉色长方形）的项目栏单击鼠标右键，在菜单中选择【设定为选择图形网格中使用的模型用图像】命令即可完成替换，如图 4-92 所示。替换完成后，包含灰蓝色长方形的旧条目会变为"# 未使用 #"的状态。

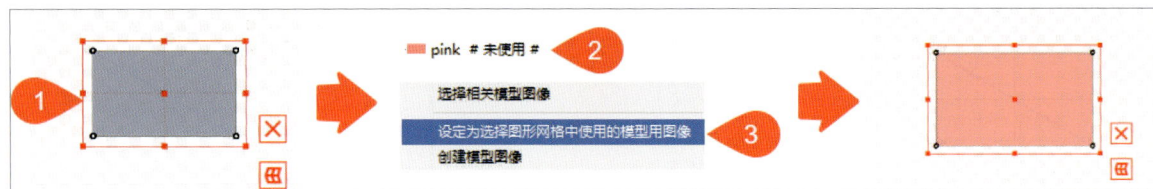

图 4-92

模型与 PSD 文件的坐标系

Live2D 模型画布的坐标系原点在画布左上角处，如图 4-93 所示。所有新添加的 PSD 均会以画布左上角作为原点进行添加。例如图 4-93 中的两个方块，①为原尺寸图像，②为原尺寸图像缩小 1/2 后的图像，导入后两个方块的中心并不会重合。

如果替换或新追加部件所在 PSD 的尺寸改变，则应记录改变后的大小和画布延长的方向，并在 Live2D 中对画布做相应的调整，如图 4-94 所示。Live2D 画布大小的调整可以在【文件】>【画布设定】中找到。如果不进行相应的调整，会导致出现图像与网格错开或追加的部件与主体错开的情况。

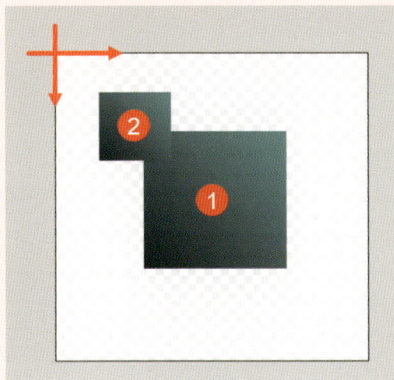

图 4-93

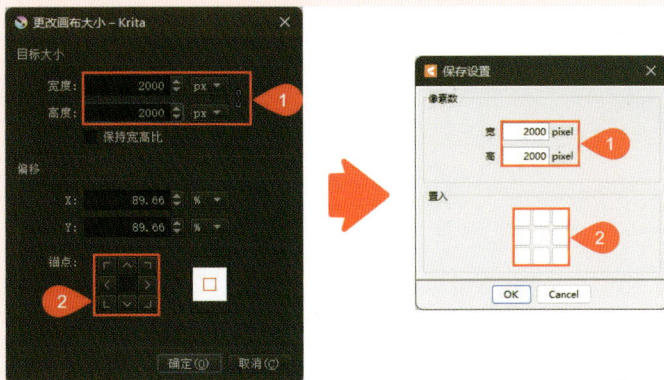

图 4-94

4.3 面部表情的制作

在制作面部表情时，前发的部件会对眼睛和眉毛造成遮挡，可以选择将这些部件隐藏。部件栏中对象左侧的眼睛图标为对象的显示 / 隐藏状态，单击该图标切换对象的显示 / 隐藏状态，如图 4-95 所示。这里选择隐藏了角色的前发和耳朵。

除了选择隐藏，也可以将碍事的部件锁定。单击对象左侧的锁定图标可以锁定该对象。锁定的对象依然在视图区显示，但不能被选定或编辑。使用锁定功能可有效防止误选，提高制作效率，如图 4-96 所示。

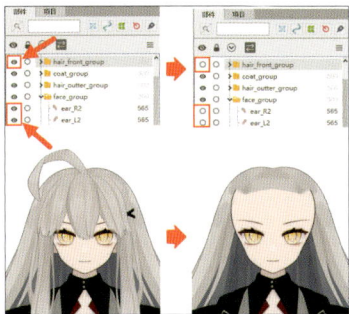

图 4-95

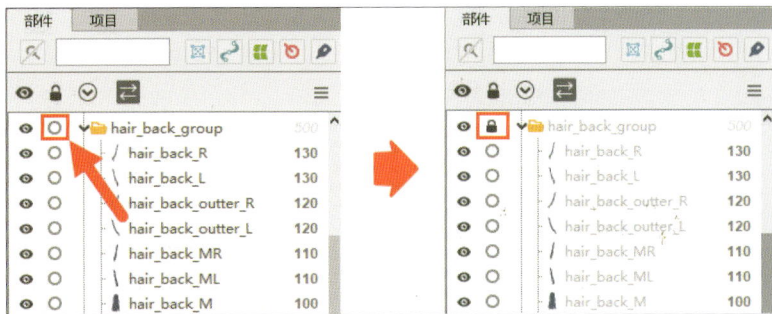

图 4-96

1. 眼睛开闭

为了能控制眼眶形状，需要为眼眶所有细长的部件添加变形路径。

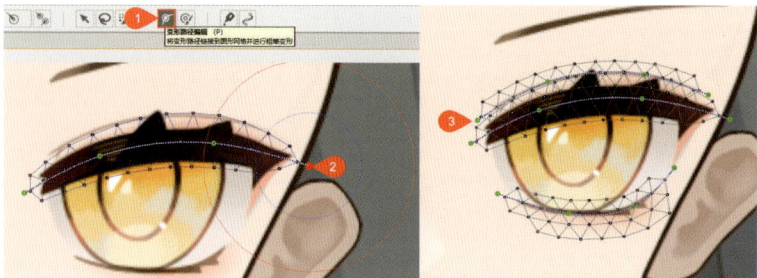

图 4-97

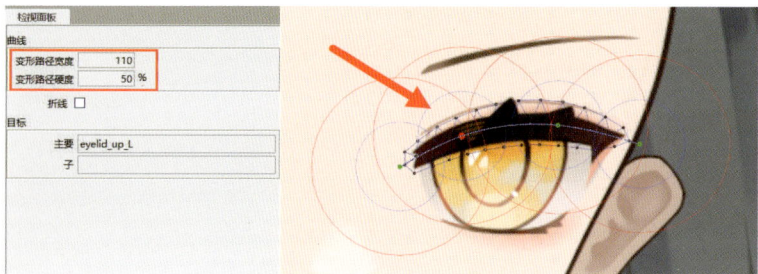

图 4-98

首先选择需要添加变形路径的图形网格（例如上眼睑的图形网格），在工具栏中单击【变形路径编辑】按钮，并在检视区沿图像走势依次单击，即可为该图形网格添加变形路径，如图 4-97 所示。使用该工具为上眼睑、下眼睑和双眼皮线等图形网格添加变形路径，根据弧度可以添加大约 3~5 个控制点。

变形路径的宽度和硬度可以在检视面板中调整，一般只要保证红色的外圈（代表宽度，即该控制点能影响到的最大范围）能覆盖网格的所有顶点，并且与蓝色的内圈（代表硬度，即影响曲线的衰减速度，该数值越大衰减越慢）不要重叠太多即可，如图 4-98 所示。

在变形路径添加完毕后，需要为图形网格在相应的参数上添加关键点以记录该图形网格的变化。以上眼睑为例，首先选择上眼睑的图形网格，在参数栏中选择相应参数（因为首先要制作的是眼睛开闭动作，这里选择了左眼开闭），单击参数栏上方的【追加2点】按钮，即可在选择的参数上为该图形网格添加两个关键点。添加完毕后，在参数轴上出现了两个绿色的点（在 0.0 和 1.0 处）和一个红色的滑块（在 1.0 处绿色点的后方），如图 4-99 所示。其中红色的滑块为当前参数的值，其所在的关键点为【左眼 开闭：1.0】。使用鼠标左键可以拖动红色的滑块到参数任意位置，也可以直接在有关键点的位置单击鼠标右键，将红色的滑块移至该关键点。在对图形网格进行编辑前，与该图形网格关联的参数滑块必须处于关键点位置。

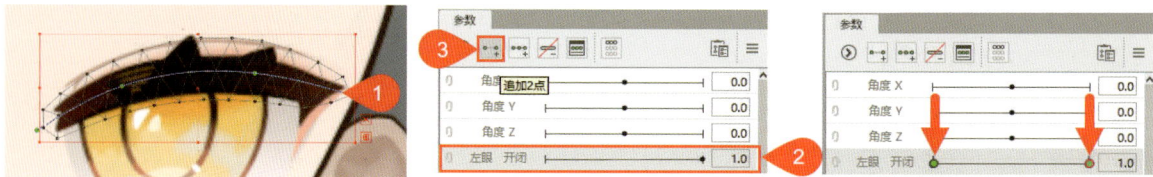

图 4-99

因为原画已经是眼睛睁开的状态，这里只需要编辑闭眼的状态。首先将滑块移至【左眼 开闭：0.0】关键点，在视图中拖动变形路径的控制点以改变图形网格的形状，如图 4-100 所示。

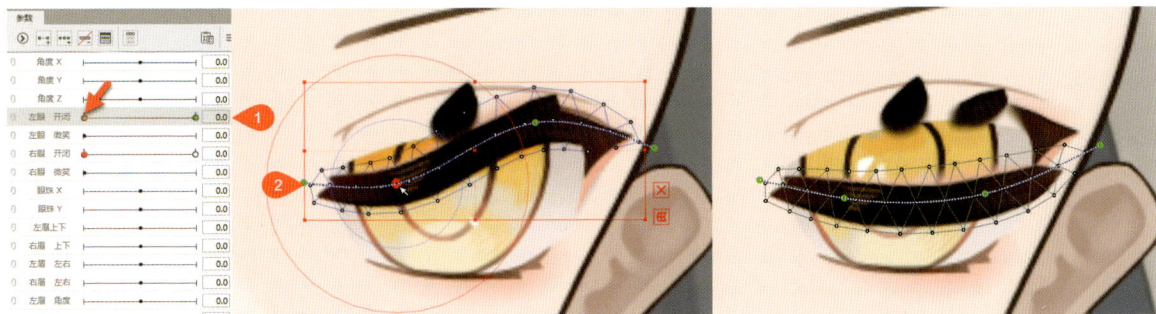

图 4-100

使用上述方法，编辑双眼皮线和下眼睑的形状，使其在【左眼 开闭：0.0】时呈图 4-101 所示的状态（【左眼 开闭：1.0】时所有图层为初始状态）。使用鼠标左键拖动红色滑块，即可查看眼眶在闭眼时的过渡动作。

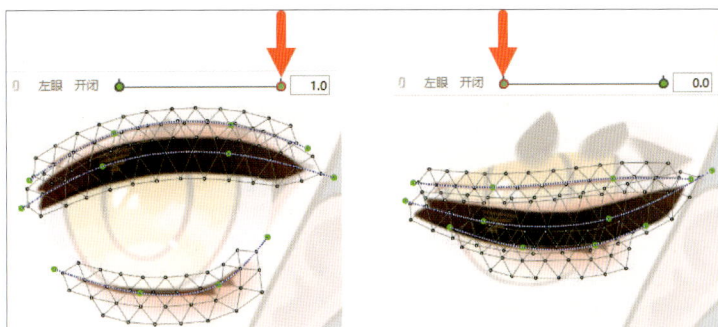

图 4-101

在制作过程中，可以对两个眼睛同时进行编辑，也可以在完成一边的编辑后再编辑另一边。不管选择哪种方式，都可以使用辅助线使两边保持对称。在想要添加的地方单击鼠标右键，并在菜单【辅助线】中选择辅助线的类型，如图 4-102 所示。

如果需要对已有辅助线的位置进行调整，在检视区单击鼠标右键，在弹出的菜单中选择【辅助线】，并在其子菜单中选择【打开辅助线设定】。在辅助线设定窗口中即可调整辅助线的类型和位置，如图 4-103 所示。在该窗口中，也可以新增辅助线或删除已经添加的辅助线。

图 4-102

图 4-103

对于睫毛之后可能会添加物理摆动效果的部件，推荐使用变形器来制作眼睛闭合的状态。首先选择两个上睫毛，在工具栏中单击【创建弯曲变形器】按钮，为选中的图形网格添加变形器。在【创建弯曲变形器】窗口中，可以设置变形器的名称、贝塞尔分区的数量和转换的分裂数量等参数，具体的值可以根据实际情况决定。因为睫毛图像比较简单，这里使用了默认 5×5 的分裂数量。设置完毕后，单击【创建】按钮创建新的弯曲变形器。按住【Ctrl】键使用红框上的控制点，对变形器整体的大小和方向进行调整而不影响变形器中的物体，也可以按住【Ctrl】键调整绿色贝塞尔控制点和灰色转换分裂网格控制点的位置而不影响内部图像，但一般情况下不需要调整内部网格的状态，如图 4-104 所示。

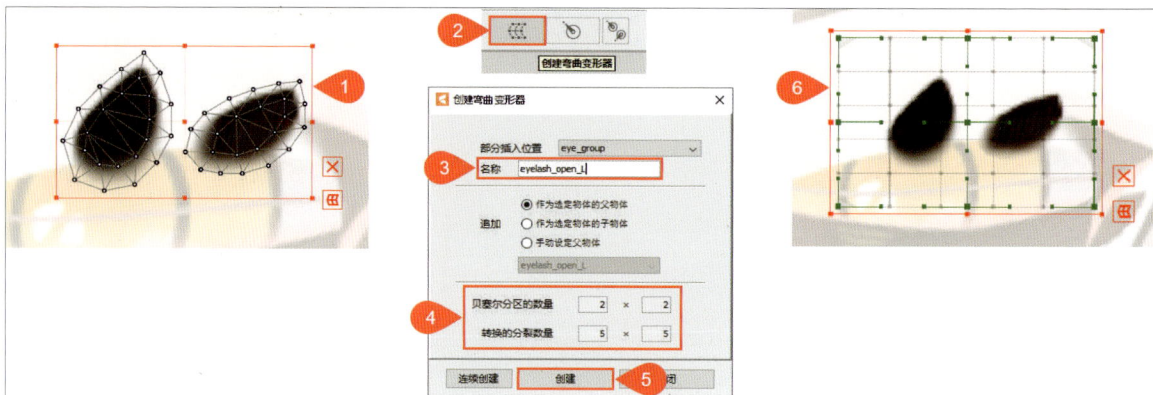

图 4-104

图 4-104 中的绿色控制器即为贝塞尔控制器。一般会使用 2×2 的初始状态，在对变形器形状进行大体调整后再酌情增加其分区数量，对变形器细节进行调整。转换的分裂网格为变形器变形的基本单元，以灰色网格的形式显示，形变越大的物体应使用越高的转换分裂数量。一般使用比该变形器子级对象（图形网格或弯曲变形器）网格略大的转换分裂网格即可。可以先选用较小的值，如果在变形过程中出现图像不平滑的情况再酌情增加其数量。在变形器的【检视面板】中可以随时调整这两个值。

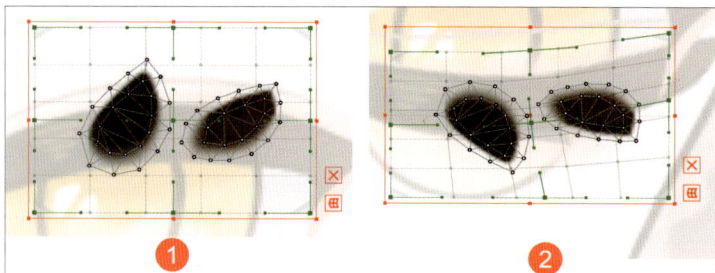

图 4-105

选中睫毛的弯曲变形器并在参数【左眼 开闭】上添加两个关键点，在【左眼 开闭：0.0】时，使用外侧红色控制器和绿色贝塞尔控制点调整变形器的位置和形状，使分开的睫毛和上眼睑的睫毛部分整体连接。如图 4-105 所示，①为【左眼 开闭：1.0】时变形器的状态（初始位置），②为【左眼 开闭：0.0】时变形器的状态，在闭眼时，睫毛会指向下方。

使用同样的步骤为眼角添加弯曲变形器和关键点，拖动红色外框的控制点改变变形器整体形状，然后拖动绿色控制点对变形器进行细节上的调整，如图 4-106 所示。

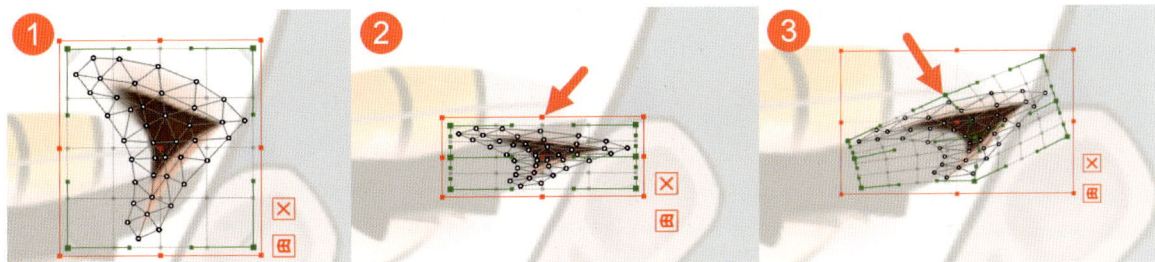

图 4-106

在调整完毕后，检查眼角和上睫毛的衔接处是否自然，如图 4-107 所示。

此外，也可以通过拖动参数滑块的方式检测各部分的衔接和过渡是否自然，例如当拖动【左眼】开闭了参数滑块时，可以看到眼角和上睫毛衔接自然且没有断开或错位的地方，如图 4-108 所示。

图 4-107

图 4-108

在完成对眼眶的编辑后，需要调整眼白的形状。首先为眼白部分添加变形路径，在【左眼 开闭】上添加两个关键点，在【左眼 开闭：0.0】时将眼白整体挤扁，使其宽度和上眼睑的睫毛部分相当，然后使用变形路径上的控制点调整眼白形状，使眼白弯曲并被上下睫毛覆盖，如图 4-109 所示。需要注意的是，若将眼白的宽度调整得太窄，可能会使眼睛将要闭上时出现眼白和下睫毛间产生缝隙的情况，这时候可以适当增加眼白的宽度或调整【左眼 开闭：0.0】时下睫毛的位置。

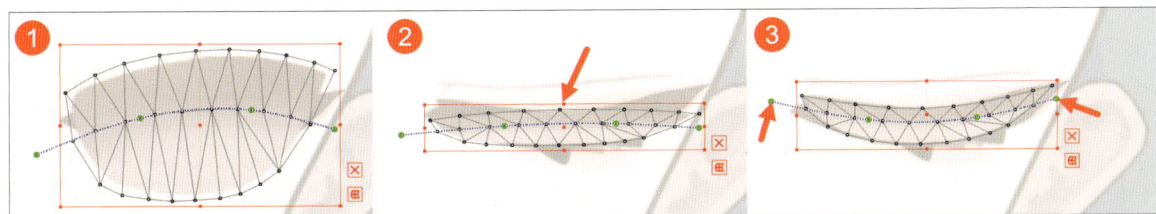

图 4-109

在调整完毕后，因为瞳孔和高光都添加了蒙版，在眼白外的部分不会显示，可以达到使眼睛完全闭上的效果。如图 4-110 所示，①为【左眼 开闭：1.0】时的状态，②为【左眼 开闭：0.0】时的状态。

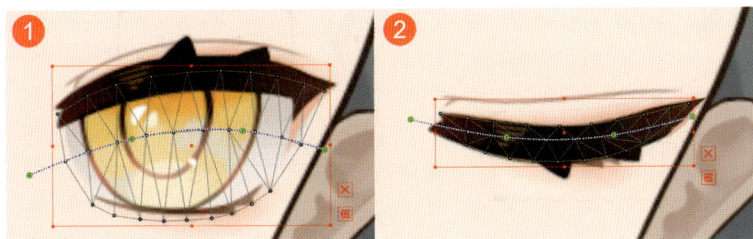

图 4-110

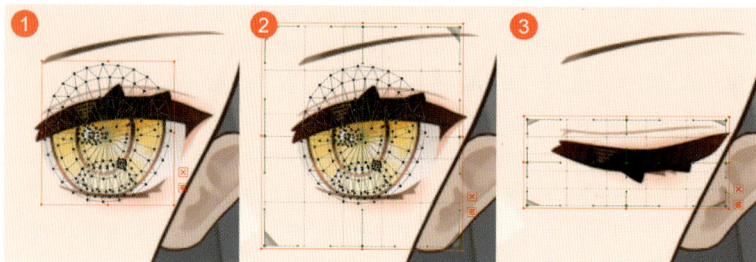

图 4-111

在眼睛闭上的过程中，为了使瞳孔更加自然，选中瞳孔、瞳孔高光和瞳孔阴影等部件，创建弯曲变形器，这里可以将变形器的尺寸调大一些，为瞳孔物理的变形器预留空间。选择该变形器，在【左眼 开闭】上添加两点，在【左眼 开闭: 0.0】时，将瞳孔压扁并调整瞳孔位置，如图 4-111 所示。

具体如何调整需要根据画风来决定，只要在闭眼的过程中瞳孔看起来自然即可，如图 4-112 所示。偏写实的画风和瞳孔较小的情况不需要进行额外调整。

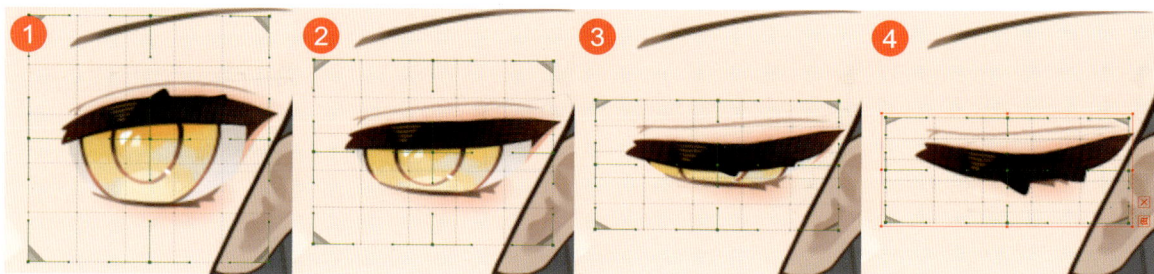

图 4-112

2. 眼睛睁大

在一些面捕软件中，支持检测眼睛睁大的动作，这时眼睛开闭将有 3 个状态，即闭上、普通睁开、睁大（惊讶），可以将眼睛开闭参数的范围从 0~1 调整至 0~2 以包含眼睛睁大的状态。

用鼠标右键单击想要调整的参数，在菜单中选择【编辑参数】命令。在弹出窗口中可以将【范围】参数的最大值从 1 改为 2，修改完毕后可以看见参数的范围变大了，而在该参数上关键点的位置则保持不变，如图 4-113 所示。

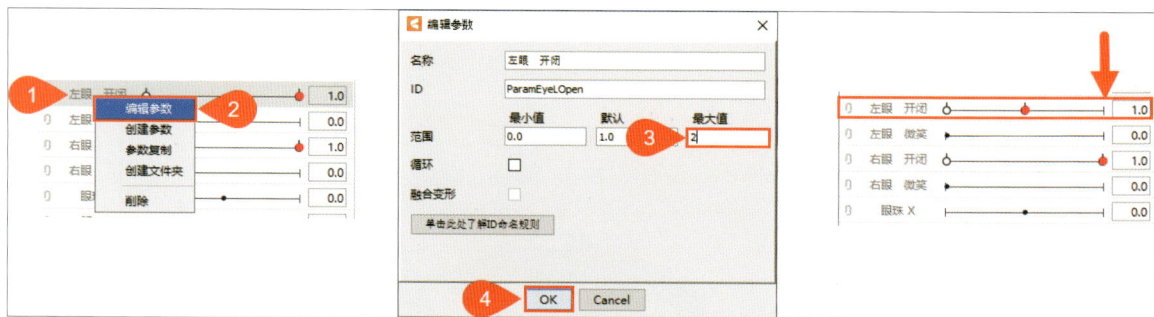

图 4-113

因为在参数【左眼 开闭】1.0~2.0 的位置上没有关键点，所有与该参数相关的对象在参数处于这一区间时不会显示，这时应选择所有与该参数相关的对象并在【左眼 开闭: 2.0】处追加关键点。

用鼠标左键单击该参数，在右侧的下拉菜单中选择【选择】选项，即可选中所有在该参数上有关键点的对象，如图 4-114 所示。

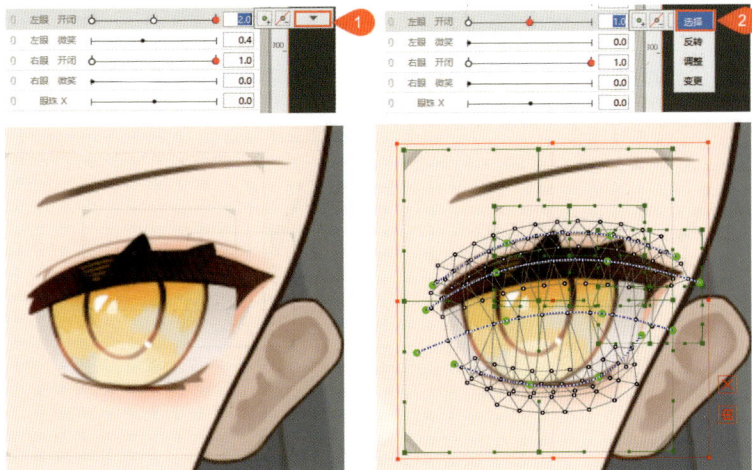

图 4-114

如图 4-115 所示，在选中所有图形网格和变形器后，使用方法 A：单击【追加三点】的按钮，或使用方法 B：双击该参数打开【关键点编辑 - 左眼 开闭】对话框，并在 2.0 处单击参数轴添加关键点。

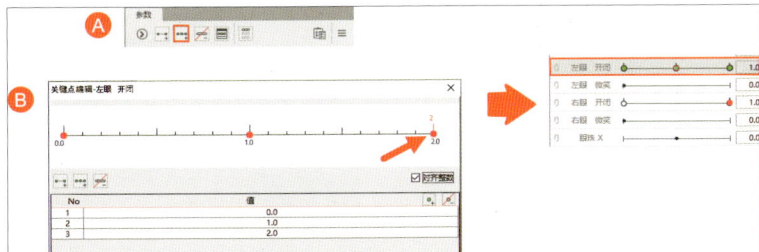

图 4-115

在【左眼 开闭：2.0】时，调整上下眼睑、睫毛的位置使眼睛略微睁大，然后调整眼白的宽度，使瞳孔部分显示完整，调整瞳孔的变形器使眼球略微缩小，如图 4-116 所示。

图 4-116

3. 眼睛微笑

首先使用之前介绍的方法：选中所有在【左眼 开闭】参数上有关键点的图形网格和变形器。选中后在【左眼 微笑】参数上追加两个关键点，如图 4-117 所示。

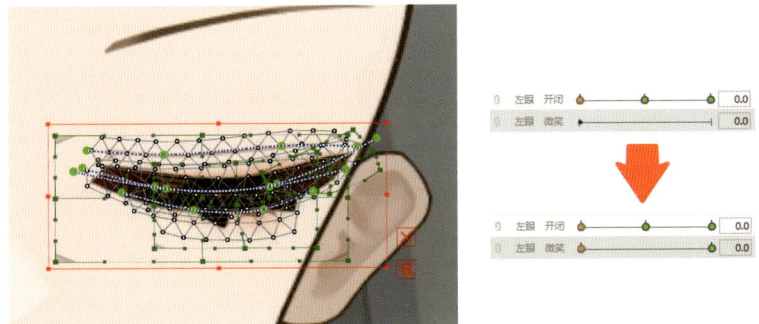

图 4-117

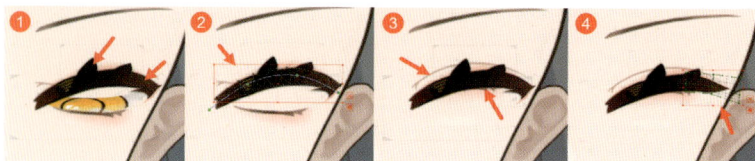

图 4-118

如图 4-118 所示，在【左眼开闭：0.0】且【左眼 微笑 :1.0】时，依次调整①上眼睑和睫毛的弧度、位置和方向，②眼白的弧度，③下睫毛和双眼皮线的弧度，④眼角的位置和方向。

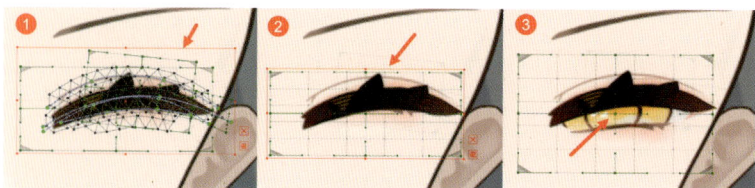

图 4-119

在调整完毕后，可以选择所有在参数【左眼 微笑】上有关键点的图形网格和变形器，并使用外侧红色控制器微调整体的位置和角度，再选择瞳孔的变形器，将瞳孔位置上移，使眼睛关闭时瞳孔在眼眶的居中位置，如图 4-119 所示。

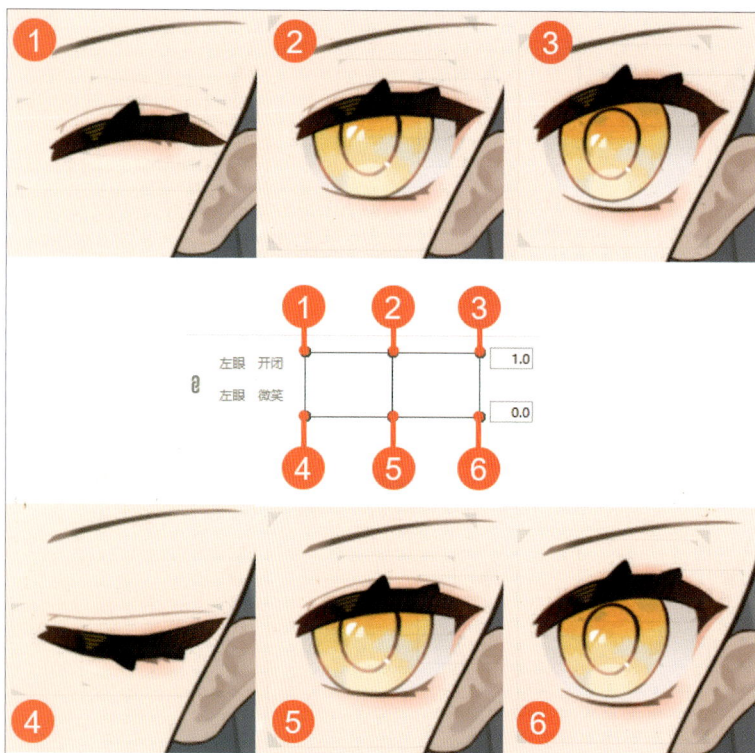

制作完毕后，左眼在【左眼微笑】和【左眼 开闭】两个参数上共有 6 个关键点，关键点的状态如图 4-120 所示。

图 4-120

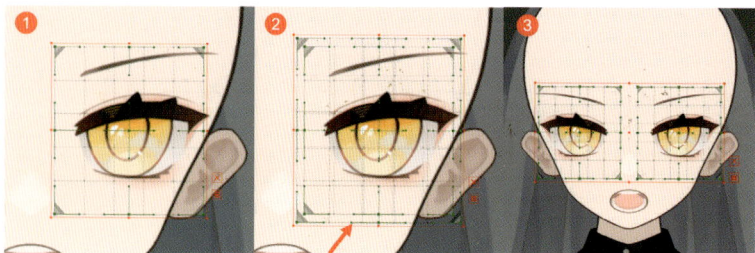

4. 眼球位置

首先选中一侧包含瞳孔的所有部件的弯曲变形器，为其添加一个父级弯曲变形器，另一侧也重复同样的操作，如图 4-121 所示。

图 4-121

首先制作眼珠水平运动的动作，同时选中两侧的变形器，在参数【眼珠 X】上添加 3 个关键点，在【眼珠 X：-1.0】时，将两侧的变形器同时向画面左侧（即角色的右侧）移动，如图 4-122 所示。

另一侧的动作，即【眼珠 X：1.0】时的动作，可以使用【动作反转】功能。首先同时选中两个变形器和想要进行动作反转的关键点，在参数菜单中选择【动作反转】选项，在弹出窗口中选择【水平翻转】单选按钮并确认，可以看到该参数被高亮显示，如图 4-123 所示。同时在【眼珠 X：-1.0】时两个变形器的变化被反转到了另一侧。

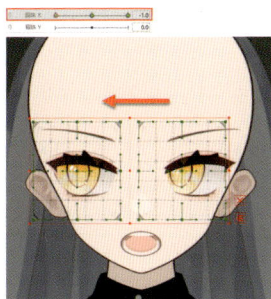

图 4-122

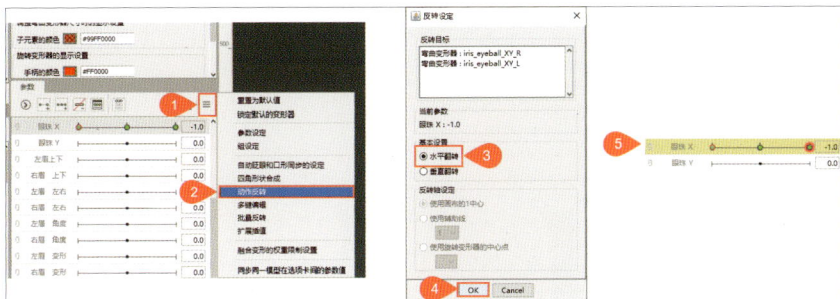

图 4-123

制作眼珠垂直运动的动作与此同理，选择两侧眼珠位置的变形器，在参数【眼珠 Y】上添加三点，在【眼珠 Y：1.0】时，将两个变形器同时向上移动，如图 4-124 所示。

【眼珠 Y：-1.0】时的动作也可以使用动作反转获得，只要在弹出的【反转设定】窗口中选择【垂直翻转】单选按钮即可，如图 4-125 所示。

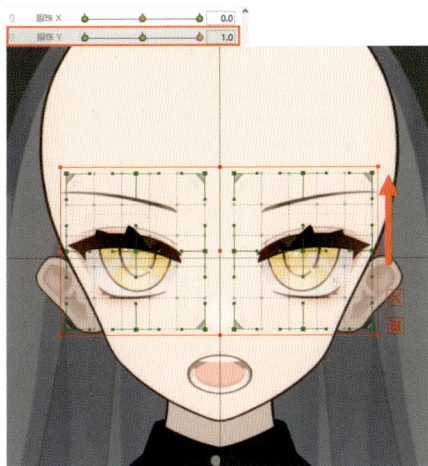

图 4-124

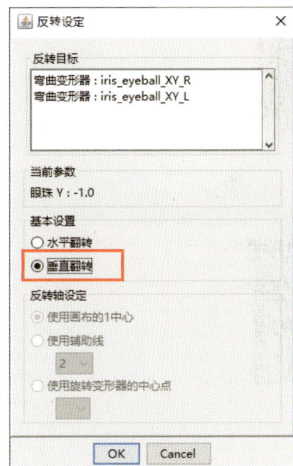

图 4-125

眼珠位置的两个弯曲变形器在参数【眼珠 X】和【眼珠 Y】上各有 3 个关键点，这 6 个关键点有 3×3=9 种组合的方式，即总共有 9 个不同的动作，要显示完整的 9 个关键点，用鼠标单击参数名左侧的锁链图标即可将该参数与下方的参数链接，如图 4-126 所示。在两个参数链接时，可以看到所有的 9 个关键点。

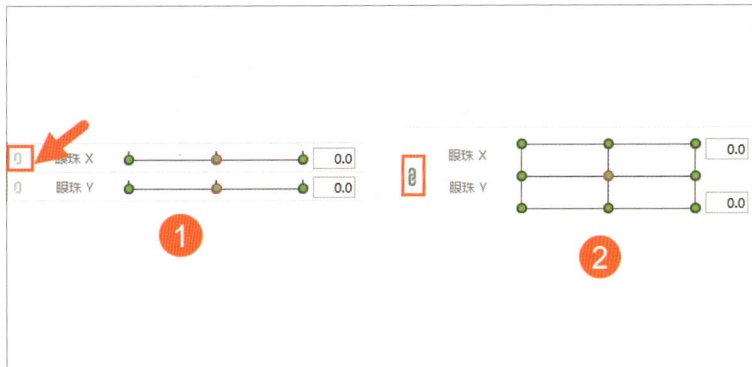

图 4-126

关联参数的限制

Live2D 推荐一个对象（图形网格或变形器）最多和 3 个参数关联。添加过多的参数会显著增加编辑工作量。例如一个对象在三个参数上各有三个关键点，那么实际需要编辑的动作数为 3×3×3=27 个。在给一个对象关联大于 3 个参数时，Live2D 会显示如图 4-127 所示的对话框。

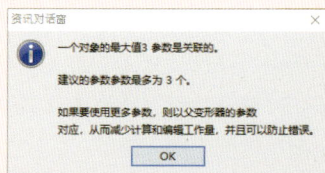

当然，给一个对象关联大于 3 个参数是允许且可行的，只是在实际制作中不推荐这么做。可以考虑使用【融合变形】参数来为一个对象关联更多参数。

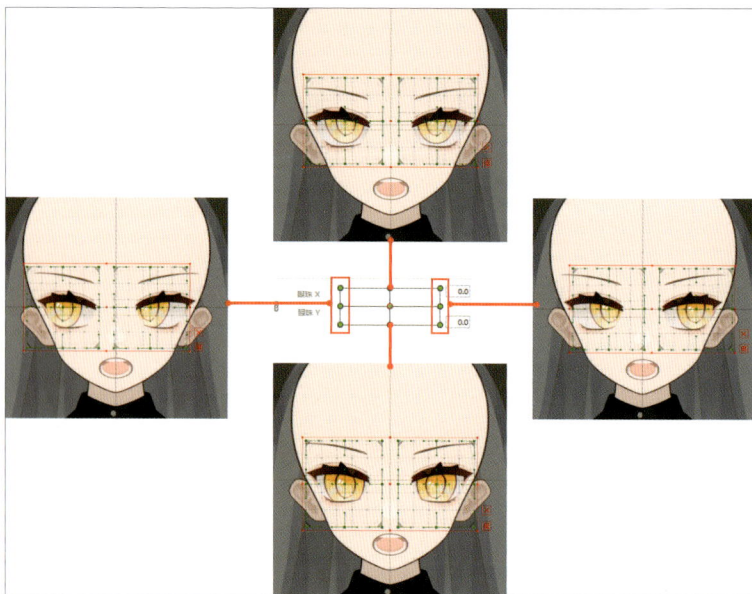

图 4-127

图 4-128

因为只制作了眼睛朝 4 个方向看的动作，在关联参数后可以看到 4 个角的动作并不正确，如图 4-128 所示。

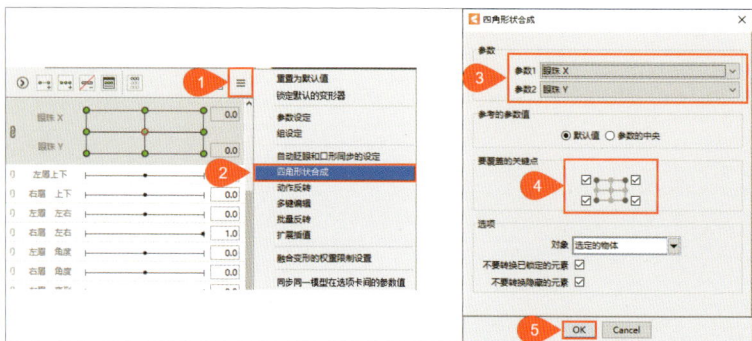

图 4-129

这时需要使用【四角形状合成】功能来制作眼睛朝斜上方和斜下方看时的动作，选择眼珠位置的变形器和参数【眼珠 X】和【眼珠 Y】，在参数菜单中选择【四角形状合成】选项。在弹出的窗口中确认想要进行合成的参数和想要覆盖的关键点（这里需要覆盖四角处的 4 个关键点）后单击【OK】按钮即可，如图 4-129 所示。

这时可以看到眼睛朝斜上、斜下方看的动作①、③、⑥和⑧，分别为动作②④、动作②⑤、动作⑦④和动作⑦⑤自动合成产生，如图 4-130 所示。

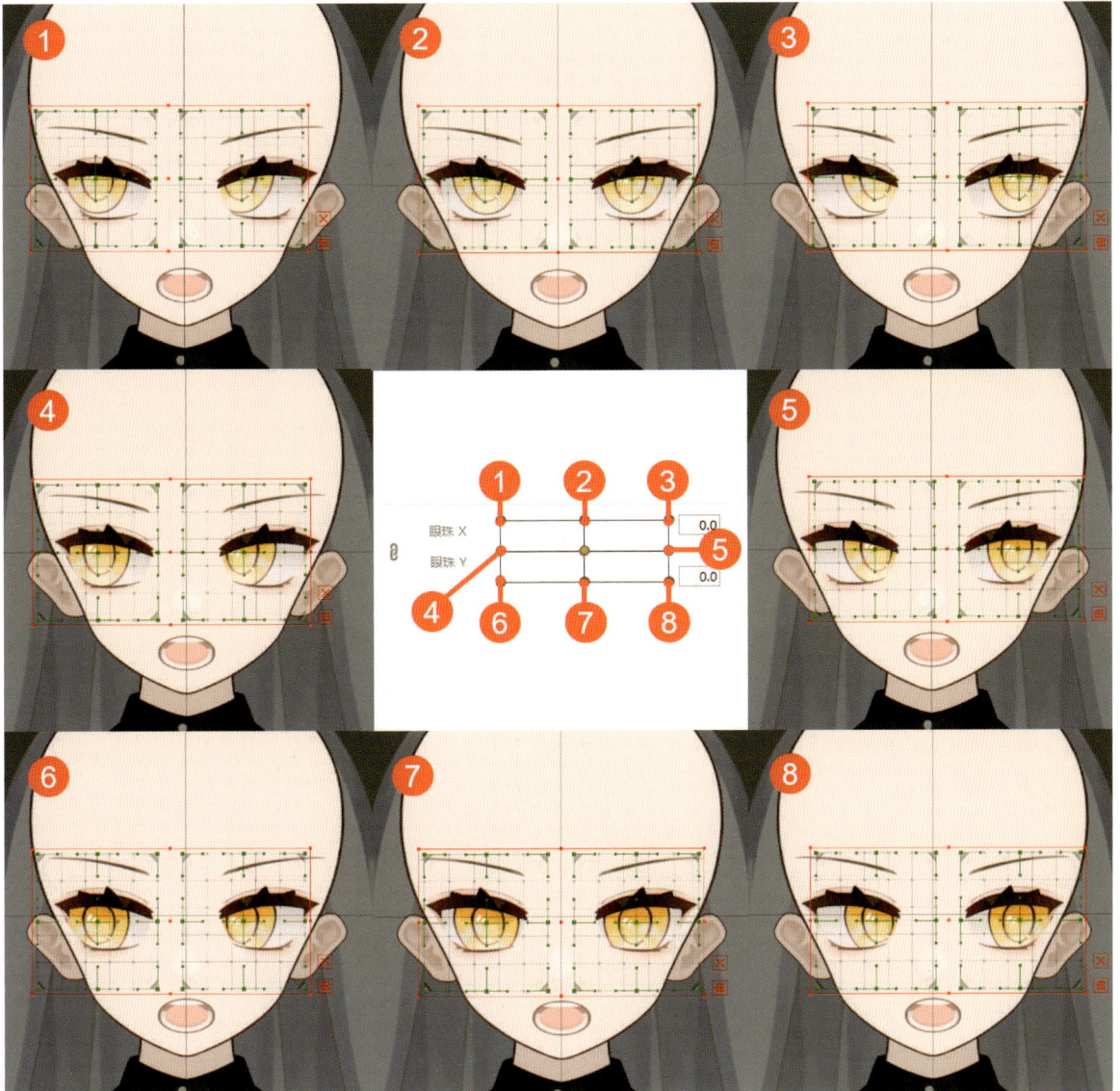

图 4-130

5. 眼睛整体形状 *

　　一般面捕软件只能检测眼睛开闭的状态，无法判断眼眶具体形状，而面捕软件对嘴的形状（开心、不开心）则较为敏感，这时可以选择将眼眶的形状和眼睛微笑的状态与嘴部面捕输入参数关联（直接绑定或通过物理关联）。一些面捕软件支持检测生气的表情，这时可以使用一个眼眶形状参数来制作生气的表情，如果软件不支持的话，也可以把不开心的表情分为两种：伤心（嘴角向下、眉毛整体向上）和生气（嘴角向下、眉毛整体向下）。用眉毛的位置可以来判断是伤心还是生气的状态。这时就可以把眼眶形状的参数和嘴部形状、眉毛位置两个参数关联来决定具体做出什么样的表情，也可以把各种表情分开并使用融合变形参数，之后再使用物理控制到底该做出什么表情。实现生动表情的方法有很多，读者可在熟悉 Live2D 软件和面捕软件调试后自行开发适合自己工作流程的制作方法，这里只对眼眶整体形状的调整方法做简单介绍。

这里制作眼眶的形状随表情和注视方向变化的两种效果。选择眼眶所有的对象，并添加两个弯曲变形器：眼眶随表情变化的变形器和眼眶随眼球位置变化的变形器，眼眶随表情变化的变形器为子级变形器，如图 4-131 所示。

新建参数【眼眶形状】，范围"-1.0~1.0"，默认值"0.0"。选择眼眶随表情变化的变形器，在【眼眶形状】上添加 3 点。在【眼眶形状：-1.0】时，做出伤心的表情，外侧眼角略微向下，内侧眼角略微向上；在【眼眶形状：0.0】时保持默认状态；在【眼眶形状：1.0】时，做出惊喜开心的表情，眼睛略微睁大；如图 4-132 所示。

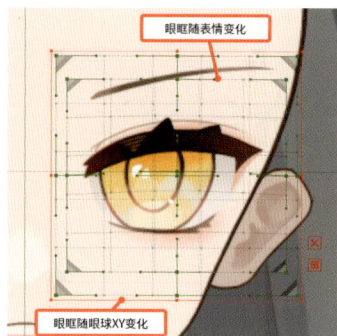

图 4-131

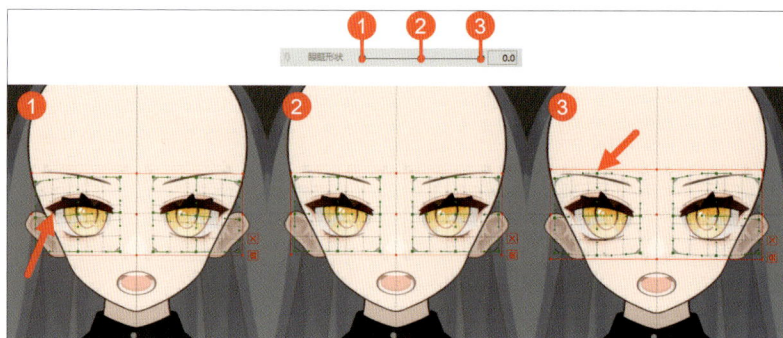

图 4-132

如果有其他的表情，使用融合变形参数，例如添加生气的表情，创建一个【眼眶生气】参数，参数范围"0.0~1.0"，参数默认值"0.0"，并在创建时选择【融合变形】复选框，如图 4-133 所示。

选择眼眶随表情变化的变形器，在融合变形参数【眼眶生气】上添加两点。在【眼眶生气：0.0】时保持不变，在【眼眶生气：1.0】时内侧眼角略微向下做出生气的表情，如图 4-134 所示。根据角色性格设定和原画风格，可以做得更为夸张。

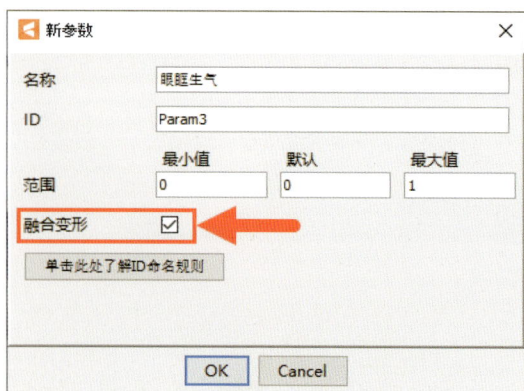

图 4-133

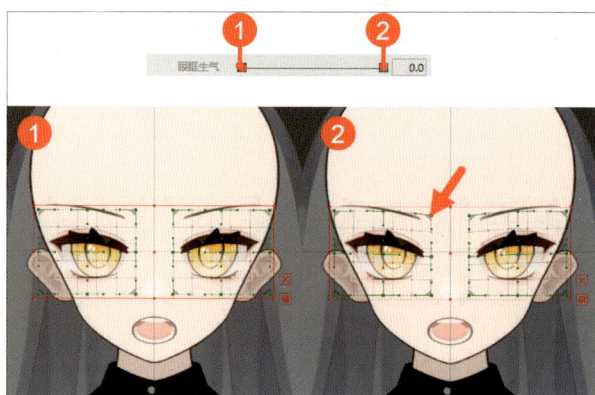

图 4-134

使用融合变形参数的好处是可以为一个对象添加多个关联参数，但无须对【四角参数】进行调整，且融合权重可以使用曲线控制，更加灵活。

在眼睛看向不同方向时，眼眶的形状也可以略微改变，使动作看起来更自然。保持头部不动，在向上或向下看时，上下眼皮会根据眼球的朝向做出调整，使用之前创建的眼眶随眼球位置变化的变形器。选择该变形器并在参数【眼珠 X】和【眼珠 Y】上各追加 3 个点。在眼睛朝上下左右 4 个方向看时，移动该变形器中间的点使眼眶的形状略微改变，再使用【四角形状合成】功能，合成眼睛朝斜上或斜下方看时的动作，如图 4-135 所示。具体调整多少可以根据画风决定，如果是眼眶形状比较圆的角色，可以不做调整；如果是眼眶

形状比较扁的角色，在向上下两
个方向看时，可以调整得多一
些，这样角色在向上下看时瞳孔
的位移可以更大，显得可动性
更高。

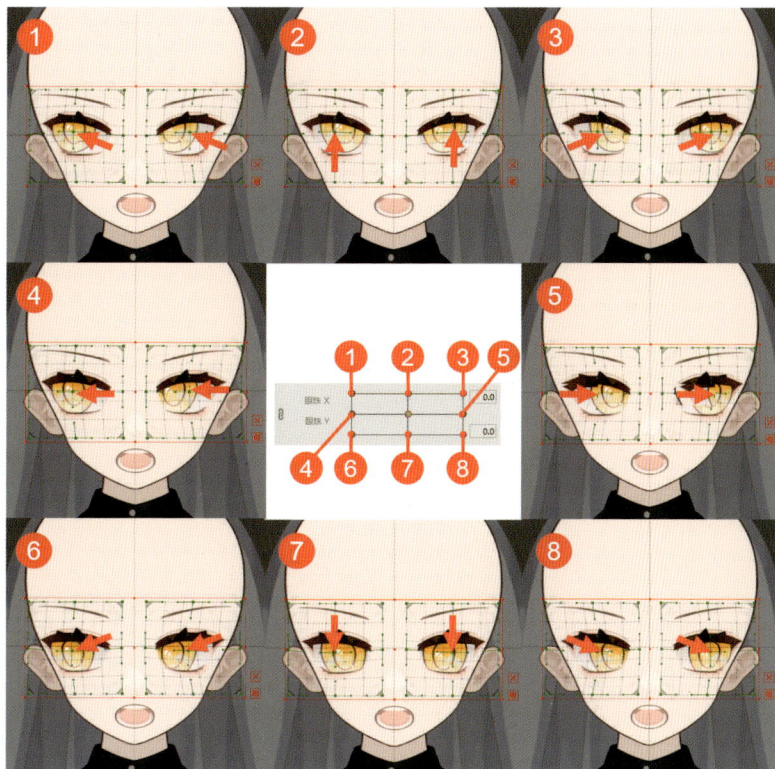

图 4-135

在调整完眼眶形状后，也可
以稍稍改变瞳孔位置变形器的形
状，如图 4-136 所示。

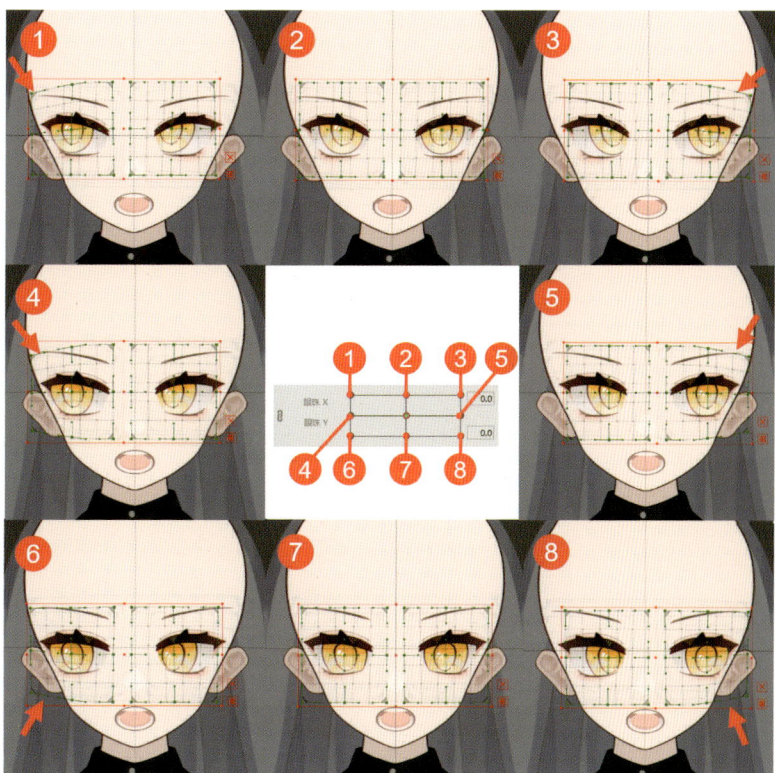

图 4-136

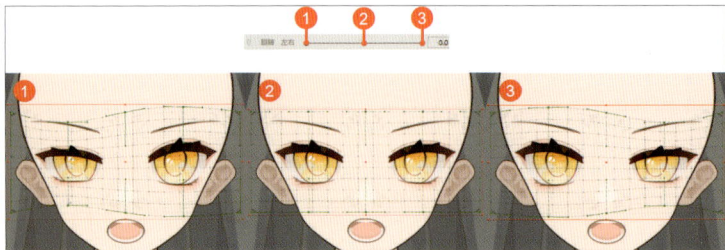

图 4-137

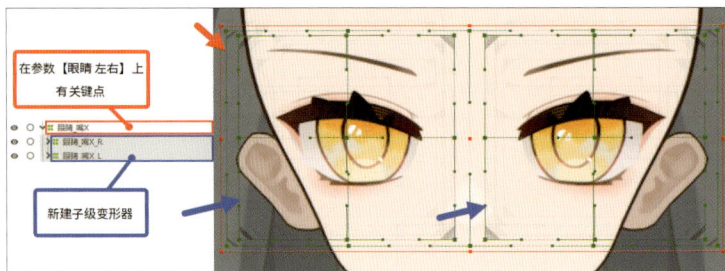

图 4-138

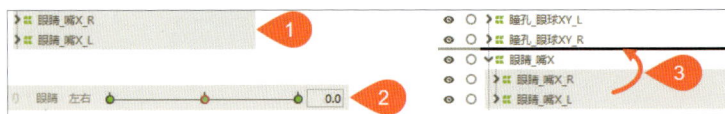

图 4-139

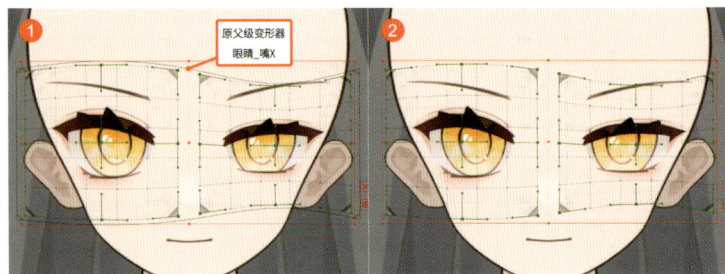

图 4-140

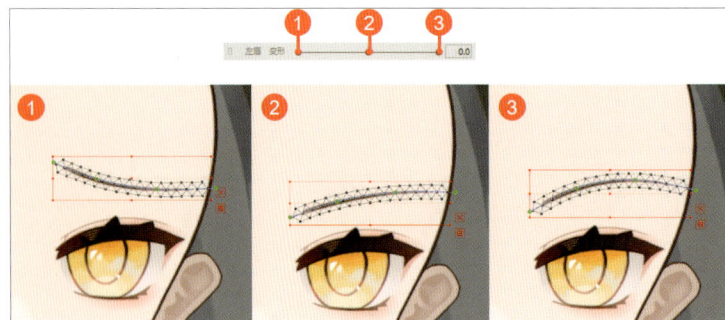

图 4-141

如果面捕软件支持嘴部水平位置的检测，则可以加入歪嘴时眼睛的动作。先选择两侧眼眶随眼珠位置变化的变形器，并添加一个大的父级弯曲变形器，新建参数【眼睛 左右】，范围 -1.0~1.0，默认值 0.0，并在该参数上添加 3 个关键点。在【眼睛 左右：-1.0】时使一边眼睛略微变小，另一半略微变大，调整完毕后使用【动作反转】功能将动作反转至另一侧，如图 4-137 所示。

制作完毕后，为左右眼分别创建一个子级变形器，如图 4-138 所示。

选择两个子级变形器，也在参数【眼睛 左右】上添加 3 个关键点，之后再将两个子级变形器从父级变形器内拖出，如图 4-139 所示。

将子级变形器拖出后，子级变形器将继承父级变形器在【眼睛 左右】上的动作，这时可以将原父级变形器删除，如图 4-140 所示。这样可以保证两只眼睛的动作完全对称，同样的方法也可以在制作脸部角度 XY 时使用。

4.3.2 眉毛动作的制作

1. 眉毛形状

选择两侧眉毛的图形网格并添加变形路径，分别在参数【左眉 变形】和【右眉 变形】上添加 3 个关键点。在【左眉 变形：-1.0】时是困扰或伤心时眉毛的动作，眉毛内侧部分向上，外侧向下。在【左眉 变形：1.0】时是开心或惊喜时眉毛的动作，眉毛中间部分略微升高，如图 4-141 所示。

2. 眉毛角度

分别选择两侧的眉毛并添加弯曲变形器，在参数【左眉 角度】和【右眉 角度】上添加 3 个关键点。在【左眉 角度：-1.0】时向内侧旋转变形器，在【左眉 角度：1.0】时向外侧旋转变形器，另一侧眉毛也重复同样的步骤，如图 4-142 所示。

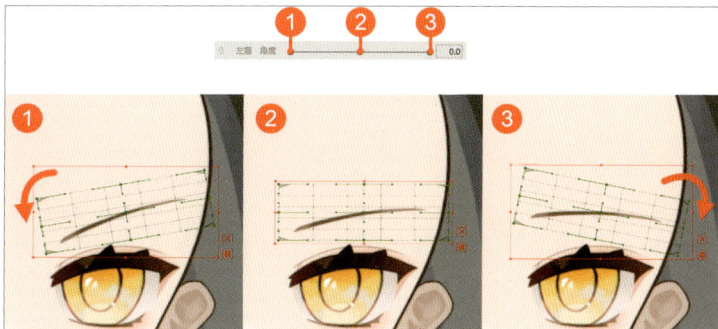

图 4-142

3. 眉毛位置

眉毛垂直运动可使用眉毛角度的变形器，在【左眉 上下：-1.0】时将变形器向下移动，使眉毛距离眼睛更近，在【左眉 上下：1.0】时将变形器向上移动，使眉毛距离眼睛更远，另一侧眉毛也重复同样的步骤。在制作完毕后选择眉毛上下和眉毛角度的变形器进行四角合成，如图 4-143 所示。

还有一组参数是眉毛水平运动的参数【左眉 左右】和【右眉 左右】，如图 4-144 所示。因为多数面捕软件不提供对应的输入，所以不需要制作对应的动作。如果选择制作，可以新建一个眉毛位置的变形器在眉毛上下和眉毛左右的参数上添加关键点，而眉毛角度的变形器则只与眉毛角度的参数关联。也可以使用融合变形参数将眉毛的图形网格或变形器与大于 2 的参数关联。

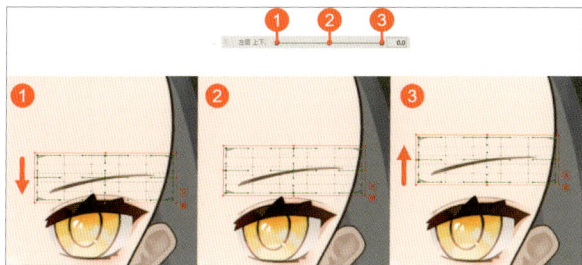

图 4-143

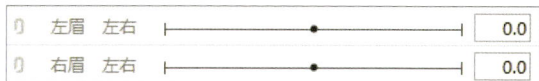

图 4-144

4. 眉毛整体形状

眉毛整体也可以同眼睛类似，做出跟随眼睛变化的动作，选择两侧眉毛位置的变形器并新建一个大的父级变形器。在新建参数【眉毛 左右】上添加 3 个关键点，并在【眉毛 左右：-1.0】和【眉毛 左右：1.0】时使眉毛做出一边高一边低的动作，如图 4-145 所示。

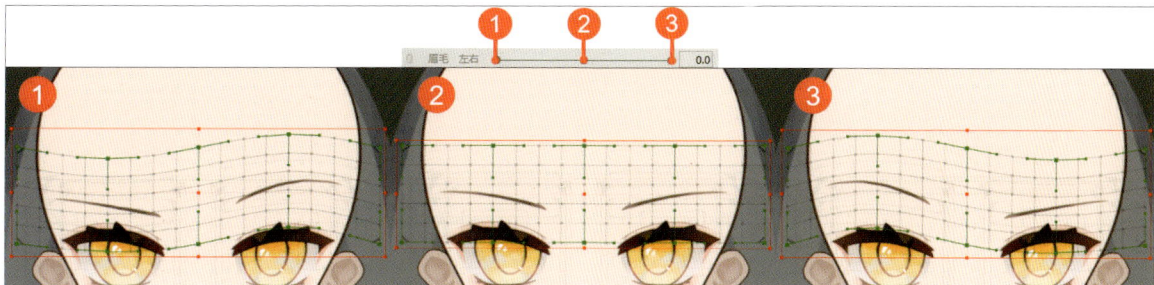

图 4-145

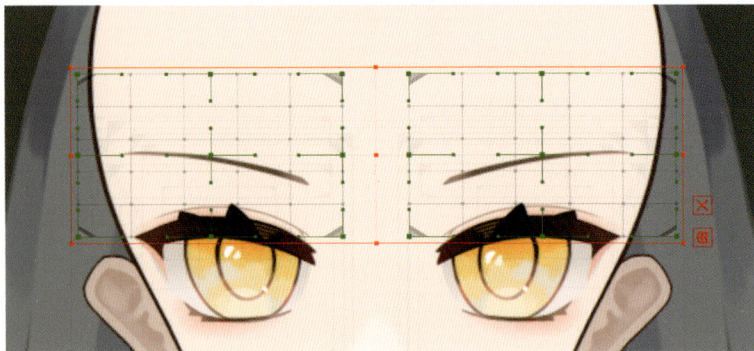

图 4-146

制作完毕后，为左右眉毛分别创建一个子级变形器，如图 4-146 所示。

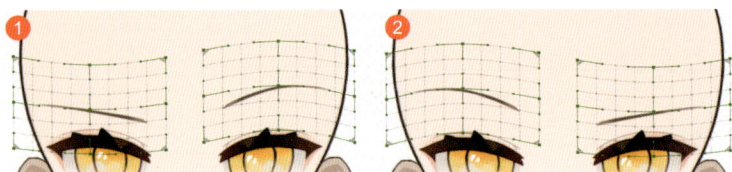

图 4-147

选择两个子级变形器并在参数【眉毛 左右】上添加 3 个关键点，之后再将外侧父级变形器删除，即可将两侧的眉毛分开。在【眉毛 左右：-1.0】和【眉毛 左右：1.0】时，两侧眉毛变形器的形状如图 4-147 所示。

4.3.3 嘴部动作的制作

1. 嘴部开闭

首先制作上下嘴唇的动作，在制作时可以暂时隐藏内口、牙齿和舌头的图层。选择上嘴唇的图形网格并沿着深色边线添加变形路径，在参数【嘴 变形】上添加 3 个关键点，在参数【嘴 张开闭合】上添加两个关键点。【嘴 变形：-1.0】是伤心或生气时的嘴型，【嘴 变形：1.0】是开心时的嘴型。【嘴 张开闭合：0.0】为嘴部闭合，【嘴 张开闭合：1.0】为嘴张开到最大。

如果原画是嘴张开时的状态，在【嘴 张开闭合：0.0】时，调整上嘴唇变形路径的控制点，使上嘴唇处于闭合状态时的位置，如图 4-148 所示。下嘴唇也重复同样的步骤。

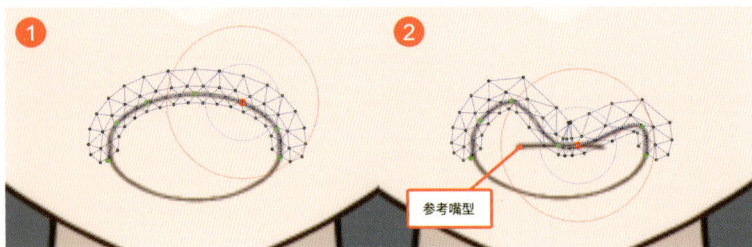

参考嘴型

图 4-148

图 4-149

如果原画为嘴部闭合的状态或使用一条长线作为嘴唇，直接调整其长度和弧度即可，如图 4-149 所示。不管使用哪种方法，如果边缘出现不规整的地方都需要手动调整图形网格的点，这也是为什么在布点时不宜过密。过密的点在手动调整时非常耗费时间，且效果不一定理想。

在【嘴变形】和【嘴张开闭合】两个参数上添加 6 个关键点，使上下嘴唇做出图 4-150 所示的动作：①～③分别为生气、平静和开心时嘴部张开的形状；④～⑥分别为生气、平静、开心时嘴部闭合的形状。

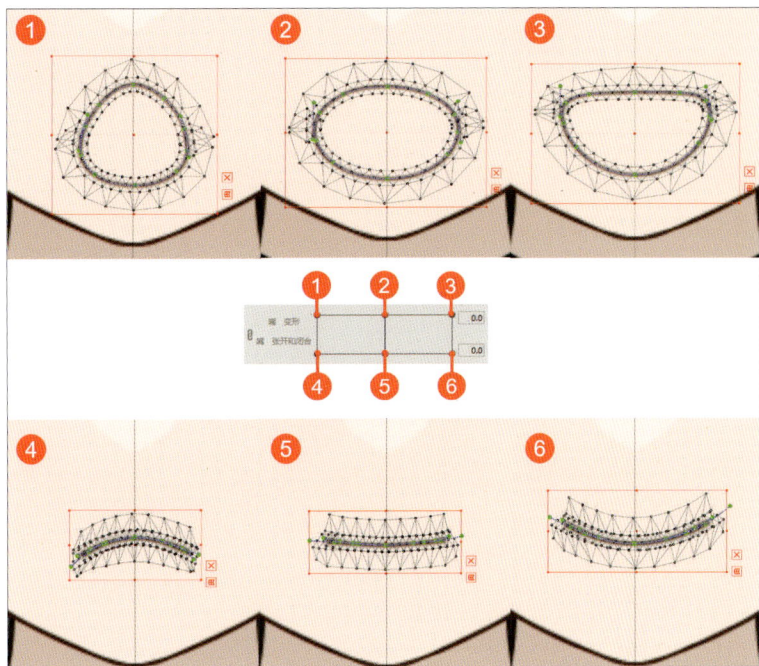

图 4-150

打开内口的图层，在内口外侧边缘添加一圈变形路径，在【嘴变形】上先添加 3 个关键点，在开心和生气时调整内口外轮廓形状使其与上下嘴唇基本重合，如图 4-151 所示。

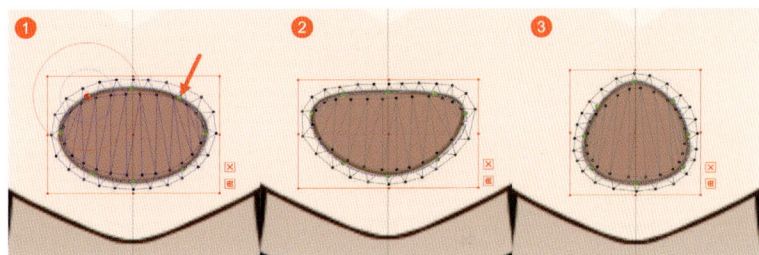

图 4-151

在制作完毕后，选择内口图形网格，在参数【嘴 张开闭合】上添加两个关键点。首先删除原有的变形路径并沿着内口中线添加一条新的变形路径，如图 4-152 ①所示（也可以将默认的编辑级别从 2 切换至 3，这样就可以保存两组不同的变形路径了）。在【嘴 张开闭合：0.0】时，先使用外侧红框的控制点将嘴整体挤扁，如图 4-152 ②和③所示。之后再调整变形路径的控制点使挤扁的内口与上下嘴唇的形状大致重合，如图 4-152 ④所示。调整完毕后，拉动【嘴 张开闭合】参数条检查边缘衔接，如果有内口颜色溢出或者内口颜色与嘴唇断开的情况，则应手动修正个别顶点的位置。

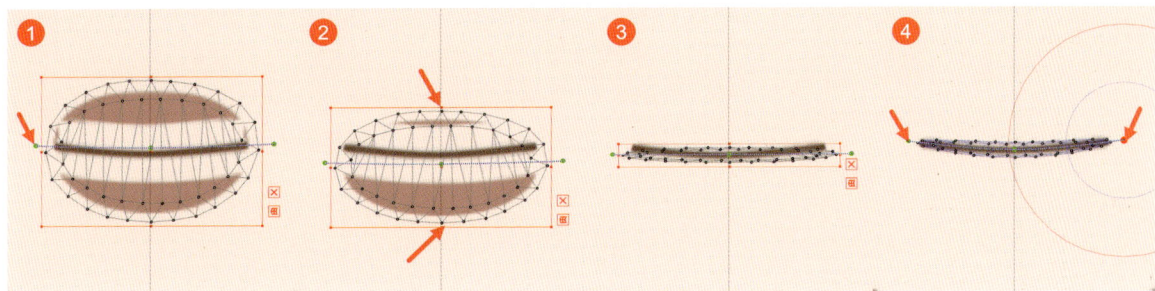

图 4-152

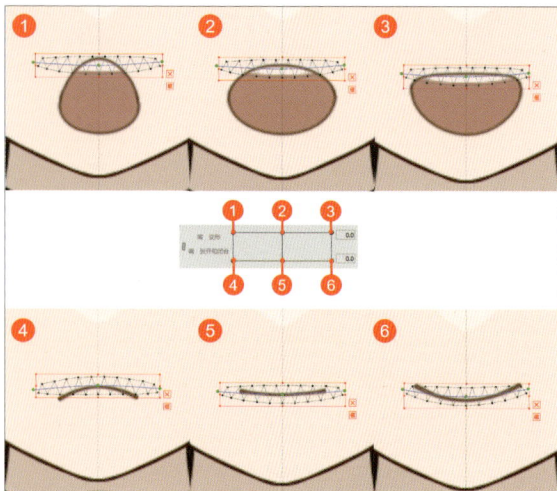

图 4-153

2. 上下牙和舌头的处理

根据画风和制作习惯的不同，可以选择上牙在张嘴时位置保持不动的做法（偏写实）或者上牙在张嘴时垂直向上移动少许的做法。无论哪种，上牙都不应该有非常大的位移。如果需要调整上牙的位置，选择上牙的图形网格，在参数【嘴 张开闭合】上添加两个关键点，在参数【嘴 变形】上添加 3 个关键点。在嘴巴处于不同状态时，调整上牙的位置使上牙略超出上嘴唇少许即可，如图 4-153 所示。

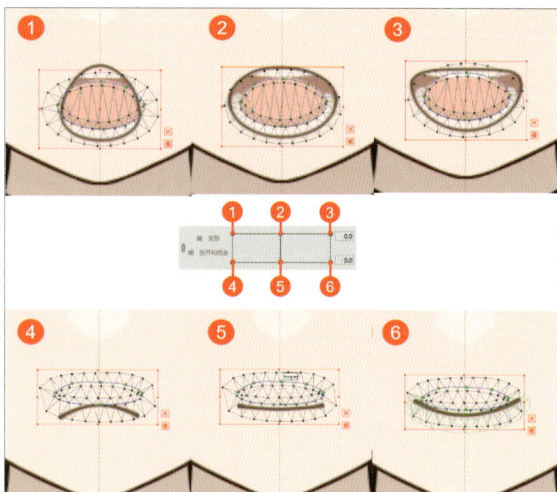

图 4-154

舌头和下牙的图层只需在参数【嘴 张开闭合】上添加两点，并在【嘴 张开闭合：0.0】时适当将其挤扁。为了使上下牙衔接自然，也可以为下牙添加变形路径并在【嘴 变形】上添加 3 个关键点，调整下牙和舌头在 6 个关键点的位置，使其与上牙衔接自然。图 4-154 展示了上下牙和舌头在 6 个嘴型时的位置，可以看出下牙和舌头的图层在【嘴 张开闭合：0.0】时被适量压扁。

3. 使嘴部动作更加丰富

可以根据需要为角色添加更多的嘴型，使嘴部动作更加丰富。这些关键点的位置都不是绝对的，应根据面捕的实际情况选择，图 4-155 仅给出一种参考方案。例如，在【嘴 张开闭合：0.7】时，使嘴部略微变窄变高，在 0.7~1.0 时，为嘴角用力朝两边咧嘴的动作。也可以反过来先咧嘴（嘴角朝两侧用力）再增加嘴部高度。在【嘴 张开闭合：0.3】时可以做出露出牙齿笑和咬牙切齿的动作，在【嘴 变形】上也可以添加更多变种，例如生气鼓起脸颊的样子和猫猫嘴等。

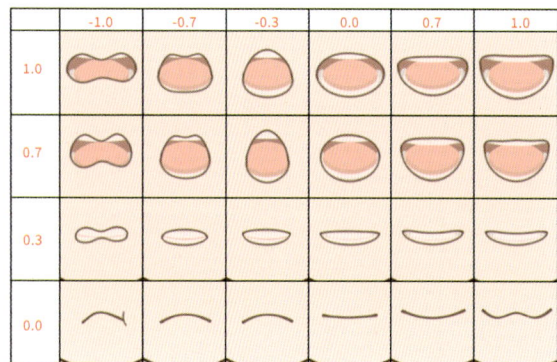

图 4-155

在嘴巴张开时，可以略微调整下巴的位置，使张嘴的动作更为自然。在【嘴 张开闭合: 0.7 ~ 1.0】时使下巴适当延长以体现下颚骨的运动，如图 4-156 所示。是否进行调整或调整多少需要根据画风决定。

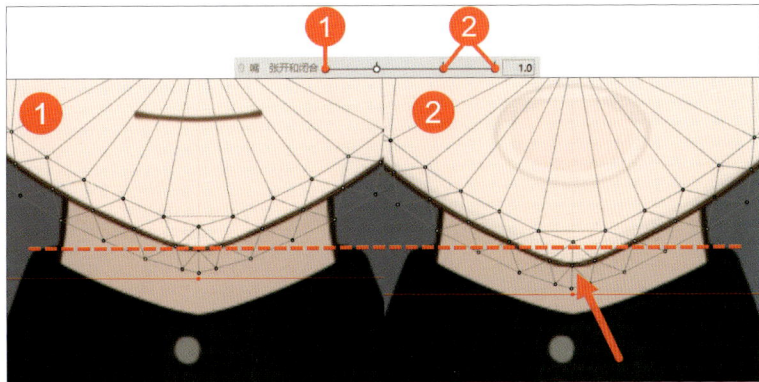

图 4-156

如果面捕软件支持检测嘴向两侧偏的动作（嘴部水平位置），可以添加参数【嘴 左右】，范围 -1.0~1.0，默认值 0.0。选择上下嘴唇的图形网格，并添加变形器，在【嘴 左右: -1.0】时，使嘴向一侧偏并将该动作反转到另一侧，如图 4-157 所示。可以使用扩展插值来使动作显得更顺滑。在参数菜单中选择【扩展插值】选项，在弹出的【扩展插值】窗口中可以改变插值的方法和点数。

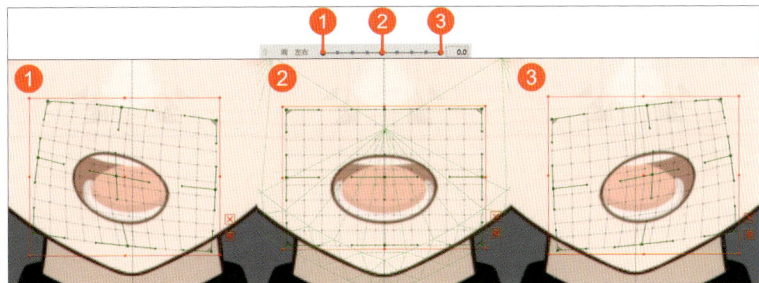

图 4-157

4.4 头部角度的制作

4.4.1 脸和五官的角度 XY

脸和五官角度 XY 的调整对新手是比较难的部分，容易出现透视崩坏和五官错位的现象。推荐新手先从比较小的角度开始尝试，可以先观察 3D 模型头部旋转时五官位置的变化，多找参考。

在 Cubism 5.0 版本中，也提供了自动合成面部角度的功能。

1. 整体角度调整

首先为每个部件创建角度 XY 的弯曲变形器。角度的弯曲变形器可以稍稍创建得大一些。因为前发大部分与脸部贴合，所以可以先对前发、五官和脸一起进行整体的调整，之后再分别进行调整。

选择前发所有对象，创建弯曲变形器。创建完成后调整变形器和尺寸，为前发物理的变形器预留空间并保证该变形器处于画布居中位置。脸部变形器应包含脸部底色、轮廓和阴影等部件，分裂数可以设置得高一些，鼻子只需要添加一个比较小的弯曲变形器即可，如图 4-158 所示。

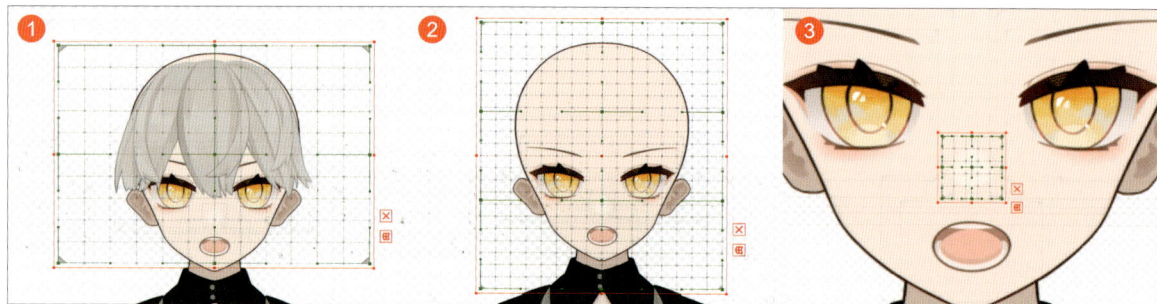

图 4-158

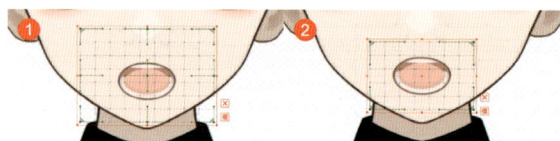

图 4-159

嘴巴需要分为两个部分。首先选择上下嘴唇，上牙和内口，创建一个弯曲变形器。在嘴巴张开的状态下，调整该变形器的位置，使嘴部大约位于改变形器中间的位置，并在四周留有一定空隙，如图 4-159 ①所示。如果嘴部左右位置有变形器，则应选择该变形器和上牙的图形网格。舌头和下牙需要创建一个单独的变形器，如 4-159 ②所示。

为了翻转方便，需要把两侧的眼睛、两侧的眉毛和两侧的耳朵都分别放在一个较大的弯曲变形器里，如图 4-160 所示。

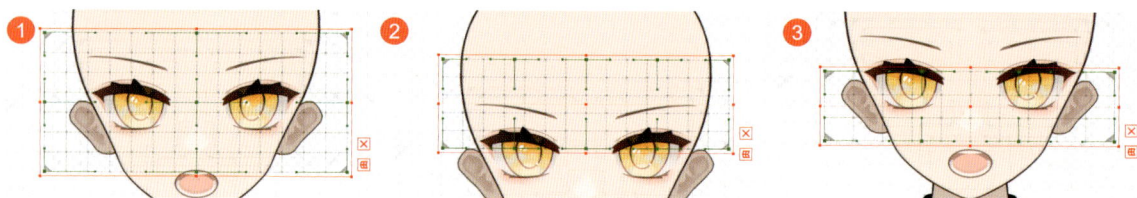

图 4-160

各部件的角度变形器创建完毕后，选择所有的角度变形器并创建一个脸整体角度的父级弯曲变形器，如图 4-161 所示。

调整该变形器的位置和大小，使其水平位于画布居中的位置，垂直上下和脸部留有一定空间，水平中线大约位于人物眉毛的位置，如图 4-162 所示。

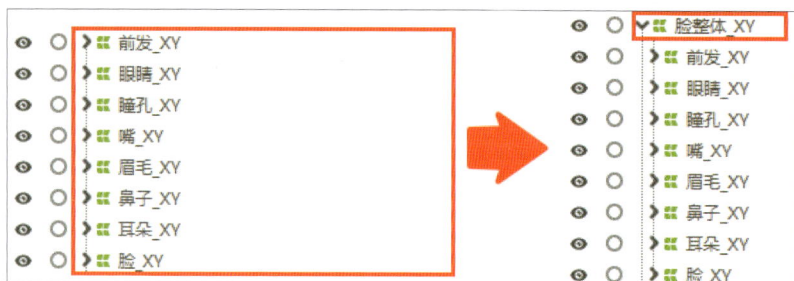

图 4-161

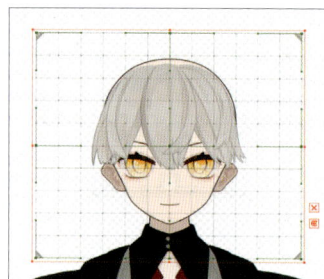

图 4-162

制作角色左右转头的动作。3D 模型角色的眼睛、眉毛、嘴和下巴大致在一个平面上，眼睛略微凹陷而嘴略微突出，但做整体调整时暂时忽略这些变化，把脸的下半部分看作一个平面，上半部分看作是一个半球。角色在向一侧转头时，远离镜头一侧的脸会变窄，而脸的上半部分会有一个弧度，如图 4-163 所示。

选择脸整体角度的弯曲变形器并在参数【角度 X】上添加 3 个关键点。在【角度 X：-1.0】时，使角色头部向右转，将变形器整体向画布左边移动，使角色的下巴超出脖子少许。先调整变形器左侧的宽度①，使其变为原来的一半至 2/3 左右，再少量增加变形器右侧部分宽度②。然后调整左上角的区域③为头发增加一些弧度，最后将左下角的控制点向上移动④，一些使区域大致上呈现近大远小的状态，如图 4-164 所示。

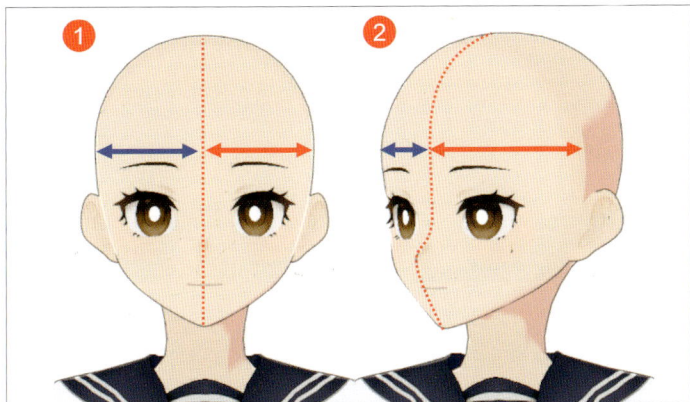

图 4-163

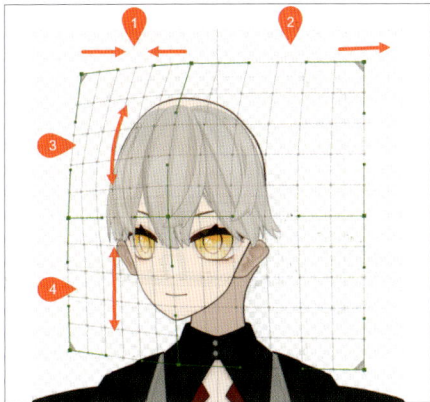

图 4-164

接下来制作抬头和低头的动作。在抬头和低头时，最主要是眼睛和眉毛弧度的变化和位移，如图 4-165 所示。下巴到眼睛的距离在抬头时变化不大，主要靠鼻子和嘴的位移表现抬头的动作，而低头时脸的下半部分则会变短。图 4-165 中的红色箭头长度相同，可以看出脸下半部分的宽度在抬头时基本不变，在低头时变窄。

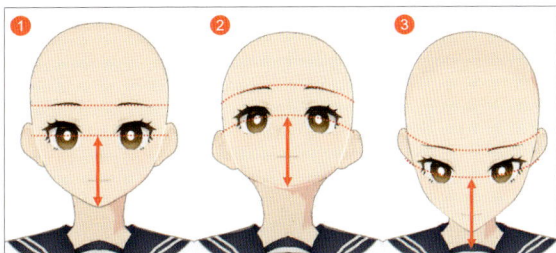

图 4-165

选择脸整体的弯曲变形器，在参数【角度 Y】上添加 3 个关键点。首先，在检视面板中把变形器的【贝塞尔编辑类型】设置成【顺畅】，以达到比较平滑的效果。在抬头，即【角度 Y：1.0】时，将变形器中间 3 个控制点整体向上移动，并将左右两侧最上方的控制点向中间移动，最后将左右两侧中间的控制点向下方移动少许，如图 4-166 所示。

图 4-166

在低头，即【角度 Y：-1.0】时，将变形器中间 3 个控制点整体向下移动，并将左右两侧最下方的控制点向中间移动。因为在低头时，额头部分距离观察者更近，这里需要使变形器上半部分略微变宽，如图 4-167 所示。

在【角度 Y：-1.0】且【角度 X：-1.0】时，将变形器中间的控制点向左下方移动，并将外侧控制点向中间移动适当的距离，如图 4-168 所示。

在【角度 Y：1.0】且【角度 X：-1.0】时，将变形器中间的控制点向左上方移动，并将外侧控制点向中间移动适当的距离，如图 4-169 所示。

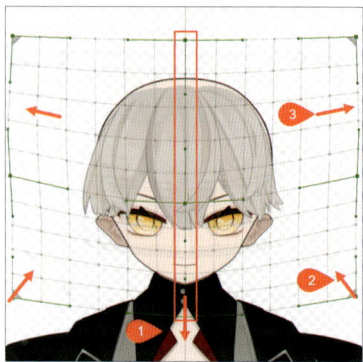
图 4-167

图 4-168

图 4-169

另一侧使用【动作反转】即可。制作完毕后，脸部整体变形器在【角度 X】和【角度 Y】9 个关键点上的形状，如图 4-170 所示。这一步完成后脸还是看起来很平面，这是正常的，只要保证透视大致正确，并且脸部整体在 4 个角没有明显的扭曲即可，下一步将进行细节的调整，使脸部起来更加立体。

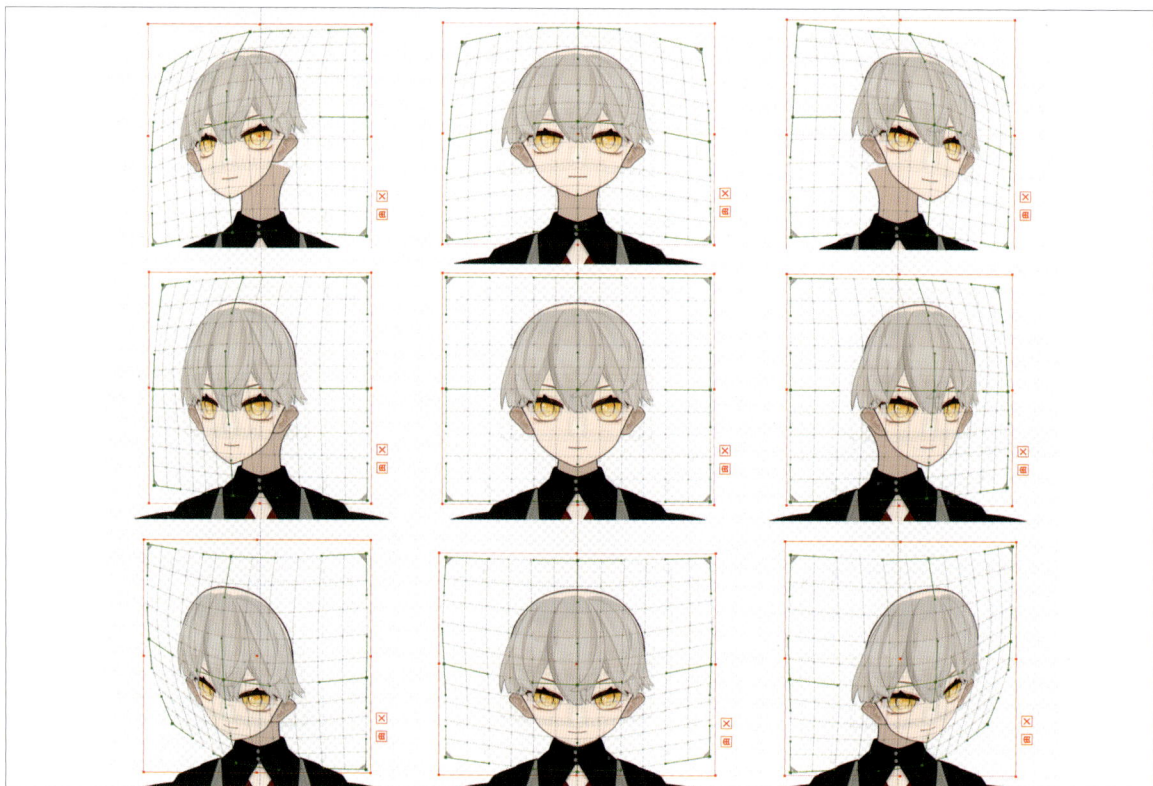
图 4-170

Live2D 中的四角形状合成只是将两个参数上的顶点或控制点的位移相加，如果在制作四个角的动作时，使用四角合成，那么透视关系是不正确的。图 4-171 中的 A 为手动调整的变形器，而 B 为四角合成的结果。当抬头时，如果头转向一侧，那么远离观察者的眼睛高度会变低，如图 4-172 所示。如果使用四角合成，那么两个眼睛则处于水平位置，如图 4-171 虚线①所示。

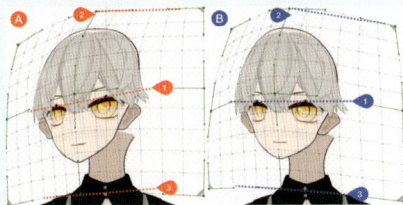

图 4-171

此外，虚线②和③的角度在四角合成时也会产生不合理的角度，如整个脸有被挤扁且额头部分非常突出。在知道这些差异后，需先进行四角合成再手动调整。在脸部转动角度较小的情况下，可以使用四角形状合成，但在脸部转动角度较大的情况下，读者可以根据自己的习惯决定。

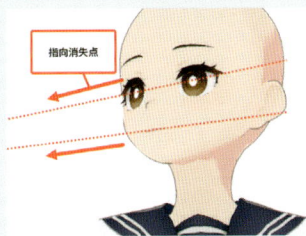

图 4-172

2. 脸部轮廓

隐藏前发的部件，选择脸 XY 角度的弯曲变形器，在参数【角度 X】和【角度 Y】上各添加 3 个关键点，将脸 XY 角度的变形器从脸整体 XY 角度的变形器中拖出，如图 4-173 所示。

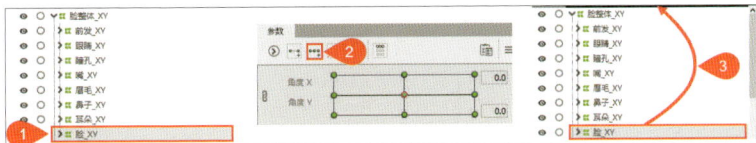

图 4-173

在将变形器拖出后，参照图 4-174 对脸部轮廓进行调整。

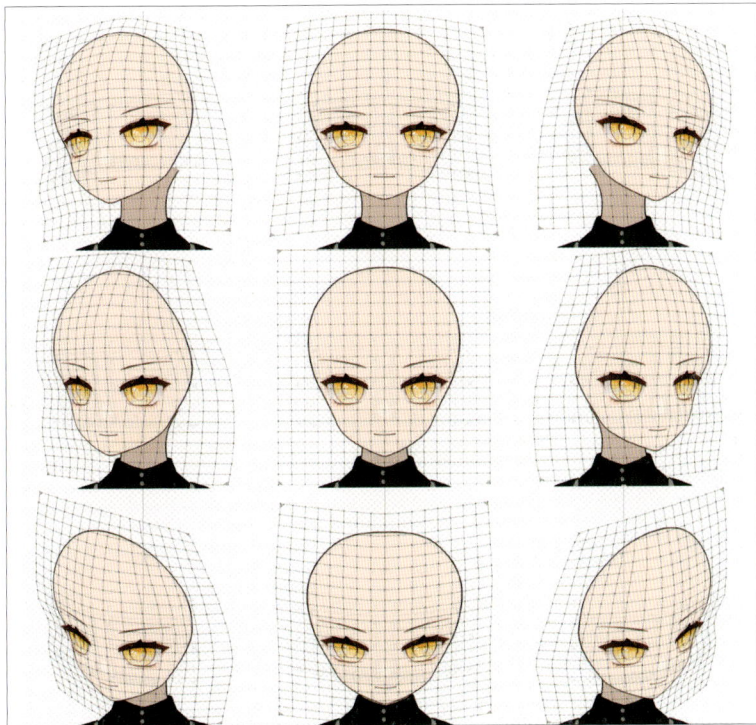

图 4-174

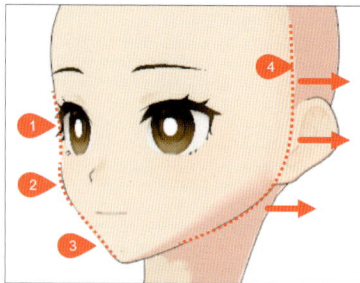

图 4-175

向上和向下看时无需调整。当头转向两侧时，主要应调整以下几个地方：①外脸颊的轮廓应略微凹陷，②脸颊的轮廓应略微凸出；③脸颊和下巴衔接处应略微凹陷，如图 4-175 所示。可爱的角色可以使②脸颊多凸出一些，而成年女性或男性角色可以将③处凹陷，使靠近眉毛的地方略微凸出。在调整完脸颊后，将④向中间拉动。当脸转向正面时，脸部靠近镜头一侧的轮廓线应与脖子另一侧的边缘线重合，如图 4-175 所示。

3. 眼睛

眼睛 XY 角度的变形器同理，先在参数【角度 X】和【角度 Y】上各添加 3 个关键点，再将变形器从父级变形器中拖出。当头转向一侧时，靠近镜头一侧的眼睛会显得过宽，按住鼠标左键拖曳选择靠近镜头一侧眼睛的所有点，然后使用红色外框上的控制点调整眼睛的宽度，如图 4-176 所示。

当头转向斜下方和斜上方时同理，如图 4-177 所示。另一侧使用【动作反转】选项。

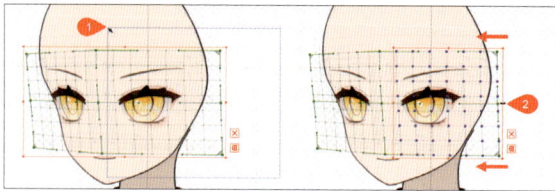

图 4-176

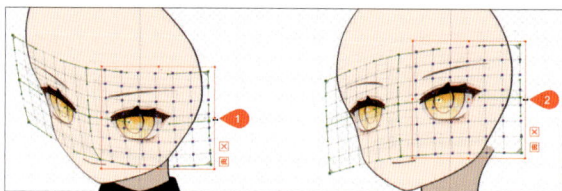

图 4-177

4. 眉毛

眉毛的变形器和眼睛一样，把靠近镜头一侧的眉头变窄即可，如图 4-178 所示。在添加关键点后，从头部整体的变形器中拖出眉毛 XY 角度的变形器并进行调整。如果角色眉毛的部分较为突出，可以在向侧面转头时把眉毛整体向外侧移动一些，在向上和向下转头时也分别将眉毛上移和下移。

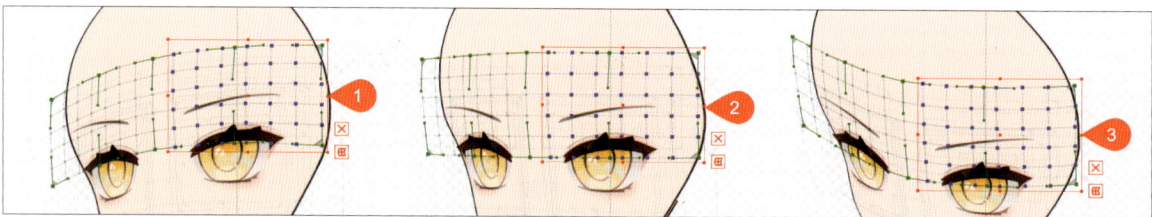

图 4-178

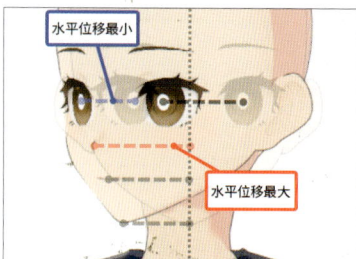

图 4-179

5. 鼻子

鼻子的变形器也重复同样的操作。鼻子因为是脸上最为突出的部分，在转头时位移也最大。远离镜头一侧的眼睛位移最小，而鼻子位移最大，其他部分位于两者之间，如图 4-179 所示。

如果鼻子是一个小点的话在转头时移动其位移即可。如果鼻子只画出了高光，参照图4-180所示的形状进行调整，需要注意以下几点。

（1）鼻子在仰头时变窄，低头时变宽。

（2）鼻子高光中线部分始终指向两眼之间。

（3）当头转向斜上方或斜下方时，可以使高光部分略加倾斜，并且与两眼之间的连线平行。如果鼻子为一条线的话，则需要让线的下半部分始终指向下巴尖。

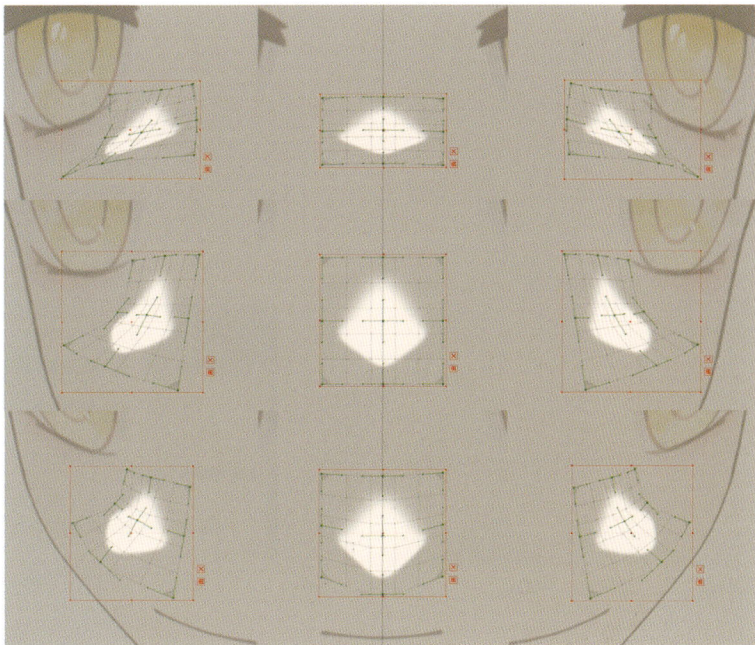

图 4-180

6. 嘴

嘴所在的平面不是一个垂直的平面，而是一个略微向内倾斜的曲面，侧头时需要尽量表现出这一点。在调整嘴唇部分时，先隐藏舌头和下牙的图层，对嘴部变形器进行调整，让远离镜头的一侧变窄，另一侧变宽。上嘴唇离镜头较近，需移动变形器上半部分的位移，使其整体呈现出倾斜的平面感。中心线下方指向下巴尖，上方指向鼻尖附近，如图4-181所示。

4个角的位置也需要进行类似的调整，并适当增加变形器的弧度。嘴部也只需调整上下两个点和一侧的三个点，另外一侧使用【动作反转】选项。调整完毕后的状态，如图4-182所示。

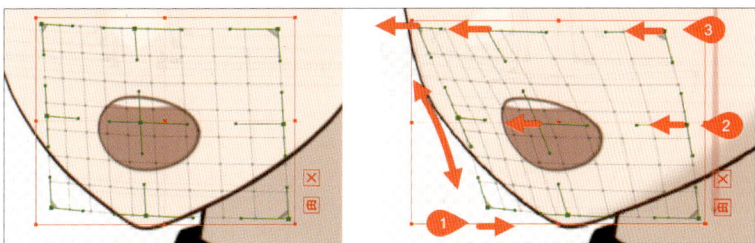

图 4-181

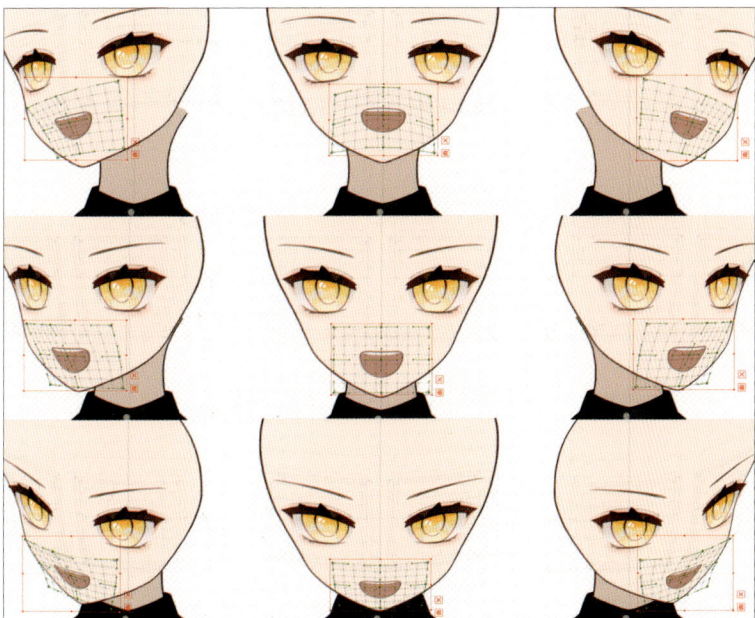

图 4-182

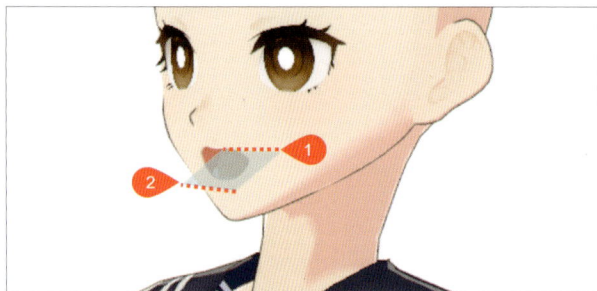

图 4-183

内口的部分，即舌头和下牙，在张嘴时也可以看作是一个倾斜的平面。当头转向侧面时，使上边缘①向中间移动，下边缘②向外侧移动，如图 4-183 所示。除了侧头时的变化，该平面会在低头时变宽，抬头时变窄。

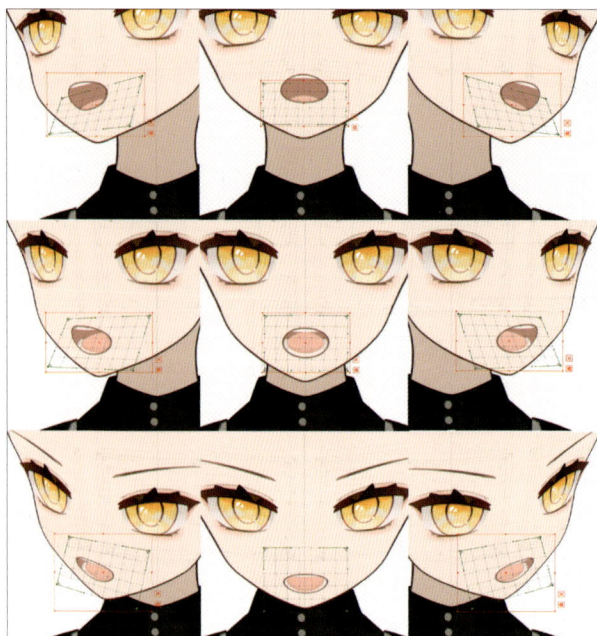

图 4-184

内口部分的变形器在各个角度的形状，如图 4-184 所示。

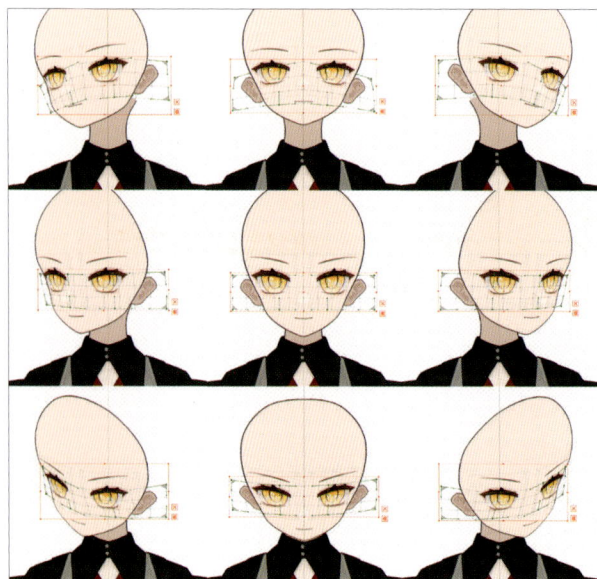

图 4-185

7. 耳朵

耳朵整体不需要有很明显的形变，与脸颊接合即可。在抬头时可以将耳朵略微下移，低头时略微上移，当头转向侧面时外侧的耳朵会被脸颊完全挡住，如图 4-185 所示。

位置确定后，可以制作当脸转向时，耳朵移到脸部图层上方的效果。首先选择耳朵的图形网格并复制一份，调整图层顺序或绘制顺序，使复制的图层处于脸部各部件的顶部，如图4-186所示。

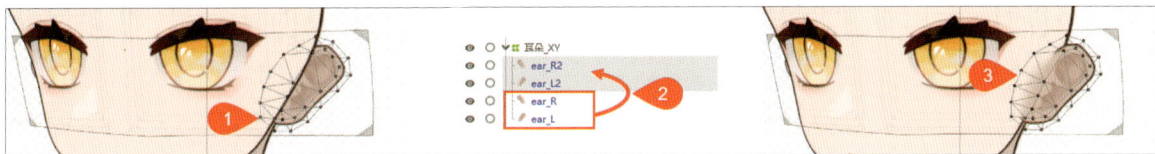

图 4-186

选择角色右耳的图层，在参数【角度X】0.0、5.0和30.0处添加关键点。在【角度X：0.0】时将图层不透明度设置为0%，如图4-187（A）所示。这样参数【角度X】在−30.0~0.0时，右耳不会显示，在0.0~5.0时，脸部边线和底色逐渐被右耳图层遮住，就可以实现耳朵从后侧移到前侧的效果。另一侧耳朵同理，只不过需要在参数【角度X】−30.0、−5.0和0.0处添加关键点，如图4-187（B）所示。

除了上面提到的方法，也可以使用改变图层绘制顺序的方法实现这样的效果，调整图层的透明度，使耳朵由后到前的过渡更加自然。

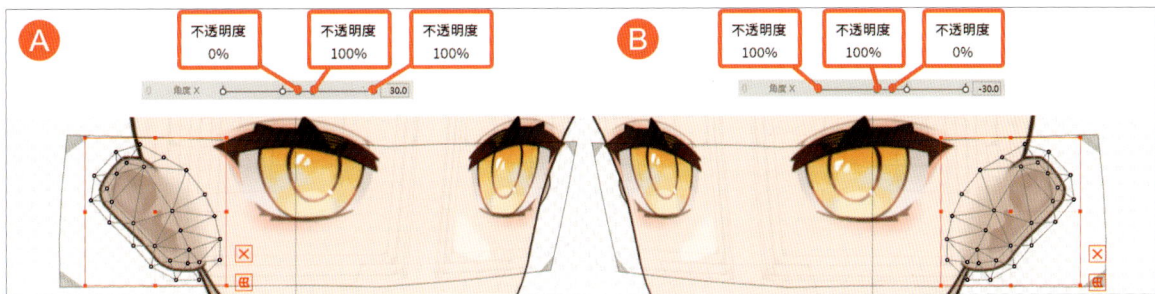

图 4-187

8. 脸部效果优化

为了使脸部在转头时显得更加立体，可以在转头时为脸的边缘添加阴影，而比较平面或者可爱的画风则不用添加阴影，转头角度较小时也不用添加。选择脸部边缘阴影的图层并沿脸部边缘线添加变形路径，如图4-188所示。

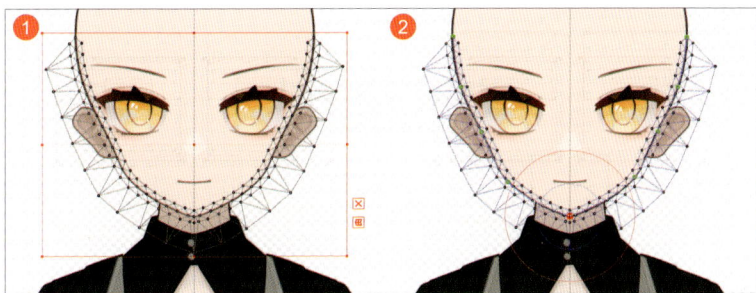

图 4-188

在下巴比较尖的地方可以使用【折线】工具。在【变形路径编辑】的【工具细节】栏，可以选择【折线】工具并用鼠标单击变形路径控制点，可将该点处的变形路径变为折线，如图4-189所示。

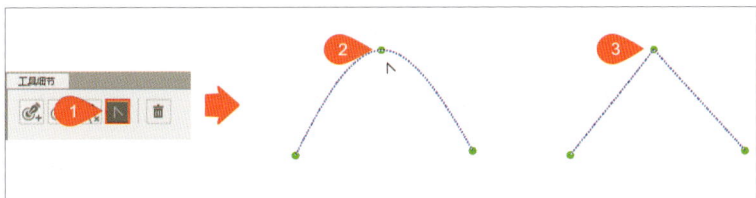

图 4-189

在选中该图层网格的情况下，在【角度 X】和【角度 Y】上各添加 3 个关键点。注意，这个部件是脸部 XY 角度弯曲变形器的子部件。若创建脸 XY 角度的变形器没有把该图层加入的话，需在【角度 X：0.0】且【角度 Y：0.0】时，将该部件拖入脸 XY 角度的弯曲变形器即可，这样阴影整体就会随着脸的转动而移动，同时能始终保持与脸外轮廓相切的状态。

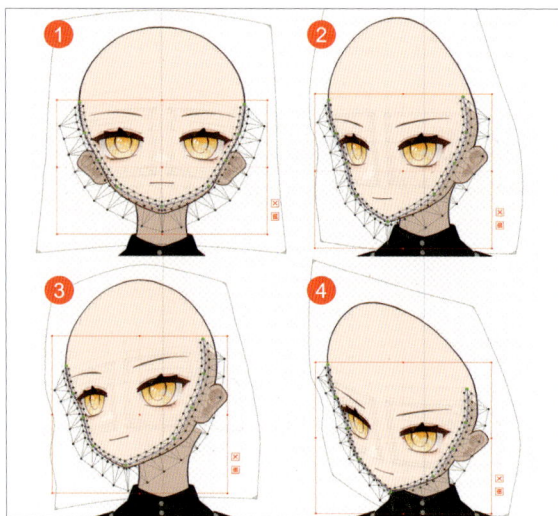

图 4-190

如图 4-190 所示，在抬头时，将下方的阴影向上移动，为下巴添加少许阴影，如①所示。头向一侧转时，为靠近镜头一侧的脸颊添加阴影，如②所示。在头部转向斜上、斜下方时同理，如③和④所示。

另一侧使用【动作反转】功能，在翻转向另一侧时，要同时选中该部件的父级变形器（即脸 XY 角度的弯曲变形器）。

若只选择了脸部的阴影进行动作反转，Live2D 会提示"使用了共用参数的父级变形器未被选择"，如果此时继续反转两边的形状会不对称，这时应同时选择在参数【角度 X】上有关键点的父级变形器【脸_XY】再进行动作反转，如图 4-191 所示。

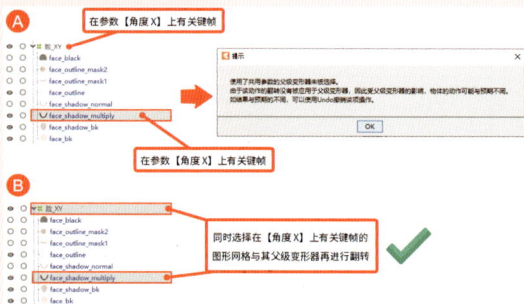

如果父级变形器在该处没有关键点该怎么办呢（错误提示参数的值不在关键点中）？例如我们想把子对象在参数【角度 X：-10.0】的形状反转到角度【角度 X：10.0】的地方，而父级变形器只在【角度 X】-30.0、0.0、30.0 处有关键点。这时可以暂时把子对象从父级变形器中拖出，进行动作反转后再将其放回原来的父级变形器中。

图 4-191

添加脸部阴影。调整后的效果，如图 4-192 所示。

此外，还可以添加在抬头时下巴轮廓线消失的效果，是否添加需要根据画风和抬头的角度决定。如果使用直接遮挡的方法，选择遮挡脸部轮廓线的图层，为其添加变形路线，如图 4-193 所示。

在【角度 X】-30.0、-15.0、0.0、15.0 和 30.0 处添加关键点。在【角度 Y】0.0 和 30.0 处添加关键点。在如图①~③的 3 个位置遮住下巴的轮廓线，在④~⑥的 3 个位置使其移动到下巴轮廓线下方的位置，将不透明度设置为 0%，另一侧可以使用【动作反转】选项，如图 4-194 所示。

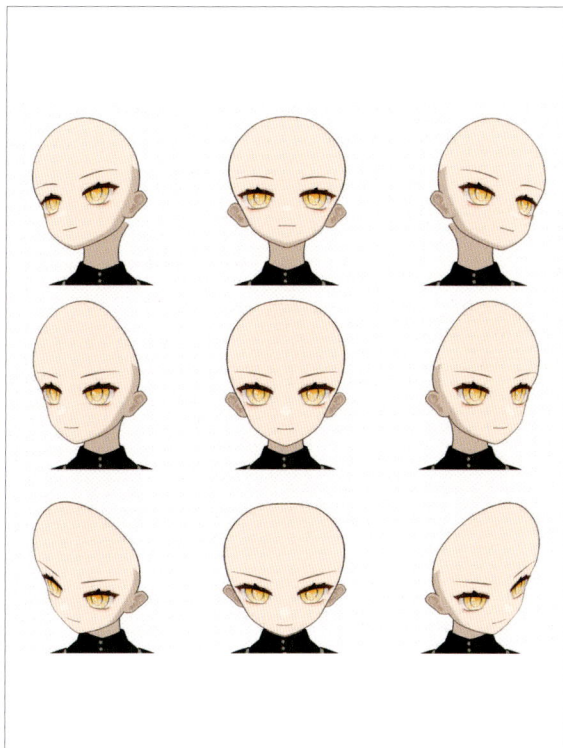

图 4-192

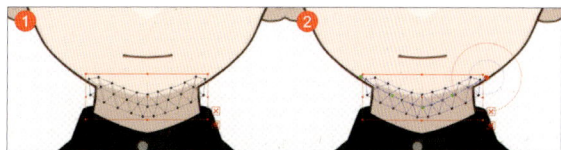

图 4-193

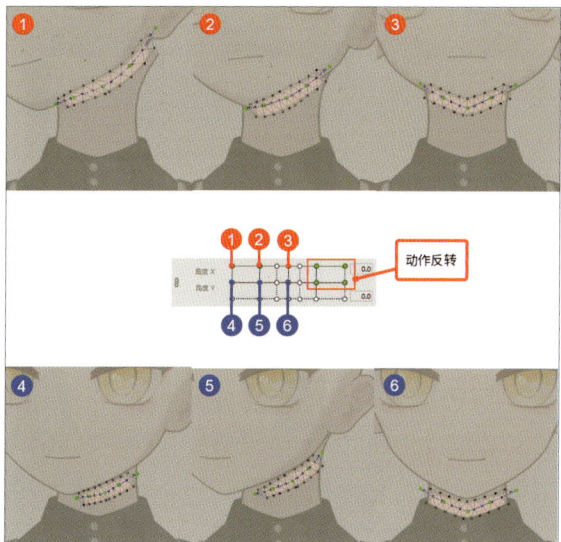

图 4-194

最终效果，如图 4-195 所示。

使用一个圆形图像和反转蒙版的方式也可以达到上述的效果，这种方式在没有或脸部阴影较窄时使用。选择圆形蒙版图层并复制该图层的 ID，将该图层的 ID 粘贴在脸部轮廓图层的【剪切 ID】一栏，并勾选【反转蒙版】。这样只有在不与该图层重合的部分脸部轮廓线才会显示。将该图层透明度降至 0%，蒙版的效果依然存在，如图 4-196 所示。

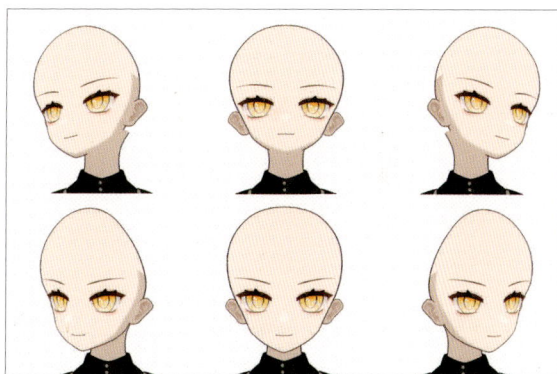

图 4-195

图 4-196

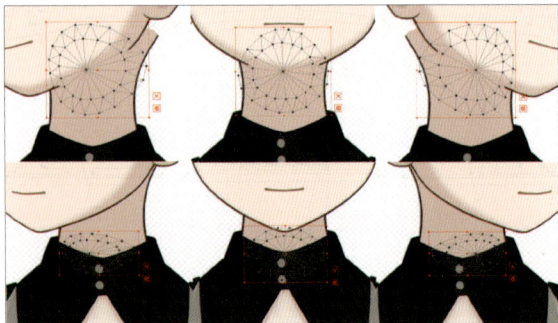

图 4-197

在【角度 X】和【角度 Y】上各添加 3 个关键点。抬头，【角度 Y：30】时，调整该图像的位置，使脸部和下巴接合处的轮廓线消失。平视，【角度 Y：0】时，压扁该图形，使其不要与脸部轮廓线重合，如图 4-197 所示。低头，【角度 Y：-30】时，可随便放置，只要不与脸部轮廓线重合即可。

4.4.2 头发的角度 XY

1. 前发

在制作脸部整体角度的时候，前发已经进行了调整。选择前发 XY 角度的变形器，在参数【角度 X】和【角度 Y】上各添加 3 个关键点，并将前发 XY 角度的变形器从脸整体角度的变形器中拖出。因为前发比眼睛和眉毛离旋转中心（脖子和头的衔接处）更远，所以在转头时前发会有位置变化，如图 4-198 所示。

选择脸颊两侧的头发并新建弯曲变形器，在参数【角度 X】和【角度 Y】上各添加 3 个关键点。在转头时调整该变形器的形状和位置，使脸两侧的头发随脸部一起运动，如图 4-199 所示。先调整变形器的位置，再使远离镜头一侧的网格变窄，同时调整网格的倾斜程度使其符合透视原理，上半部分的弧度可以参考前发的弧度，制作完一边后，使用【动作反转】选项制作另一边。

如果很难一次就调整到正确的位置，可以先将前发和脸颊两侧的头发都调整到大致正确的位置，再进行细节调整，避免两个部件在运动时出现错位。

图 4-198

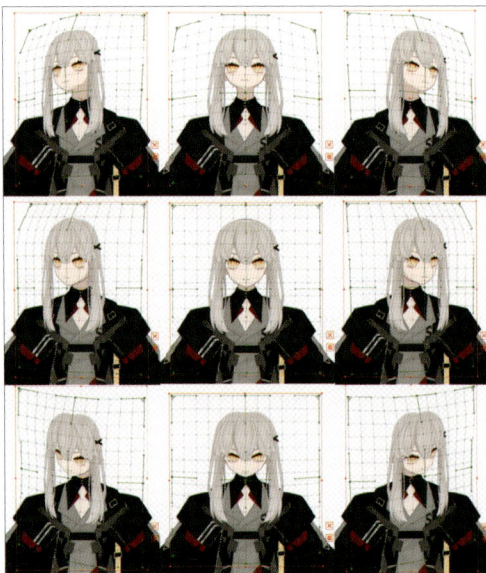

图 4-199

2. 侧发

侧发的位置在转头时变化不大，但需要保证侧发与前发和头部的衔接部分不要错开。首先选择侧发所有部件，并新建一个比较大的弯曲变形器，如图4-200所示。

图 4-200

在参数【角度 X】和【角度 Y】上各添加 3 个关键点。在头转向一侧时，将该变形器中间部分的点向反方向移动，使远离镜头的部分变窄一些，如图 4-201 所示。在调整时应特别注意侧发与头部的衔接处不要有错位。

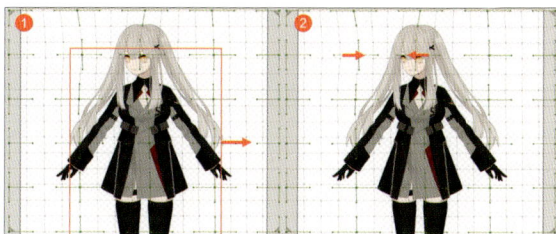

图 4-201

在人物看向斜上或斜下方时，调整网格整体的倾斜程度，如图 4-202 虚线部分所示。然后再调整和头衔接处的部分，使远离镜头的部分略微变小，参考图 4-202 中箭头的方向调整。

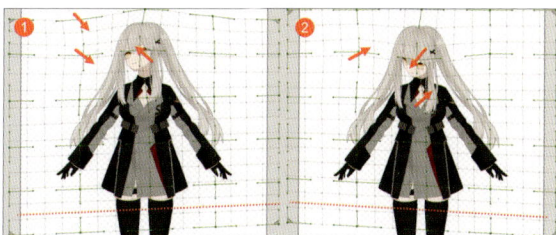

图 4-202

在人物看向正上和正下方时，只调整和头衔接的部分即可，如图 4-203 所示。

和前发部分类似，这部分很难在第一次调整时就达到理想的效果，应先参照图 4-201 到图 4-203 进行大致的调整。大致调整完毕后，拉动参数【角度 X】和【角度 Y】，并针对人物转头时部件产生的错位和变形进行修正。对使用【贝塞尔控制器】不好调整的地方，可以将编辑级别切换到 1，直接调整变形器转化分裂网格。例如图 4-204 所示的侧发与前发连接处，就可以直接对附近的网格进行调整。

制作完一侧后，使用【动作反转】选项制作另一侧。

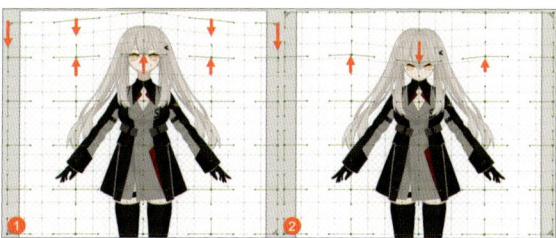

图 4-203

图 4-204

3. 后发

在转头时后发无需进行形状上的调整，只要在转头时将后发朝反方向移动即可。例如人物在向右转头时，五官和前发都会向画布左边水平移动，而这时只要把后发向右移动一段距离，就可以使后发随着头部转动了。

图 4-205

图 4-206

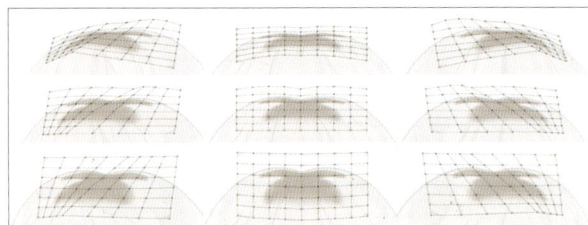

图 4-207

因为人物是长发，为了使后发看起来更加立体，可以为后发增加一些弧度，适当增加中间部分的空间，使后发中间部分看起来离旋转中心更远。选中后发的所有部件，并新建一个比较大的弯曲变形器，并在参数【角度 X】和【角度 Y】上各添加 3 个关键点。在人物向正上和正下方看时，分别向下和向上移动变形器中间部分的贝塞尔控制点，如图 4-205 所示。

同理，人物看向一侧时，反方向移动中间一排的控制点，如图 4-206 ①所示。当人物朝斜上和斜下方看时，将中间部分的控制点也向反方向移动，如图 4-206 的②和③所示。制作完一边后，使用【动作反转】选项将动作翻转到另一侧。

4. 发旋和其他配件

如果角色有发旋阴影，在角头低头时调整变形器使其变宽，抬头时变窄，中线两头分别指向前发中线和头顶发旋凹陷处，如图 4-207 所示。

如果头上有其他部件，例如蝴蝶结、角或者兽耳等，也需要分别创建变形器从而使这些部件随头部转动移动，增加物理摆动效果的部件可以使用相对较大的变形器。兽耳的部分可以参照图 4-208 进行制作。不对称的部件在转向左右两边时需要手动编辑，4 个角的动作可以使用【四角动作合成】功能，并在合成形状的基础上手动进行调整。

图 4-208

呆毛的部分可以参照图 4-209 进行制作。较短的呆毛可以直接在根部添加旋转变形器，只改变其位置，一般这类部件只需要注意与头部主体的衔接处没有错位即可。

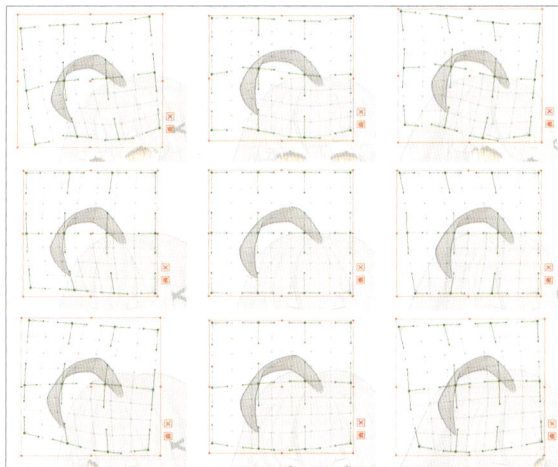

图 4-209

4.4.3 九轴透视的检查和优化

1. 隐藏变形器边框

在拉动角度参数检查各部件的变形是否符合透视原理时，可以将变形器外边框暂时隐藏。在很多情况下变形器外边框并不贴合部件外轮廓，容易造成干扰，如图 4-210 箭头处的浅灰色边框所示。在视图区上方用鼠标单击锁定变形器按钮，可以暂时锁定所有的弯曲变形器和旋转变形器，这样弯曲变形器灰色的外框将暂时被隐藏，不会干扰对部件运动的判断。

图 4-210

2. 使用鼠标追踪

在【建模】菜单中选择【打开物理 / 场景混合设定】，打开物理调试的窗口。然后在视图区域按住鼠标左键并拖曳，使参数跟随鼠标位置变化，如图 4-211 所示。

在【预览】菜单中选择【鼠标追踪的设定】，可以设置鼠标位置和参数的对应关系及其影响度，如图 4-212 所示。用鼠标左键单击图中 XY 控制参数【角度 X】和【角度 Y】，用鼠标右键单击 X 控制【角度 Z】。

图 4-211

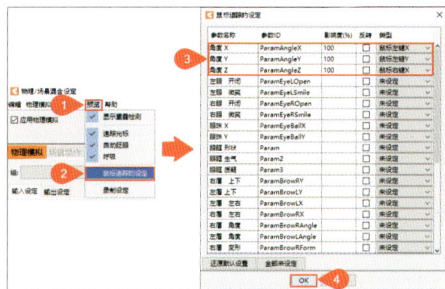

图 4-212

在视图区单击视图区 4 个角的位置，观察角色脸部的转动并找出不自然的部件并加以调整。特别注意是否有部件在角色转向 4 个角时有明显变大或变小的情况，头发各部件交接处是否错位等。在制作完一个部件的角度后就可以在物理 / 场景混合设定窗口中检查该部件运动是否正常。

3. 使用洋葱皮

发现某些部件在转头时出现明显的形变和错位，不知道该如何调整的情况，建议使用洋葱皮功能检查部件在特定参数变化时的运动路径和变形过程。首先选择该部件 XY 角度的变形器，比如选择了眼睛 XY 角度的变形器，选择一个参数【角度 X】，并用鼠标单击视图区下方的【洋葱皮】按钮，视图中会显示该变形器包含对象在参数【角度 X】取不同值时的位置和状态，如图 4-213 所示。

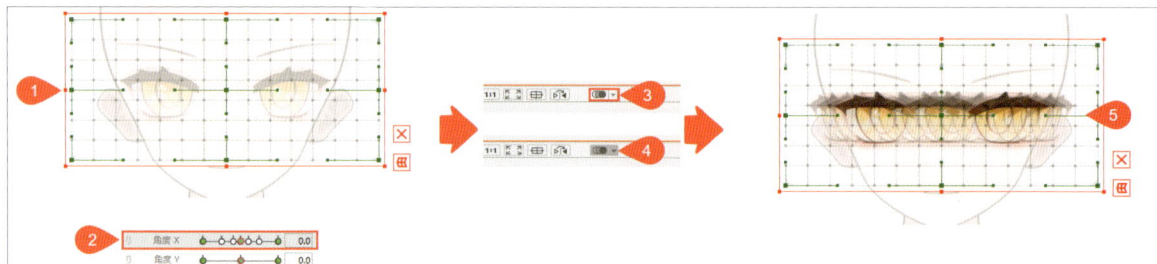

图 4-213

图 4-214

如果想改变洋葱皮的数量和颜色，单击【洋葱皮】按钮旁边的小三角，并在菜单中选择【洋葱皮设置】。在设置窗口中可以改变两个关键点之间洋葱皮的数量和颜色（透明度），如图 4-214 所示。

例如在【角度 Y：30.0】或【角度 Y：-30.0】时，可以查看眼睛在参数【角度 X】上的洋葱皮。当人物处在抬头状态，即【角度 Y：30.0】时，在头转向两侧时远离镜头的眼睛会向下运动，两个眼睛的运动路径大致呈一条弧线，如图 4-215 ①所示。在【角度 Y：-30.0】时，远离镜头一侧的眼睛会向上运动，运动路径大致呈一条弧线，如 4-215 ②所示。

选择参数【角度 Y】可以查看部件垂直的运动是否在一条直线上。如图 4-216 ①所示，角色右耳在参数【角度 Y】改变时沿着一条直线运动且洋葱皮之间的距离大致相等，这说明该部件在低头和抬头，即【角度 Y】从 0.0 到 -30.0 和【角度 Y】从 0.0 到 30.0 的过程中运动速度相等。当部件运动显得不平滑或者突兀时，可以使用洋葱皮检测运动路径是否平滑和运动速度是否均匀。当然如果该参数上的关键点距离不相等，则较难使用洋葱皮间隔判断运动是否匀速。

在参数【角度 X：-30.0】时选择前发变形器，并查看前发在参数【角度 Y】上的洋葱皮，如图 4-216 ②所示。前发离镜头较近的地方洋葱皮间距较大，而较远的地方间距较小。这说明在抬头时离镜头较近的部分运动较快，符合透视原理。其他的部件也可以用类似的方法检测，在修正时也应先修正运动路径不平滑的部件。

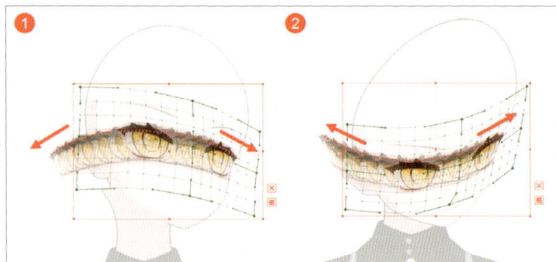

图 4-215

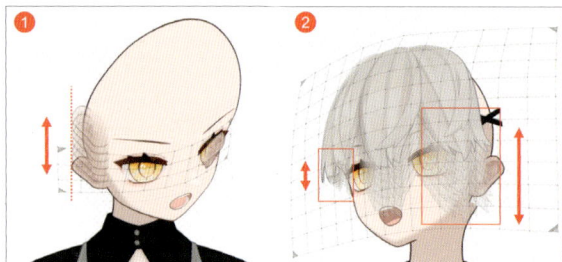

图 4-216

4. 使用扩展插值使路径更平滑

在只有两个关键点的情况下，变形器和图形网格各点从一个位置到另一个位置的运动均沿直线进行。鼻子等部件，在转头时运动的轨迹应是一条曲线。通过改变扩展插值的类型，使得部件的运动路径更为平滑。首先选择该部件 XY 角度的变形器和参数【角度X】，在参数菜单中选择【扩展插值】选项，如图 4-217 所示。

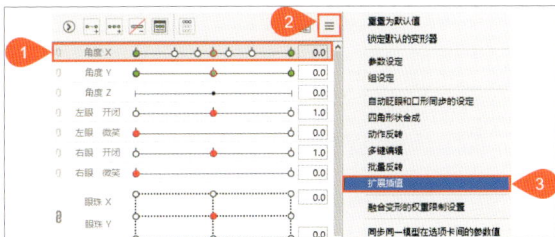

图 4-217

在弹出的扩展插值窗口中改变插值方法，选择【椭圆插值】选项，根据需要改变扩展插值的点数（一般情况使用默认的五点即可），可以看到参数条上出现了蓝色的扩展插值显示，如图 4-218 所示。两个关键点之间蓝点的数量与扩展插值的点数相等。

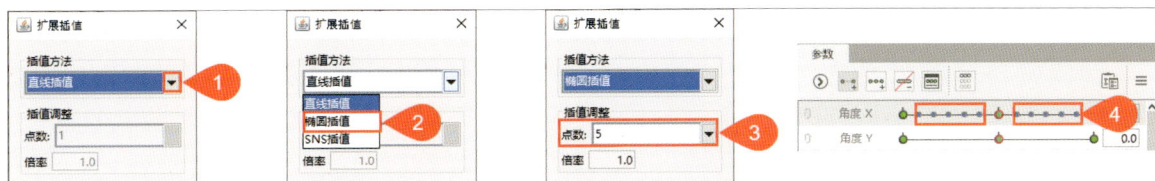

图 4-218

在添加了扩展插值后，可以使用洋葱皮功能观察鼻子在转头时运动的轨迹。如图 4-219 所示，（A）为添加扩展插值前的折线运动路径，而（B）为添加扩展插值后的平滑曲线路径，同理也可以为嘴 XY 角度的变形器在参数【角度X】上使用椭圆插值，使该部件在转头时更为顺畅，如图 4-220 所示，（A）为直线插值，（B）为椭圆插值。

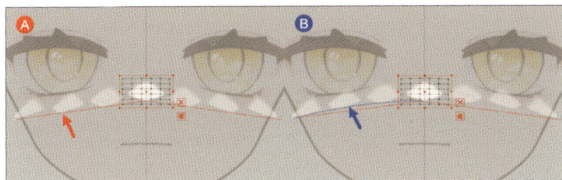

图 4-219

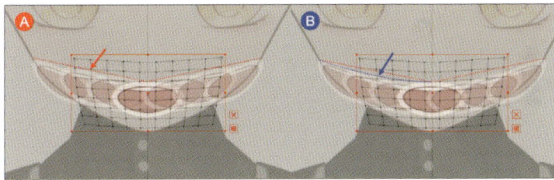

图 4-220

当然在部件出现运动不平滑的情况下，应首先考虑该部件的位置和形状是否正确，在本身位置不正确的情况下，使用椭圆插值也很难让最终效果变好。

4.4.4 角度 Z

1. 头和脖子

左右两边偏头的动作需要使用旋转变形器，首先选中所有头部部件的 XY 角度弯曲变形器，在工具栏中选择【创建旋转变形器】选项，并为变形器命名，如图 4-221 所示。

图 4-221

选择新创建的旋转变形器，将其移动至下巴偏下的地方，如图 4-222 所示。具体的位置需要根据画风和脸型决定。画风偏写实和脖子较粗的角色可以将其放置靠下一些，在头左右偏转时让脖子上部也跟随头部运动。而画风偏可爱或脖子较细的角色可以放置得靠上一些，这样即使不对脖子进行调整，脖子也能与头部衔接自然。如果原画脖子偏细，运动幅度过大容易显得脖子很长。

在变形器位置调整完毕后，在参数【角度 Z】上添加 3 个关键点。在【角度 Z：-30.0】时，使角色做出向右（画面为向左）偏头的动作，使用【动作反转】功能将其反转至【角度 Z：30.0】，如图 4-223 所示。

图 4-222

图 4-223

在角色偏头时，脖子应跟随头部运动。如果角色有比较高的领子或脖子上有其他饰物，也要随脖子一起运动。如果只有脖子一个部件，可以使用变形路径使脖子上部随头部左右摆动。作为案例使用的角色有比较高的领子，这里选中领子的所有部件和脖子本身创建一个弯曲变形器，如图 4-224 ①所示。调整该变形器的大小与位置，为领子物理的变形器预留少量空间，如②所示。选择该弯曲变形器，在参数【角度 Z】上添加 3 个关键点。在【角度 Z：-30.0】时，使该变形器上部向左侧偏转，与头部衔接。

使用【动作反转】功能将其反转至【角度 Z：30.0】。调整完毕后，该变形器在【角度 Z】分别为 -30.0、0.0、30.0 时的状态，如图 4-225 所示。在箭头所指示处，脖子与头部衔接自然。

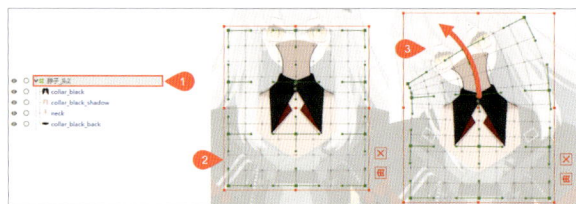

图 4-224

图 4-225

将脸两侧的头发暂时隐藏，在参数【角度 Z：30.0】或【角度 Z：-30.0】时检查头部在 XY 角度改变时脖子与头部的衔接。如果在头部转向斜上方时脖子与头之间有缝隙，可以选择脖子的部件并在参数【角度 Y】上添加 3 个关键点。在【角度 Y：30.0】（抬头）时，可以将脖子上半部分适当延长，如图 4-226 所示。

调整后再次确认图 4-227 箭头所示的衔接处是否自然。

图 4-226

图 4-227

2. 头发

在头左右偏转时，头发会下垂。下垂的效果可以通过物理模拟实现，也可以直接创建角度 Z 的弯曲变形器，并将其绑定在参数【角度 Z】上。较短的头发和细长条的部件使用物理模拟实现效果较好，而比较宽且中等长度的头发可直接将变形器绑定在参数上。

选择前发侧 XY 角度的变形器并创建一个角度 Z 的父级弯曲变形器，如图 4-228 ① 所示。外侧头发和后发长度相近，同时选中两者并创建一个角度 Z 的父级弯曲变形器②。角度 Z 变形器的尺寸建议调大一些，为物理的变形器预留空间。刘海因为属于比较短的头发，使用物理模拟即可，无需创建额外的角度 Z 的变形器了。

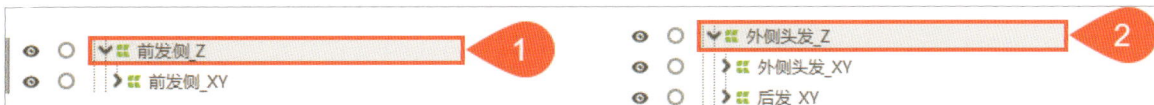

图 4-228

调整前发侧角度 Z 的弯曲变形器，使头发在头部偏转时自然下垂，如图 4-229 所示。

外侧头发 Z 的变形器同理，如图 4-230 所示。

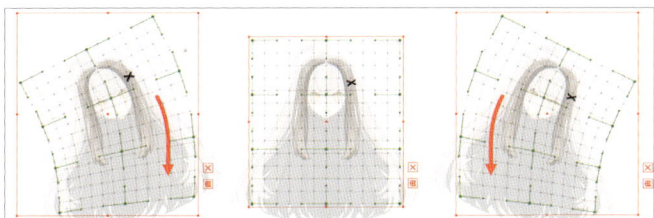

图 4-229

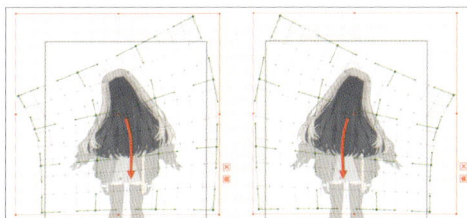

图 4-230

最终的效果，如图 4-231 所示。

图 4-231

4.5 身体的移动

身体的移动有非常多的模式。Live2D 的默认参数中有 3 个和身体运动有关的参数，即【身体旋转 X】、【身体旋转 Y】和【身体旋转 Z】。【身体旋转 X】为身体左右转动的参数，在【身体旋转 X: 10.0】时，角色转向左侧。【身体旋转 Y】为角色向前倾和向后仰的参数，在【身体旋转 Y: 10.0】时，角色身体前倾，靠近镜头，在【身体旋转 Y: −10.0】时，角色身体后仰，远离镜头。【身体旋转 Z】为身体左右倾斜的参数，在【身体旋转 X: 10.0】时角色身体向左倾斜（即屏幕的右侧）。

在这个基础上还可以增加更多的参数，丰富角色的动作。可以将运动分为上半身的旋转和倾斜及整个身体的旋转和倾斜。在骨盆保持不动的情况下，上半身可以单独左右旋转和倾斜，而通过腿部的协助，也可以让上半身随着骨盆整体倾斜或旋转。除了这些，还可以制作角色踮脚与略微下蹲（身体整体垂直运动）的动作。在踮脚时让身体整体向上，而在下蹲时让身体整体向下。

因为面捕参数数量有限，即使完成了所有的运动模式，也没有控制手段且对最终效果的提升帮助不大，所以需要根据角色设计有所取舍。在头部转动角度不大时，身体左右旋转的角度也不需要很大，当角色上半身立绘层次较少，会比较难体现出角色前倾和后仰的动作，可以用下蹲和踮脚的动作替换。本节制作 Live2D 3 个默认身体运动参数和上下平移的运动。

4.5.1 身体的旋转和位置

1. 身体旋转 XY

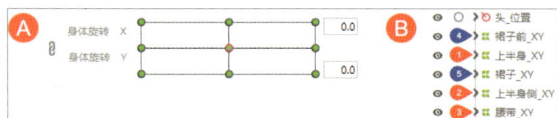

图 4-232

首先制作身体左右旋转和前倾后仰的动作。使用的参数为【身体旋转 X】和【身体旋转 Y】，如图 4-232（A）所示。首先创建所需的变形器：①上半身 XY 角度的弯曲变形器；②上半身侧 XY 角度的弯曲变形器；③腰带 XY 角度的弯曲变形器；④裙子前 XY 角度的弯曲变形器；⑤裙子 XY 角度的弯曲变形器，如图 4-232（B）所示。

①上半身 XY 角度的弯曲变形器应包含上半身所有靠近镜头的部分；②上半身侧 XY 角度的弯曲变形器应包含肩膀和身体侧面的部件；③腰带的变形器包括腰带部分，如图 4-233 所示。

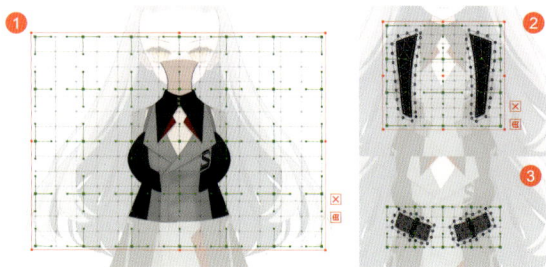

图 4-233

④裙子前 XY 角度的弯曲变形器应包含裙子所有靠近镜头的部分；⑤裙子 XY 角度的弯曲变形器应包含裙子离镜头较远的部分。裙子在结构简单的情况下使用一个变形器也完全没有问题，如图 4-234 所示。

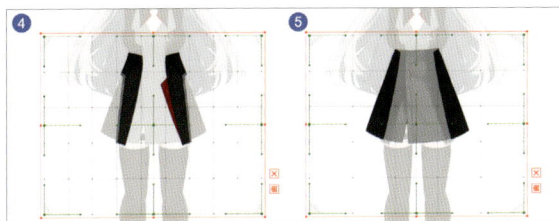

图 4-234

首先选择上半身 XY 角度的弯曲变形器，在参数【身体旋转 X】和【身体旋转 Y】上各添加 3 个关键点。首先做出身体前倾、后仰和转向一侧的动作。和制作脸部角度时一样，让离镜头近的部分有较多移动，远离镜头的部分可以移动小一些。制作四角时可以使用【四角合成】，在合成后进行微调。制作完成后变形器的状态，如图 4-235 所示。当然这一部分也不用一开始就做得非常准确，可以在大致调整完所有变形器之后再针对细节进行修正。

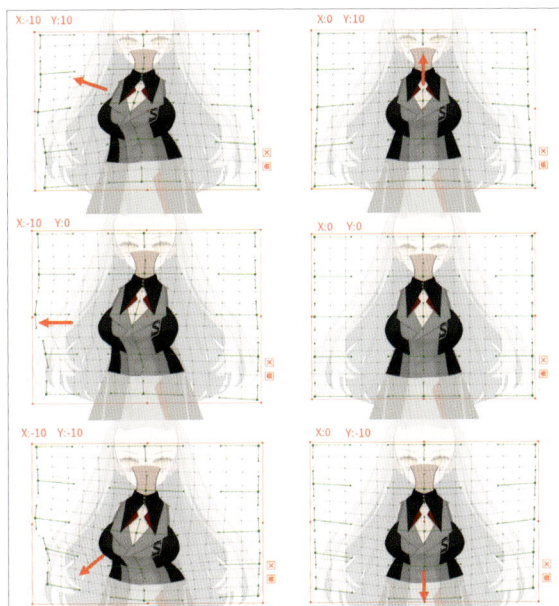

图 4-235

选择上半身侧 XY 角度的弯曲变形器，在参数【身体旋转 X】和【身体旋转 Y】上各添加 3 个关键点。因为是离镜头较远的部分，不需要移动很大，只用将身体侧面的部分与身体前面的部分衔接自然，如图 4-236 所示。

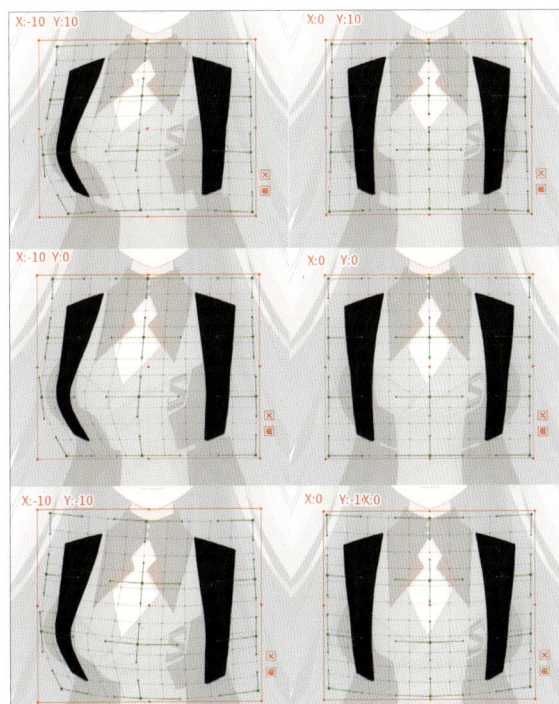

图 4-236

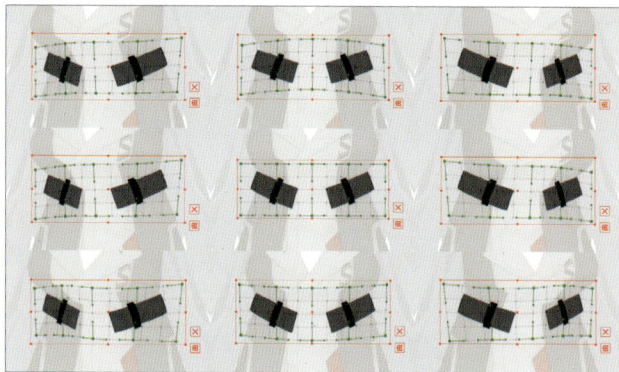

图 4-237

腰带的部分同理，可以按图 4-237 所示的变形器的位置进行调整。

裙子主体部分主要调整与上半身衔接的位置，如图 4-238 所示。如果让裙子整体随上半身一起转动会显得裙子非常僵硬，所以需要通过物理模拟实现裙子角度的变化，使其运动有一定延迟。具体会在物理模拟的部分探讨。

裙子靠近镜头的部分也进行类似的调整，但在转身时让它转动更多，这样裙子前部会显得离镜头更近，增加裙子的立体感。调整后的状态，如图 4-239 所示。

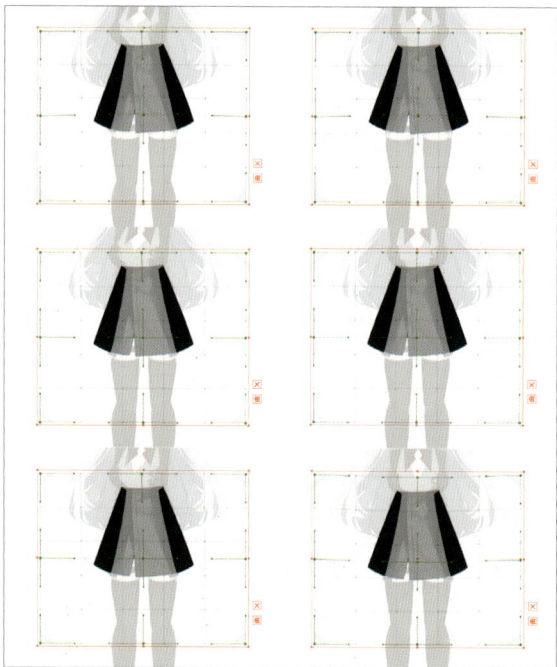

图 4-238

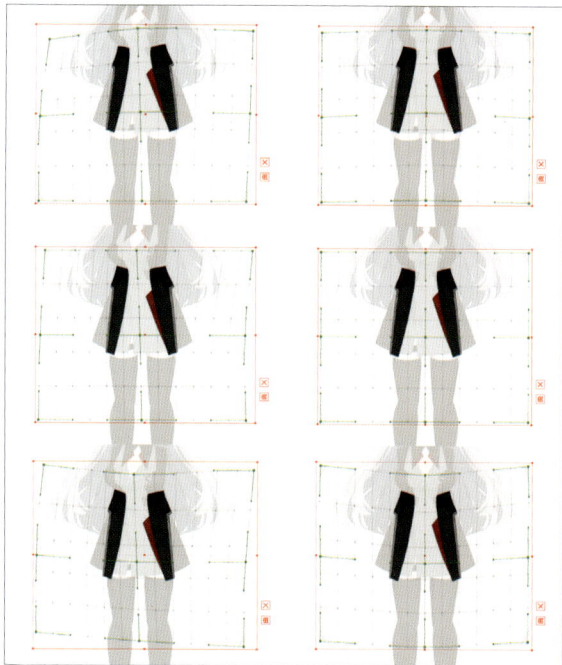

图 4-239

图 4-240

最后进行头部的调整。在身体前倾时，头部会略微变大并随脖子移动。可以选择脸部角度 Z 的旋转变形器并新建父级旋转变形器。新建的父级变形器会与其子级旋转变形器重合，不用手动调整，如图 4-240 所示。

在【身体旋转 Y：-10.0】，即身体前倾时，将该变形器略微向下移动并增加其倍率使脸部略微放大，如图 4-241 ①所示。在【身体旋转 Y：0.0】保持其初始状态，如②所示。在【身体旋转 Y：10.0】，即身体后仰时，将该变形器略微向下移动，并减少其倍率使脸部略微缩小，如③所示。调整好位置后，把这个变形器放进上半身 XY 角度的弯曲变形器里。如果不调整该变形器的位置，而直接放入上半身 XY 角度的弯曲变形器里，抬头时脖子显得很长。如果不打算制作身体前倾后仰的动作，可以直接把脸部 Z 的旋转变形器放进上半身 XY 角度的弯曲变形器里。

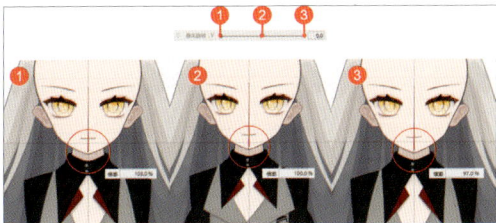

图 4-241

2. 上半身与下半身衔接处的处理

在需要将上半身的服装与下半身连接时，可以使用【胶水】的功能。在默认动作时，角色上半身与下半身服装的接合处没有缝隙，但当转身时会出现两层错开的情况，如图 4-242 所示。出现这种情况时，就可以使用【胶水】将上半身和下半身服装图形网格对应的顶点绑定。

图 4-242

首先同时选中需要绑定的两个图形网格并进入编辑模式，使用【橡皮工具】擦除接合处的顶点，再使用【添加顶点】的工具将这一部分的网格补齐，如图 4-243 ①～③所示。如果同时选中两个图形网格，在添加顶点时则会同时添加，网格重合的部分边线显示为褐色（红色＋绿色），如图 4-243 ④所示。

在网格补齐后，使用【套索工具】选择重合部分的网格，并在工具细节的窗口中用鼠标单击【绑定】按钮，添加了胶水的顶点会被高亮显示，如图 4-244 所示。

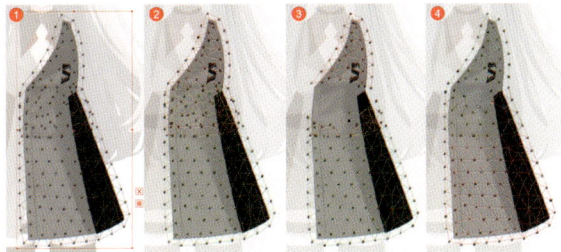

图 4-243

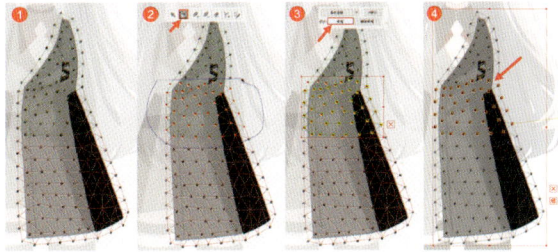

图 4-244

胶水添加后，需要编辑各点胶水的权重。首先在工具栏中选择【编辑胶水】，再单击胶水名称选择该胶水，选择后相关的顶点会被高亮显示且各顶点的权重会以颜色表示，如图 4-245 所示。

绿色区域的顶点完全跟随绿色的图形网格移动（绿色比重 100%），红色区域的顶点跟随红色图形网格运动（红色比重 100%），而黄色区域的顶点会处于两者之间（绿色比重 50%，红色比重 50%）。

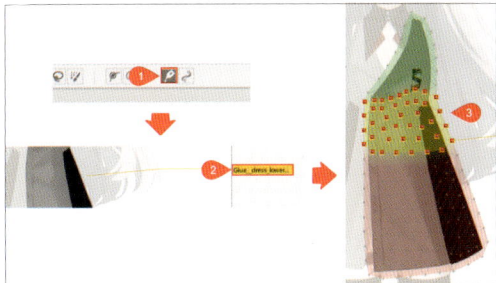

图 4-245

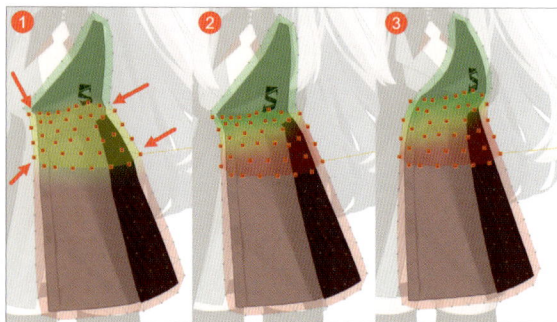

图 4-246

在转身时虽然两个图形网格不会断开，但衔接处并不自然，如图 4-246 ①所示。这时需要使用【编辑胶水】工具调整衔接处顶点的权重，使边缘平滑。主要需要调整的部分是红－黄和黄－绿衔接的部分，让 3 个区域过渡平滑，在调整时应让身体转向不同的方向，保证在每个角度边缘都不会突然出现转折。调整后的效果如图 4-246 ②和③所示。

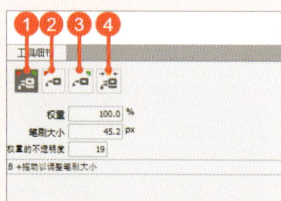

图 4-247

在编辑胶水时，有 4 种可以使用的笔刷，如图 4-247 所示。

①胶水权重 A：B：同时编辑 A、B 两个网格的顶点，增加红色的比重，让两个网格的顶点优先随红色网格移动，如图 4-248 所示。当按下 Shift 键时，该工具会变为胶水权重 B：A。此时该工具增加绿色的比重，让两个网格的顶点优先随绿色网格移动。

②胶水权重 A：只影响红色的网格 A，增加红色的比重，让网格 A 的顶点优先随红色网格移动，如图 4-249 所示。注意对比图 4-248 和图 4-249 中蓝色图案的变化。

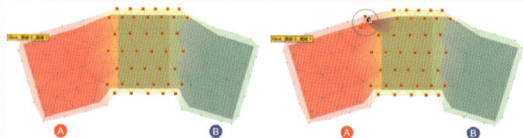

图 4-248

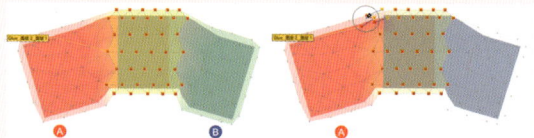

图 4-249

③胶水权重 B：只影响绿色的网格 B，增加绿色的比重，让网格 B 的顶点优先随绿色网格移动，如图 4-250 所示。

④重新合并胶水顶点工具：同时编辑 A、B 两个网格的顶点，让两个顶点相互靠近，如图 4-251 所示。如果按住 Shift 键拖曳则会让两个顶点分开。

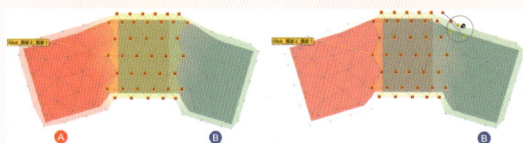

图 4-250

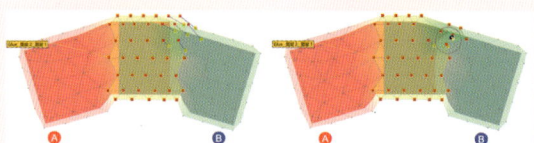

图 4-251

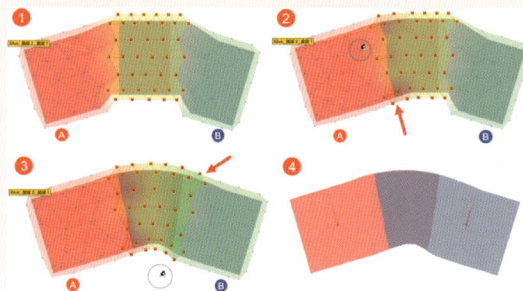

图 4-252

一般编辑时只需要使用胶水重量 A：B 的工具。首先选择胶水重量 A：B 的笔刷并调整红－黄衔接处的顶点，增加其红色的比重，再按住 Shift 键调整黄－绿衔接处的顶点，增加其绿色的比重，如图 4-252。

其他需要连接的部分也需要类似的处理，如图 4-253 所示。

衔接部分处理完毕后，再次检查身体在各角度的状态，并对相关变形器进行微调，保证在转身时动作过渡自然且连接处没有断开，如图 4-254 所示。

图 4-253

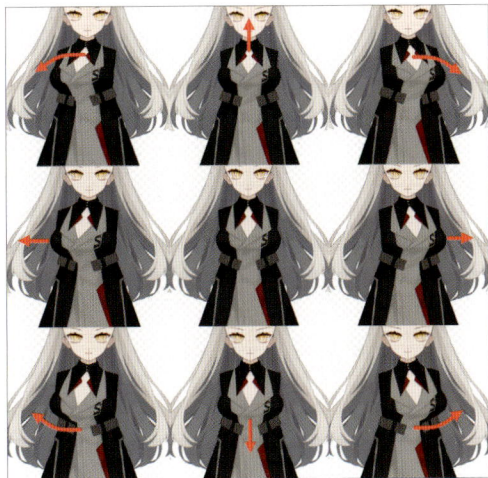

图 4-254

3. 身体旋转 Z

身体旋转 Z 可以通过添加旋转变形器实现。这里制作两段旋转：身体上半部分的左右倾斜和以骨盆为中心身体的左右倾斜。通过物理模拟调整参数的联动，可以实现单纯左右倾斜的效果或者是左右扭腰的效果。

在腰部的上下两侧位置添加上半身 Z 和总体 Z 的旋转变形器，上半身 Z 的变形器包含上半身所有 XY 角度的弯曲变形器和头位置的变形器。总体 Z 的旋转变形器包含上半身 Z 的旋转变形器和裙子 XY 角度的弯曲变形器。上半身 Z 的旋转变形器可以绑定在默认参数【身体旋转 Z】上，而总体 Z 的旋转变形器可以绑定在新建参数【身体旋转 Z2】上，【身体旋转 Z2】使用了范围 -10.0~10.0，默认值为 0.0，如图 4-255 所示。

在【身体旋转 Z：-10.0】时，调整上半身 Z 的旋转变形器，让角色上半身向右倾斜。在【身体旋转 Z：10.0】时，让角色上半身向左倾斜，如图 4-256 所示。

图 4-255

图 4-256

在【身体旋转 Z2：-10.0】时，调整总体 Z 的旋转变形器，让角色整个身体向右倾斜。在【身体旋转 Z2：10.0】时，让角色整个身体向左倾斜，如图 4-257 所示。

为了让裙子部分和上半身结合自然，可以创建一个裙子随上半身运动的弯曲变形器。选择裙子所有部分的 XY 角度变形器，新建父级变形器裙子 Z，并在参数【身体旋转 Z】上添加 3 个关键点。此外，还应添加一个裙子随重力垂下的效果。选择裙子 Z 的弯曲变形器，并新建父级弯曲变形器裙子 Z2，在参数【身体旋转 Z2】上添加 3 个关键点如图 4-258 所示。

图 4-257

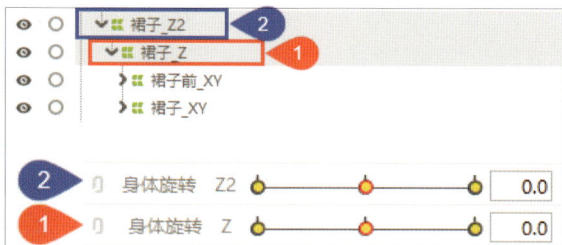

图 4-258

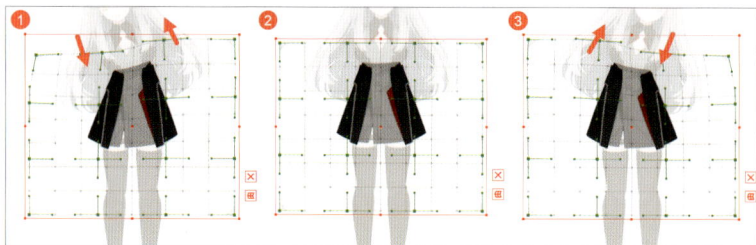

图 4-259

在上半身向两侧倾斜时，调整裙子 Z 的弯曲变形器，制作出裙子被上半身拉扯的感觉，抬起的一侧会被略微拉长，而另一侧则会垂下去，如图 4-259 所示。

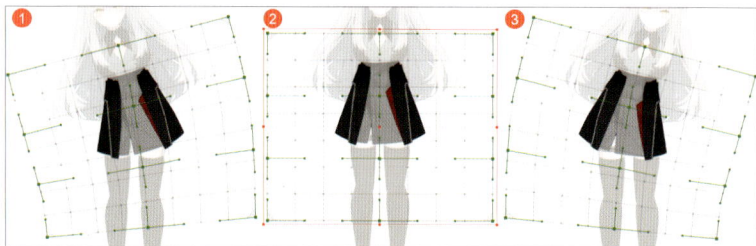

图 4-260

在身体总体向两侧倾斜时，调整裙子 Z2 弯曲变形器，并在身体整体倾斜时，让裙摆部分随重力下垂，如图 4-260 所示。

4. 身体位置

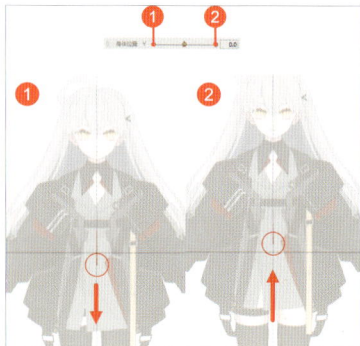

图 4-261

身体除了旋转的运动，也可以上下左右平移。上下平移一般要配合踮脚和下蹲的动作，而左右平移要配合左右迈步的动作，也有做法是在身体向一侧倾斜时配合迈步的动作使人物的重心更稳定。这里制作的是踮脚和下蹲的动作。

选择身体总体 Z 的旋转变形器，新建父级旋转变形器身体位置。新建参数【身体位置 Y】，范围 -10.0~10.0，默认值 0.0。将身体位置的变形器绑定在参数【身体位置 Y】上，在【身体位置 Y：-10.0】时将该变形器向下平移少许，在【身体位置 Y：10.0】时将该变形器向上平移少许，如图 4-261 所示。图中水平参考线为该变形器的默认位置。

4.5.2 腿部动作

腿部的动作需要配合身体整体左右倾斜或上下平移的运动。首先为这两个模式新建两个弯曲变形器。因为蹲起与踮脚时，腿部主要沿垂直方向运动，范围较小，所以让腿部 Y 的变形器作为内侧子级变形器，而腿部 Z 的变形器作为父级变形器。

以右腿为例，选择右腿和右边鞋子等部件，先新建右腿 Y 的弯曲变形器，再为其添加一个父级弯曲变形器右腿 Z。可以让膝盖处于变形器正中间的位置，方便后期调整，如图 4-262 所示。

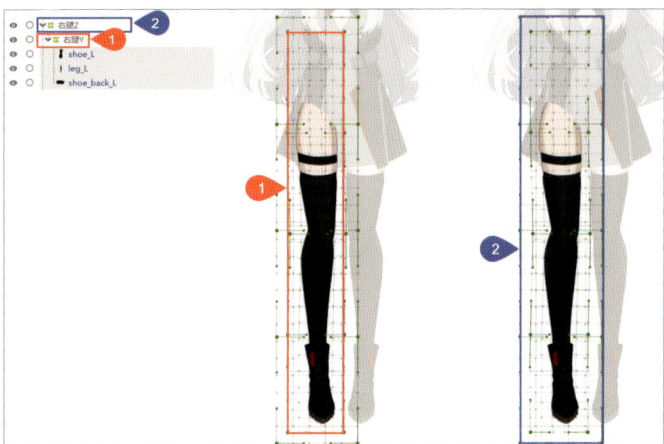

图 4-262

选择右腿 Y 的变形器，在参数【身体位置 Y】上添加 3 个关键点。在【身体位置 Y：-10.0】（略微下蹲）时，让膝盖向中间弯曲，如图 4-263 ①所示。使用【选择】工具分别选择变形器上半部分和下半部分的控制点并整体进行旋转。在【身体位置 Y：0.0】时，保持默认位置不变，如图 4-263 ②所示。在【身体位置 Y：10.0】（踮脚）时，选择脚面部分的控制点将脚面略微拉长，之后再将变形器整体上移，如图 4-263 ③所示。如果膝盖在默认位置比较弯，在踮脚时可以将腿部拉直。

选择右腿 Z 的变形器，在参数【身体位置 Z2】（身体整体倾斜）上添加 3 个关键点。在【身体位置 Z2：-10.0】（向右倾斜）时，让膝盖向中间弯曲并且调整大腿部分的角度和位置使大腿与身体部分衔接自然，如图 4-264 ①所示。在【身体位置 Z2：0.0】时，保持默认位置不变，如图 4-264 ②所示。在【身体位置 Z2：10.0】（向左倾斜）时，使膝盖部分略微向外并调整大腿的角度做出腿部用力伸直的动作，如图 4-264 ③所示。这里可以夸张一些，比如为腿部添加一些弧度表现出有弹性的感觉。

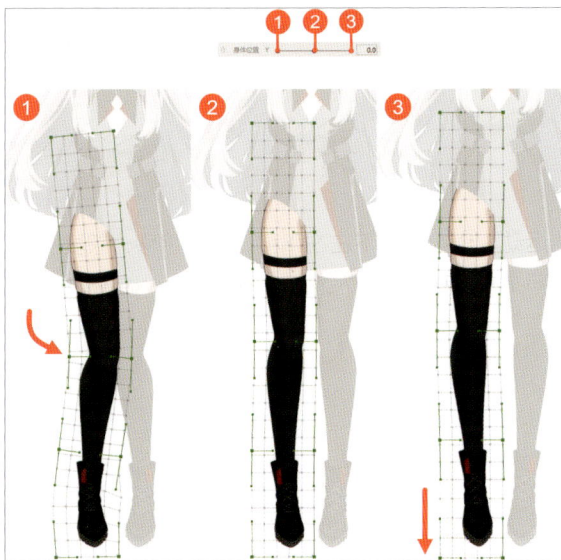

图 4-263

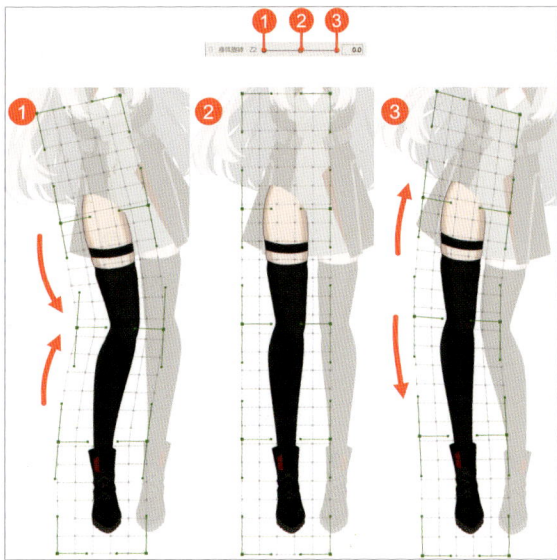

图 4-264

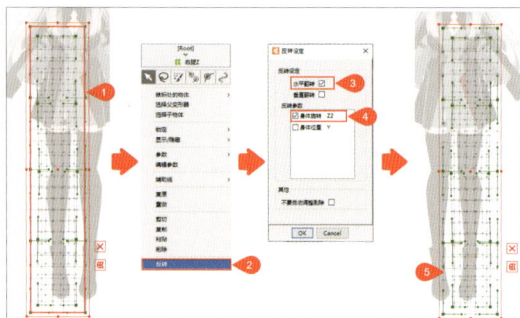

图 4-265

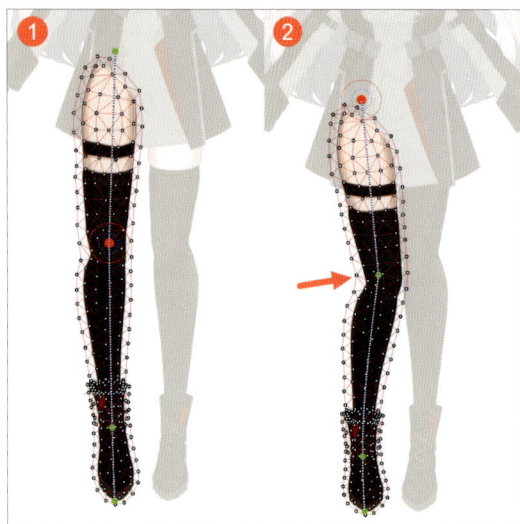

图 4-266

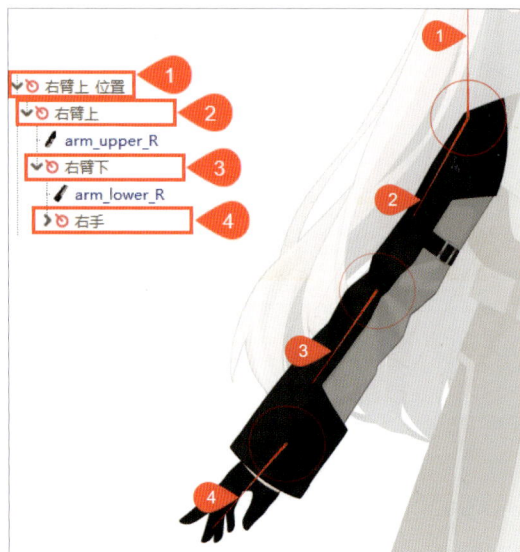

图 4-267

制作完毕后可以将两个变形器反转至另一侧。选中右腿的两个变形器并复制一份，在视图区域变形器，单击鼠标右键，在菜单中选择【反转】，在反转设定窗口中选择【水平翻转】并将勾选参数【身体旋转 Z2】。因为身体左右倾斜时两腿的动作相反，而蹲起时两腿动作相同，所以【身体位置 Y】不需要进行反转。最后，选择左腿所有的部件并将其放入最里层的变形器，如图 4-265 所示。

对于裤子或其他需要将大腿根部与腰部连接的服饰，可以为大腿和身体衔接处添加胶水并调整权重以避免图像错开。

除了使用变形器的方法制作腿部，也可以为腿部直接添加变形路径，控制点分别放在脚尖、脚踝、膝盖和大腿根部，膝盖处可以使用直角控制点，如图 4-266 所示。

如果腿部有复杂的动作或者需要制作裤子的物理，也可以将大小腿分开放入不同的旋转变形器中，膝盖部分可以用胶水连接。

4.5.3 手臂和手的动作

1. 手臂

这里介绍使用旋转变形器和手动添加胶水的方法制作关节。如果胳膊部分没有复杂的动作（例如抬手），只是放在身体两侧随身体摆动，也可以使用变形器或变形路径的方法制作，具体可以参考上一节"4.5.2 腿部动作"。还有两种类似方法也可制作手臂关节，即在袖子较宽的情况下不拆分上下臂和使用蒙皮工具自动添加胶水的方法。

首先在关节处创建旋转变形器。①为胳膊整体位置的变形器；②为右大臂以肩膀为中心活动的变形器；③为右小臂以肘关节为中心活动的变形器；④为右手以腕关节为中心活动的变形器，如图 4-267 所示。手部所有部件放入④右手的旋转变形器中，右手旋转变形器和下臂所有部件放入③右臂下旋转变形器中，右臂下旋转变形器中和上臂的所有部件放入②右臂上旋转变形器中。

为大臂的活动新建参数【右大臂】。因为活动范围是抬起和放下 20 度左右，这里将范围设置为 −20.0~20.0，如果活动范围更大，建议增加这个值。选择旋转变形器右臂上，在参数【右大臂】上添加 3 个关键点。在参数【右大臂：−20.0】时减少右大臂与身体的夹角，在参数【右大臂：20.0】时增加右大臂与身体的夹角， 在默认位置保持不动，如图 4-268 ① ~ ③所示。推荐在变形器的检视面板窗口中直接输入旋转的角度，保证抬起和放下时角度相同。在胳膊抬起时，上臂和身体连接处的衣服会被拉动，选择袖子部分并新建弯曲变形器，在胳膊抬起和放下时对袖子的形状进行一定的调整，如图 4-268 ④ ~ ⑥所示。

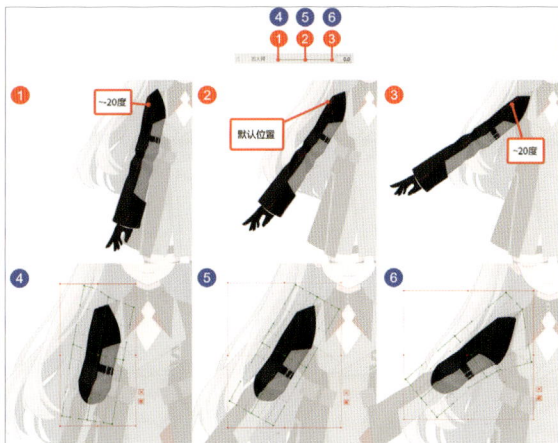

图 4-268

为肘部的活动新建参数【右小臂】。将小臂抬起 40° 左右，参数范围设置为 0.0~40.0，默认值为 0.0。选择旋转变形器右臂下，在参数【右小臂】上添加两个关键点。在参数【右小臂：40.0】将变形器旋转 40° 左右使小臂抬起，在默认位置保持不动。在肘关节处，为袖子的衔接处添加胶水并调整权重，使小臂抬起时袖子的衔接处平滑且不要有错位，如图 4-269 所示。

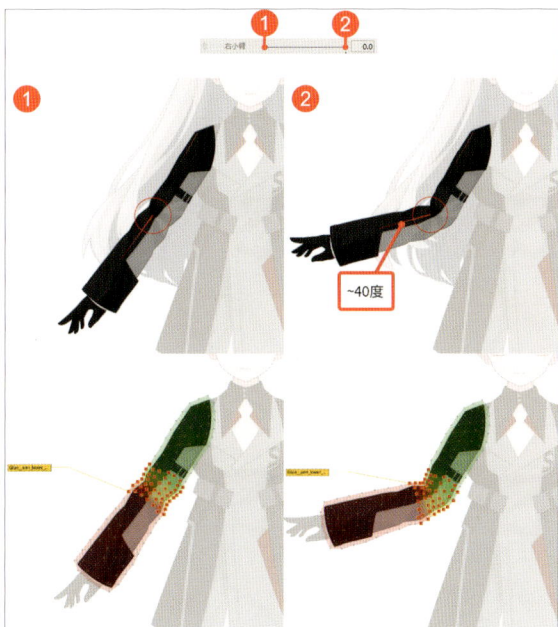

图 4-269

腕关节同理，创建参数【右手】，范围设置为 −30.0~30.0，默认值 0.0。选择右手的旋转变形器，在参数【右手】上追加 3 个关键点并做出相应的动作，如图 4-270 ① ~ ③所示。为了让动作更近自然，这里为下臂也添加了弯曲变形器，并让袖口部分跟随手部运动，如图 4-270 ④ ~ ⑥所示。如果手腕部分没有袖子遮盖，则需要为手掌和小臂的接合处添加胶水。

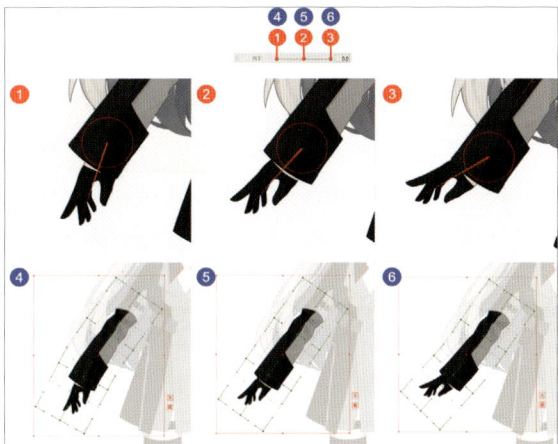

图 4-270

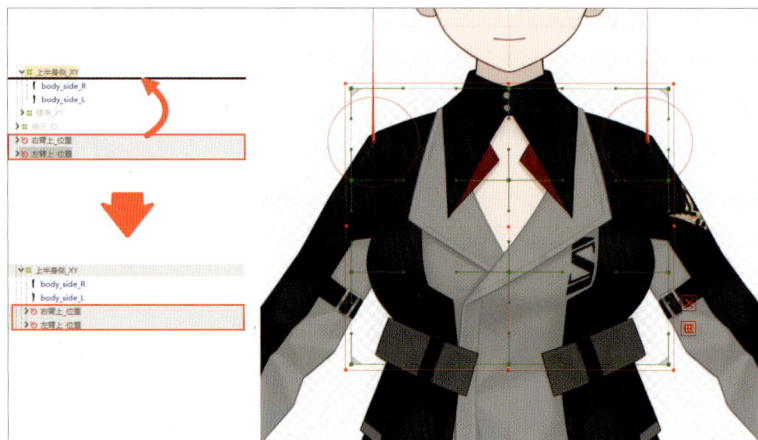

图 4-271

在身体旋转时胳膊能跟随身体运作，选择胳膊位置的两个旋转变形器，将其放入上半身侧面 XY 角度的弯曲变形器中，如图 4-271 所示。这时胳膊会随身体的旋转而运动，如果运动有不自然的地方，也可以将这两个旋转变形器与参数【身体旋转 X】和【身体旋转 Y】关联并手动调整其位置和角度。

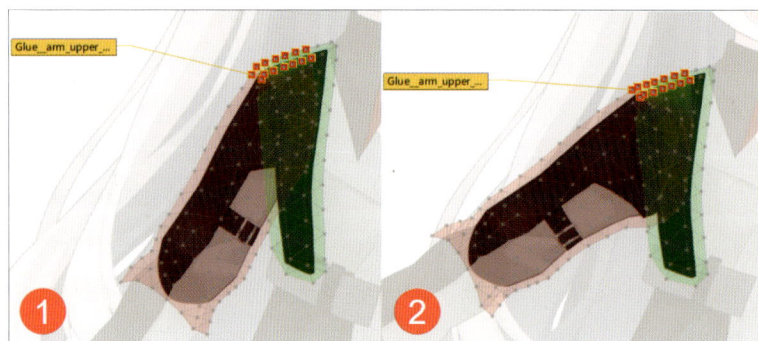

图 4-272

肩膀处可以添加胶水，在胳膊抬起和身体转向一侧时调整胶水的权重，并检查身体在转向各方向时衔接处是否自然，如图 4-272 所示。

2. 手

为了使手部生动，可以为手指添加物理模拟，也可以让手指随表情的变化运动（例如在普通情况下是放松的状态，在生气时使手指弯曲，表现出用力的样子）。手指的运动一般分为手指和手掌接合处的运动，以及手指弯曲的运动两部分。

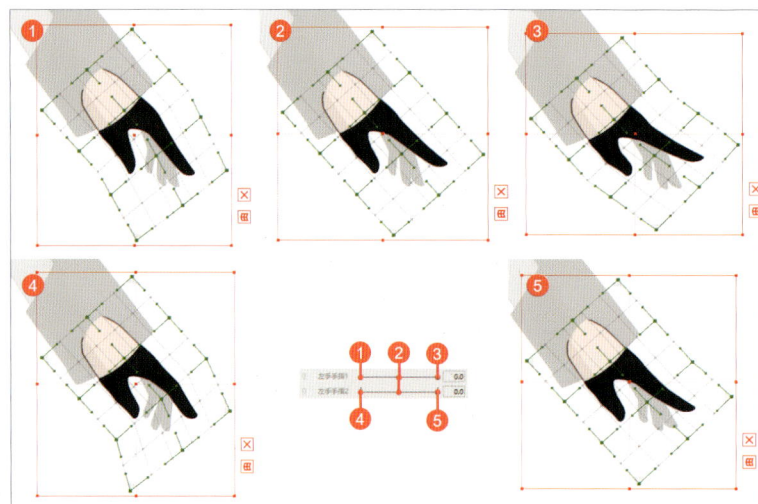

图 4-273

如果手指没有拆分，可以使用弯曲变形器制作手部的动作。以左手为例，首先为这两个运动模式新建参数【左手手指 1】和【左手手指 2】。范围均为 -1.0~1.0，默认值 0.0。选择手靠近镜头的部件并新建弯曲变形器，在参数【左手手指 1】和【左手手指 2】上各添加 3 个关键点。在【左手手指 1】改变时，调整变形器下半部分的形状，使手指和手掌呈一定角度，如图 4-273 ①～③所示。在【左手手指 2】改变时，调整变形器包含指尖的部分，使手指略微弯曲和伸直，如图 4-274 ④、⑤所示。调整完毕后，使用【四角形状合成】合成四角的动作。

手远离镜头的部件也可以做类似的处理，如图 4-274 所示。

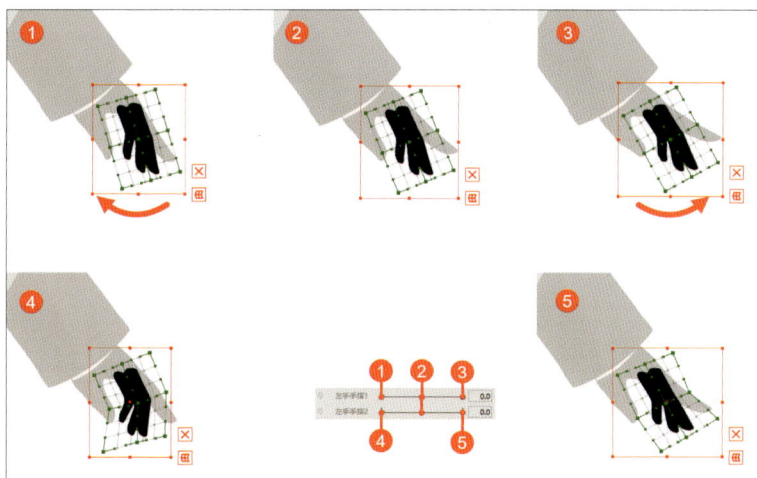

图 4-274

在拆分手指的情况下，除了使用弯曲变形器，也可以使用旋转变形器和变形路径的方法制作。首先，为手指和手掌的衔接处添加胶水并调整权重，再为每个手指添加变形路径。可以在两个关节处分别添加直角控制点，也可以像图中一样只在第一个关节添加一个直角控制点，如图 4-275 所示。

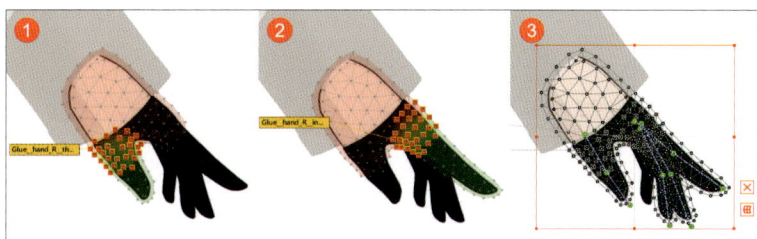

图 4-275

选择所有手指，在参数【左手手指 2】上添加 3 个关键点，在【左手手指 2：-1.0】时让手指弯曲，而在【左手手指 2：1.0】时让手指伸直，如图 4-276 所示。

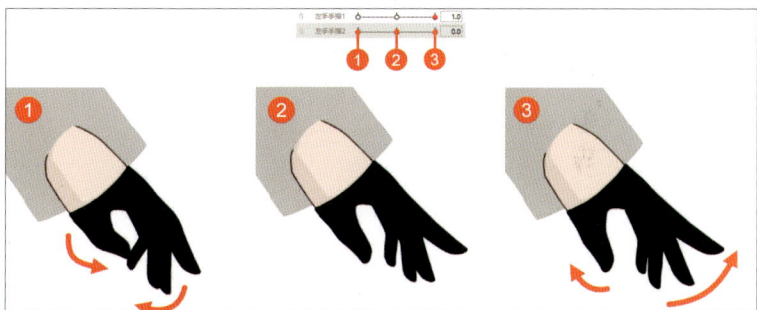

图 4-276

如果想制作手掌略微转动的效果，可以为每个手指添加旋转变形器。选择这些变形器并在参数【左手手指 1】上添加 3 个关键点。在【左手手指 1：-1.0】时，让手指根部靠近镜头，并调整旋转变形器的角度使手指并拢。在【左手手指 1：1.0】时，略微增加手指根部与镜头的距离，并让手指张开，如图 4-277 所示。

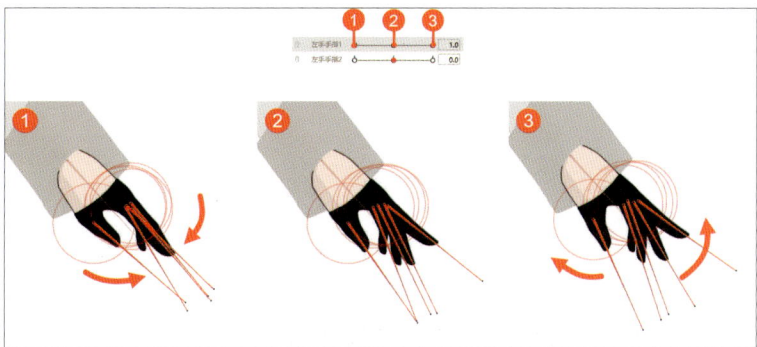

图 4-277

4.5.4 呼吸

在吸气时，胸部会略微凸起，这个动作可以使用弯曲变形器实现。一般有 3 种方法：方法 1：将呼吸的变形器放置在上半身 XY 角度变形器内部，如图 4-278 ①所示。方法 2：将呼吸的弯曲变形器放置在上半身 XY 角度变形器外部，如图 4-278 ②所示。方法 3：将呼吸参数设置为融合变形参数并直接使用上半身 XY 角度变形器制作（仅 Cubism 4.2 之后的版本）。

图 4-278

在参数【呼吸】上添加两个关键点。在【呼吸：1.0】（吸气）时调整呼吸的弯曲变形器中间的部分，使胸腔略微扩大和上移。方法 1：两个弯曲变形器的状态，如图 4-279 所示。方法 2：一个弯曲变形器的状态，如图 4-280 所示。

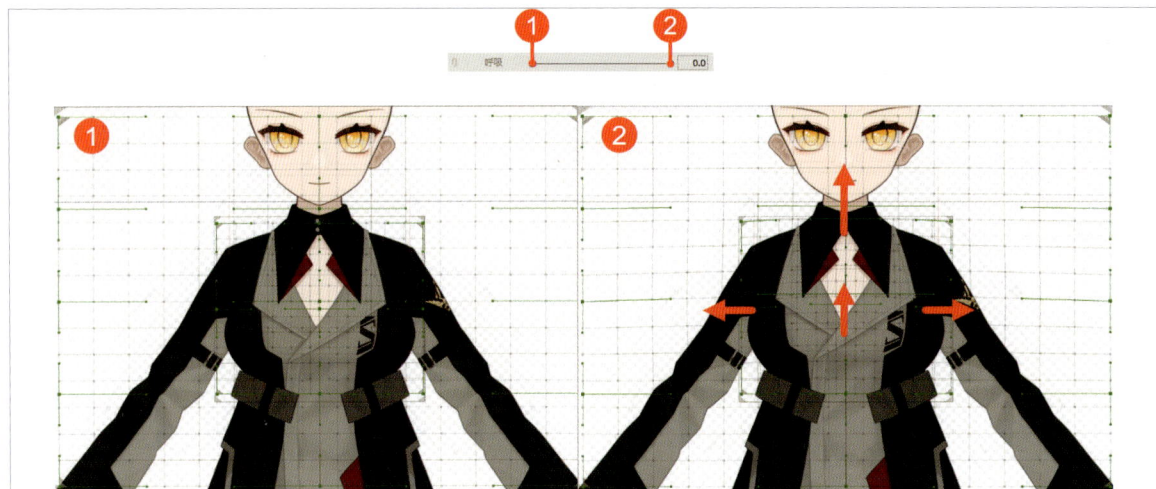

图 4-279

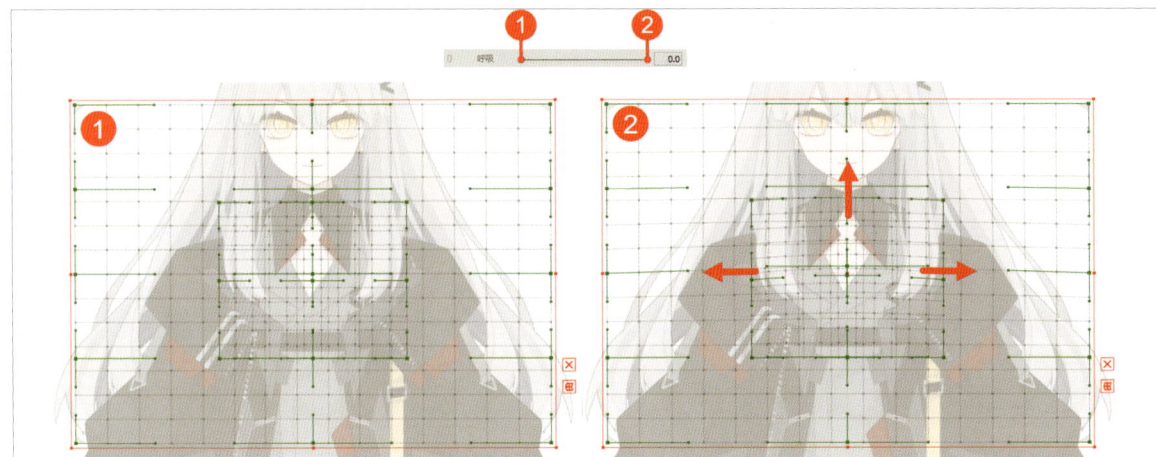

图 4-280

方法 2 的好处是可以使用转换分裂数较低的弯曲变形器且只需要一个变形器，推荐在身体转动角度较小时使用。而当身体旋转角度较大时，若呼吸的弯曲变形器在外侧，当身体旋转向一侧时，胸腔的中心则会偏离呼吸弯曲变形器的中心。则推荐使用方法 1。具体使用哪种方法取决于身体 XY 旋转的角度。但需要注意的是，如果使用了弯曲变形器制作身体角度 Z，那么呼吸的变形器必须在身体 Z 的变形器内（可以为身体 Z 变形器的第一级子级变形器或次级子级变形器）。对于 Cubism 4.2 之后的版本，推荐使用方法 3 制作。

4.5.5 服装制作的补充说明

对于常见的服装，使用上文介绍的方法制作一般不会遇到问题。这一节以制作该角色的外套为例，讨论一些特殊情况的处理方法，读者可以举一反三，应用在角色上。

1. 宽松外套

如果服装比较宽松，在制作角度时创建大一些的变形器，为内部物理的变形器预留足够的空间。这里为外套前中后 3 层和外套领子部分分别创建了 4 个变形器，其中外套前中后三层的变形器尺寸相同，标注为①，而领子部分的变形器标注为②，如图 4-281 所示。外套前 XY 角度的弯曲变形器包含外套前面的带子和黑色的外层。外套中 XY 角度的弯曲变形器包含外套内层灰色的部分。因为外层的黑色部分在身体转动时会有较大的位移，所以需要一个单独的弯曲变形器。外套后 XY 角度的弯曲变形器包含领子和外套下摆被身体遮住的部分，这部分在身体转动时的位移会与身体前外套部分的位移相反。领子部分单独放入一个弯曲变形器。

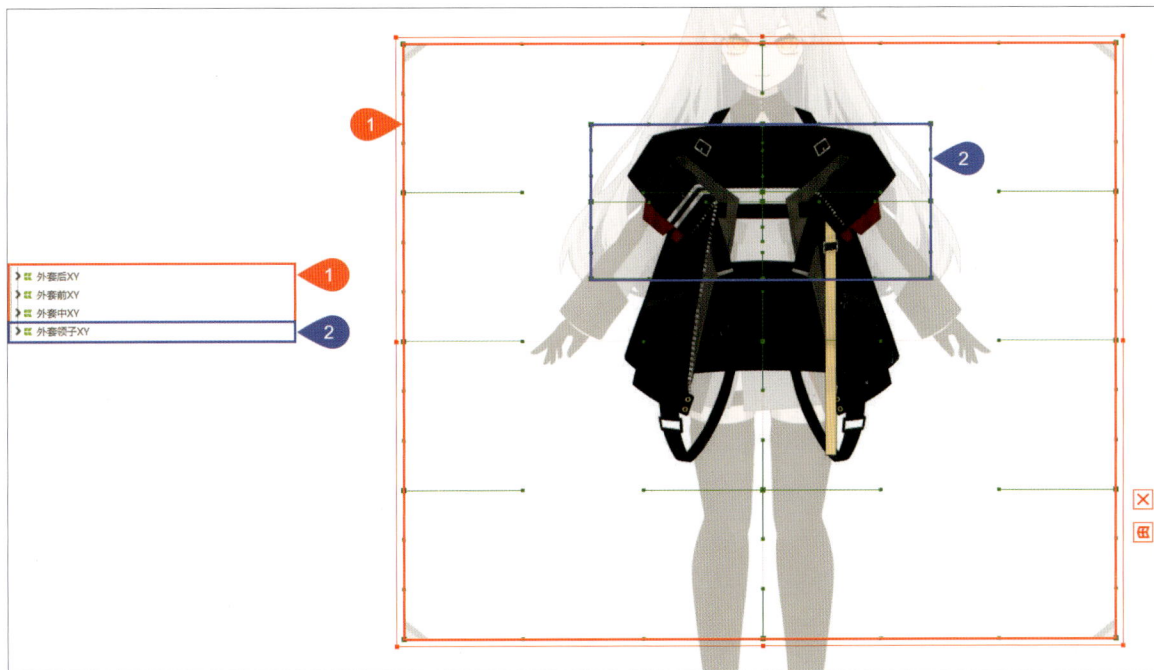

图 4-281

当需要调整的部分包含多个变形器时，可以先将所有变形器进行粗略调整，再对衔接部分进行优化。在调整时，只需要对大体的形状进行调整。尽量不要移动单个的转换分裂网格控制点。推荐只使用绿色的贝塞尔控制点或一次选择多个转换分裂网格的控制点进行操作，因为在为外套添加物理时，下摆的部分摆动会比较大，虽然通过调整转换分裂网格控制点可以快速地解决某些地方的衔接问题（比如下摆的带子），但是在添加了物理之后，前后两部分还是有很大概率会错开。因此推荐在需要进行连接的地方添加胶水，而不是使用更多的变形器和关联参数解决衔接问题。

外套中 XY 角度的弯曲变形器在参数【身体旋转 X】和【身体旋转 Y】取不同值时的状态，如图 4-282 所示。首先在身体前倾、后仰和左右转动时平移该变形器，使外套跟随身体运动。再主要对肩带的部分进行调整，在转身时使该部分与肩膀衔接处更加自然。4 个角的动作可以先使用【四角动作合成】再手动进行调整。

外套前 XY 角度的弯曲变形器在参数【身体旋转 X】和【身体旋转 Y】取不同值时的状态，如图 4-283 所示。大体形状和外套中 XY 角度的弯曲变形器类似，但在身体前倾和后仰时适当增大了下摆部分的位移。

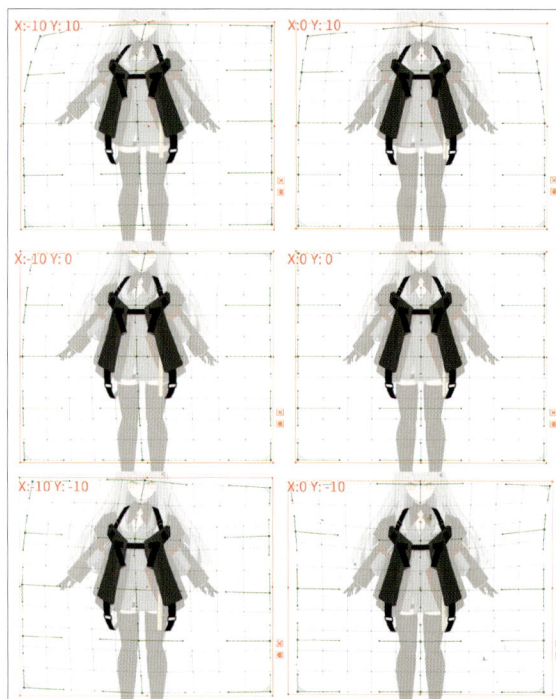

图 4-282

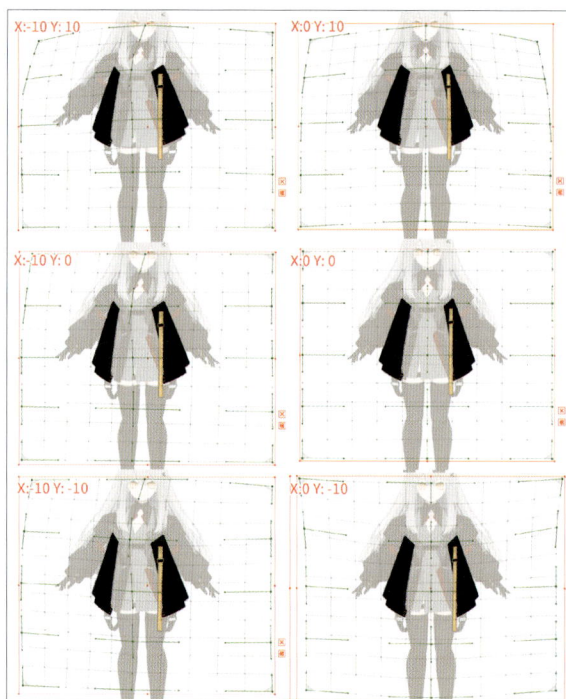

图 4-283

外套后 XY 角度的弯曲变形器在参数【身体旋转 X】和【身体旋转 Y】取不同值时的状态，如图 4-284 所示。外套后下摆部分和外套前下摆部分的位移相反，例如在身体前倾时前部下摆会垂下来，而后部下摆会被向上拉。

外套领子 XY 角度的弯曲变形器在参数【身体旋转 X】和【身体旋转 Y】取不同值时的状态，如图 4-285 所示。领子整体可以被看作一个略微向外倾斜的平面，上部边缘靠近身体而下部边缘远离身体。

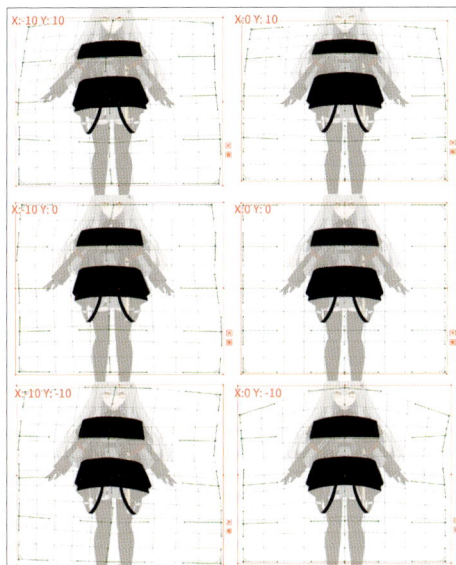

图 4-284

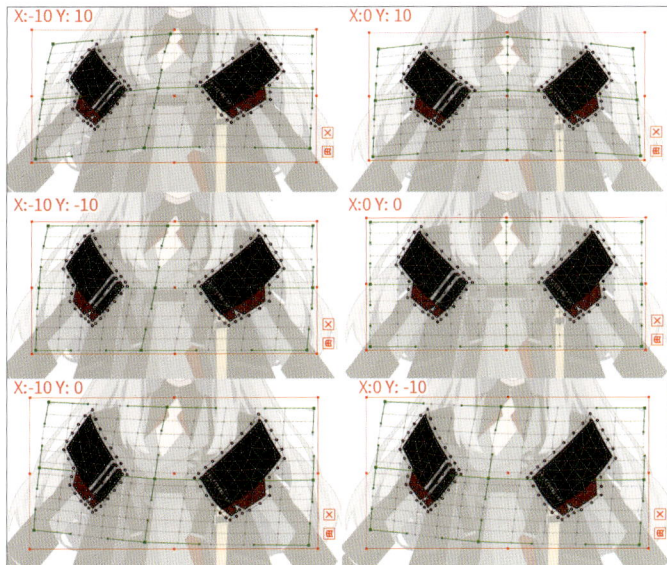

图 4-285

这 4 个部分制作完之后，使用【动作反转】选项制作另一侧。

2. 手臂 / 袖子的其他制作方法一

在袖子偏宽的情况下，手臂抬起时，肘部过渡区域会比较大，在拆分时会很难决定如何分割或补画才能不露出破绽，这时候可以先不进行拆分，直接在 Live2D 中处理。在胳膊活动角度很小的情况下为了提高效率，也没必要将上下臂分开。

首先复制袖子的图形网格。放入上臂的旋转变形器中①，原本的图形网格放入下臂的旋转变形器中②，为下臂的部分创建一个弯曲变形器③，用于表现袖子和手的联动效果，如图 4-286 所示。

选择图 4-286 所示的弯曲变形器③，在参数【右手】上添加 3 个关键点，在右手摆动时，略微调整袖口部分使其跟随手部运动，如图 4-287 所示。

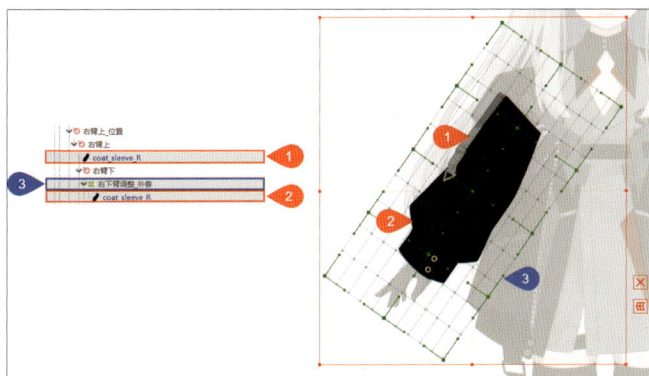

图 4-286

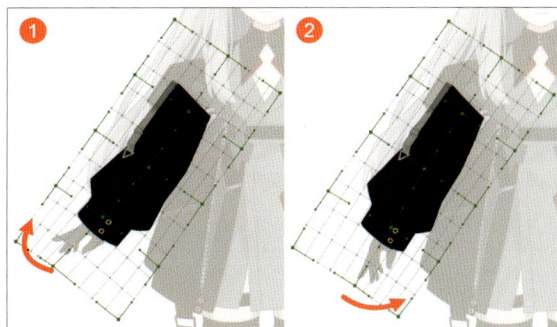

图 4-287

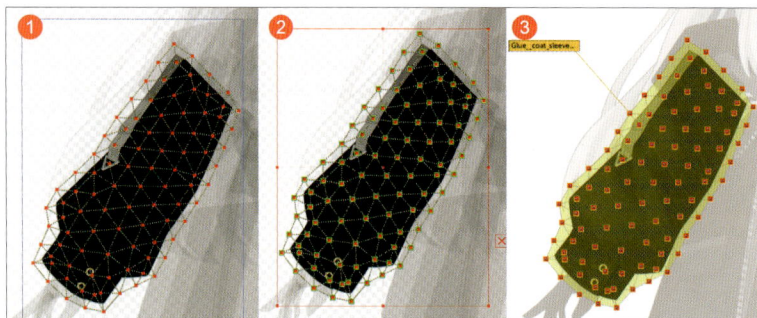

图 4-288

选择袖子部分的两个图形网格并进入编辑模式。使用【选择】工具选择所有的顶点，并在工具细节栏单击【绑定】为顶点添加胶水，退出编辑模式，这时胶水 A：B 的权重为 50%：50%，如图 4-288 所示。

在手臂抬起时，调整胶水的权重，使袖子上半部分完全跟随大臂运动，而下半部分完全跟随小臂运动，如图 4-289 所示。在肘关节运动时，检查衔接处是否自然并进行相应修正。调整完毕后，可以选择移除一些不需要的顶点。上臂的图形网格，所有比重 A（红色）：100% 的顶点都可以移除。而下臂的图形网格中所有比重 B（绿色）：100% 的顶点也可以移除。这样可以在不对袖子或胳膊进行拆分的情况下，完成手臂动作的制作，在添加胶水时也不用手动编辑衔接处的图形网格了，这就很大程度地提高了模型制作的效率。

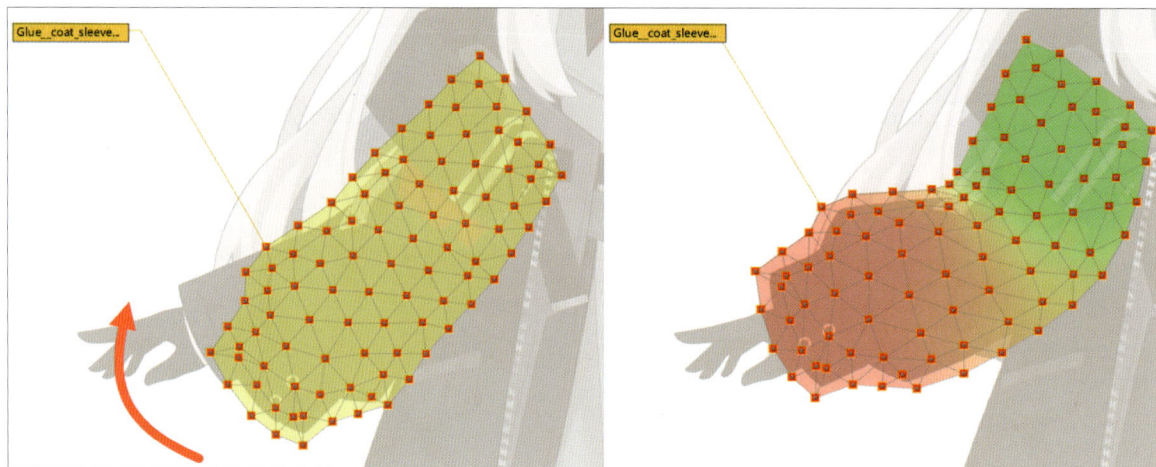

图 4-289

3. 手臂 / 袖子的其他制作方法二

本方法使用 Live2D 的蒙皮工具自动为袖子添加胶水。

注意，在某些情况下，自动蒙皮后可能出现图像断开的情况。如果在肘关节或腕关节转动时，出现图像断开的情况，需要调整图形网格重新进行蒙皮。当有错误提示时，撤销操作后调整旋转变形器的位置或图形网格。但因为这里旋转变形器的位置固定在关节附近，所以只能对图形网格进行调整。自动添加的胶水往往不如手动添加的灵活，如果效果不佳，尝试使用手动添加的方法。

找到需要进行蒙皮的图形网格，并选择该图形网格和需要进行绑定的旋转变形器（这里使用了图 4-267 中的 3 个旋转变形器）。在【建模】菜单的【蒙皮】子菜单中选择【蒙皮】，Live2D 将自动为每一个旋转变形器创建一个新的图形网格，如图 4-290 所示。在部件栏中也会自动创建一个包含新图形网格和胶水的文件夹。

图 4-290

自动添加的胶水，如图 4-291 ①所示。如果在胳膊活动时衣服有不自然的地方（例如上臂袖子的弧度），可以手动调整胶水的权重，如图 4-291 ②所示（注意屈肘处的弧度）。

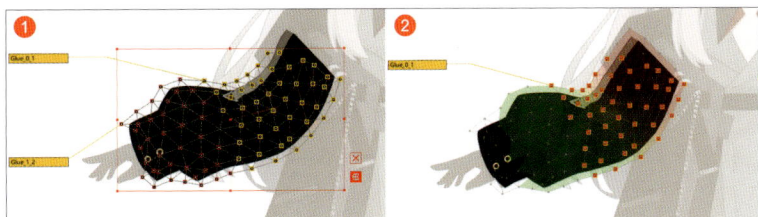

图 4-291

4. 胳膊和衣服的联动

一般来说，在衣服较为贴身时，人物在抬手时不需要特别处理。但当有披风、披肩之类的饰品或比较宽松的外套时，在胳膊抬起时，如果不对服装进行处理，人物的运动就会显得很不自然。有时可能还会出现手臂穿过披风或外套的情况。这时候可以新建一个变形器，调整服装在胳膊抬起时的状态，如图 4-292 所示。

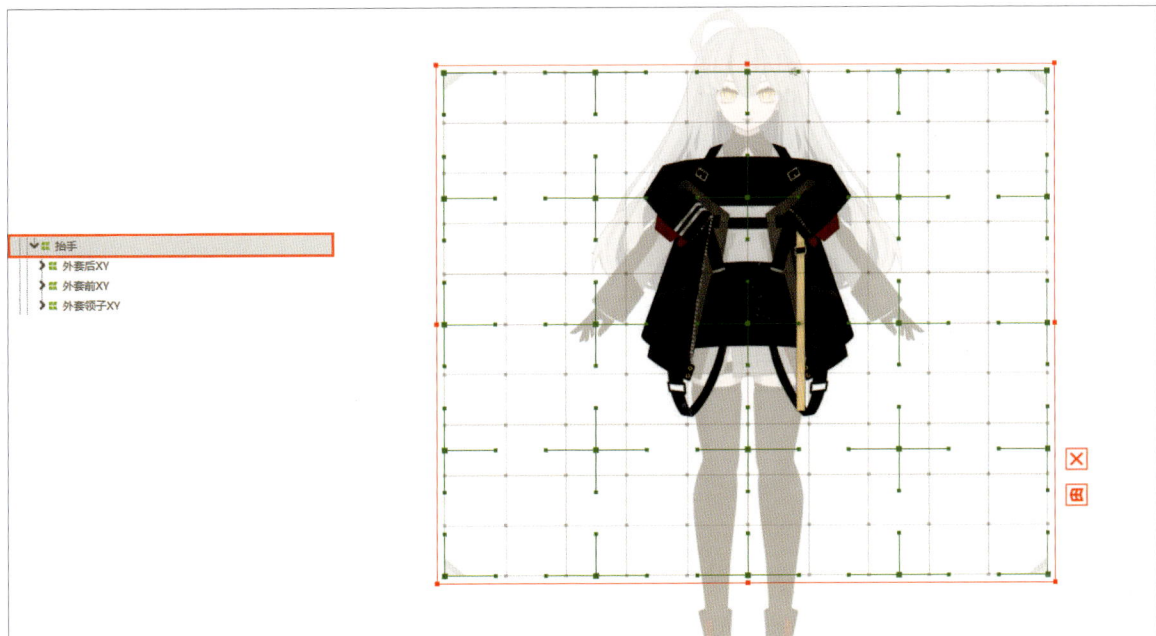

图 4-292

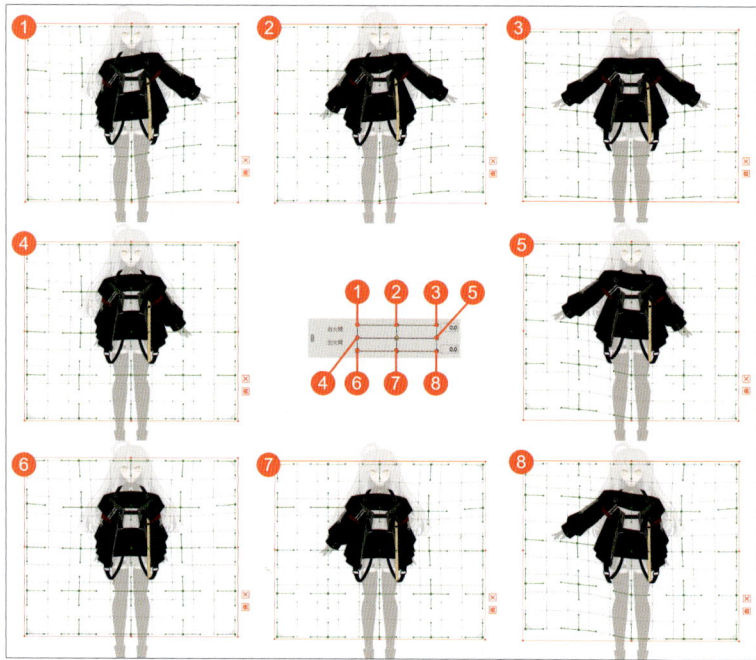

图 4-293

选择新创建的旋转变形器并关联胳膊抬起的参数，在胳膊抬起时调整该变形器的状态，让衣服整体随胳膊运动，如图 4-293 所示。调整时，尽量只移动一侧的控制点，可以使用【四角动作合成】功能或复制变形器一侧形状的方式制作某些关键点的动作。

4.6 物理模拟

在之前的章节中，已经制作了五官、头部和身体各部分的运动。其中部分的参数可以直接与面捕软件的输入参数直接关联，例如头部的角度和眼睛的开闭等。而其他一些参数，例如身体的转动和手臂的运动，并没有可以直接与其关联的面捕输入参数，这时可以使用物理模拟将这些参数关联到与面捕输入相关的参数上，实现整体联动的效果。而头发、衣服和饰品等会随着头部和身体运动而摆动的部件，也需要使用物理模拟来实现。

这一节中，将介绍 Live2D 中物理模拟的机制，然后再介绍如何为各部件添加物理摆动或联动的效果。其中使用物理关联无面捕输入的动作参数将在 4.6.2 中介绍。所有给出的物理模拟配置仅供参考。在对物理模拟输入输出和摆锤的设置上并没有绝对的标准，而是应该根据实际情况进行调整以达到最佳效果。

需要注意的是，本章在制作头发和衣摆的摆动时使用了多层弯曲变形器嵌套的模式，避免将一个变形器与多个的普通参数相关联。因为 Cubism 5.0 之前的版本不支持设置融合变形参数的插值类型，为了使物体末端的摆动更为平滑，需要使用椭圆或 SNS 插值，因此必须使用普通参数才能修改插值类型。但在 Cubism 5.0 之后的版本中，支持修改融合变形参数的插值类型，不需要使用这种模式，只要为部件创建一个物理摆动的弯曲变形器即可。

1.Live2D 中的物理模拟

物理模拟可以在【物理 / 场景混合设定】窗口中进行设置和调试。打开【物理 / 场景混合设定】窗口，所有的参数均会出现在中间的参数栏中，如图 4-294 所示。这些参数中的一部分将会被作为物理模拟的输入参数，如①中的参数【角度 X】和【角度 Y】设置为物理模拟的输入参数。这里参数【角度 X】和【角度 Y】为盘子 XY 位置的参数。②中的参数【物理 X/Y】为盘子中物体摇晃的参数，在这里被用作了物理模拟的输出参数。当我们在该窗口右侧视图区域拖动鼠标时，盘子 XY 的位置会跟随鼠标 XY 的位置，而盘子里的布丁则会根据设置好的物理模拟进行晃动。

为了能使物体的运动有更多的模式，需要添加多个物理模拟组。每个物理模拟组可以有一个或多个输入参数和输出参数，这些参数的属性也可以在窗口③中进行编辑，每个物理模拟组都会有一组摆锤作为物理模拟模型，如④所示。

物理模拟输入参数与摆锤的位置或角度关联，当输入参数变化时，摆锤将被输入参数带动并左右摆动，而摆锤摆动时的角度，将通过设置好的规则与输出参数相关联，带动输出参数变化。在这个例子中，摆锤的第一段与参数【物理 X1】关联，而第二段与参数【物理 X2】关联，在摆锤摆动时，与摆锤相关联的参数也会被带动，如图 4-295 所示。

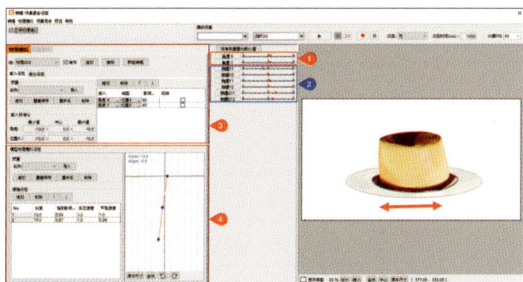

图 4-294

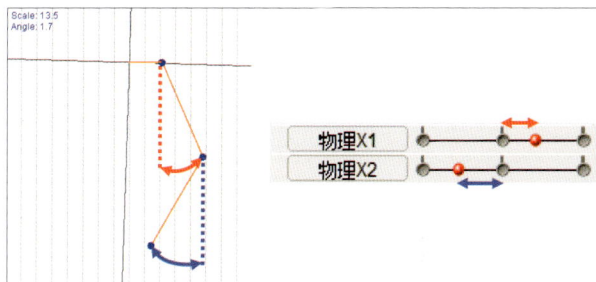

图 4-295

通过调整参数的结合和摆锤的设置（例如长度和加速度等），可以控制部件摆动的模式和速度，从而模拟出物体不同的性质，接下来，我将详细说明如何添加物理模拟组和对输入、输出参数以及摆锤进行设置。

2. 添加物理模拟组

在添加物理模拟组之前，应先确认【应用物理模拟】为启用状态，一般面捕软件中的 FPS 为 60，在调试前应将【计算 FPS】设置为 60，以免物理预览效果和面捕软件中的实际效果不同，如图 4-296 所示。

图 4-296

添加一个空的物理模拟组：鼠标右键单击在窗口左侧的【物理模拟】，选择【追加】按钮，在弹出的【追加组】窗口中编辑物理模拟组名称，【输入预设】和【物理模拟模型预设】不用选择，如图 4-297 所示。

Live2D 有一些自带的输入和物理模拟模型预设可供选择，用户也可以保存常用的预设来提高工作效率，这里需要从零开始创建一个没有初始输入和模型的物理模拟组。除了使用预设提高工作效率，也可以使用【复制】按钮复制已有的物理模拟组加以调整。

图 4-297

添加了新的物理模拟组之后，就可以编辑该物理模拟组的输入、输出和物理模拟模型了。在【输入设定】标签中单击【追加】添加输入参数。在弹出的【输入参数】窗口中勾选一个或多个输入参数，并单击【OK】按钮。被选中的参数将会出现在输入参数列表中，参数的影响度（%）可以先设置为 100，如图 4-298 所示。

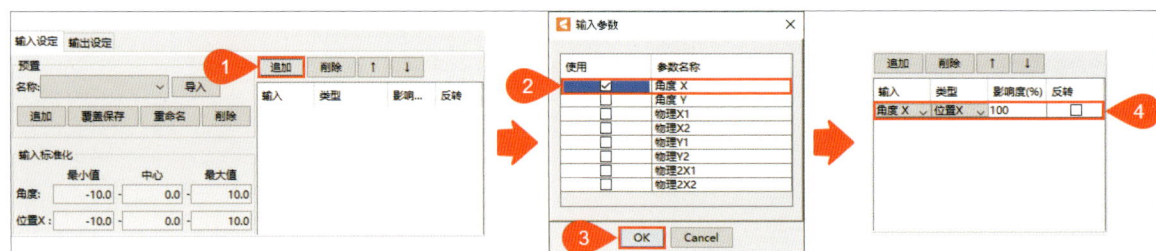

图 4-298

在左下方【模型物理模拟设定】窗口中可以添加摆锤，在【摆锤设定】标签中点击【追加】添加一段摆锤。多次点击可以添加多段摆锤，如图 4-299 所示。

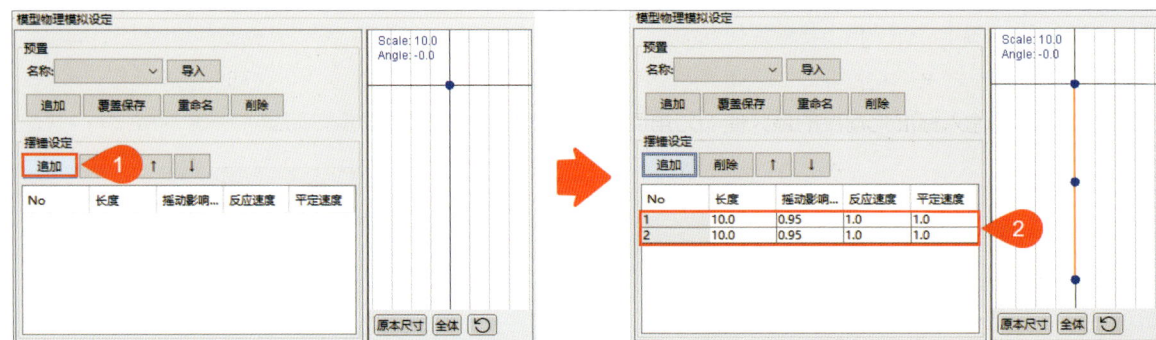

图 4-299

添加摆锤后，应为每一段摆锤关联输出参数。切换至【输出设定】标签，鼠标右键单击【追加】按钮，添加输出参数，在弹出的【输出参数】窗口中，选择想要添加的输出参数并确认，如图 4-300 所示。因为之前添加了两段摆锤，所以这里选择了两个输出参数，Live2D 会自动将这两个参数分别与摆锤的第一段与第二段关联。

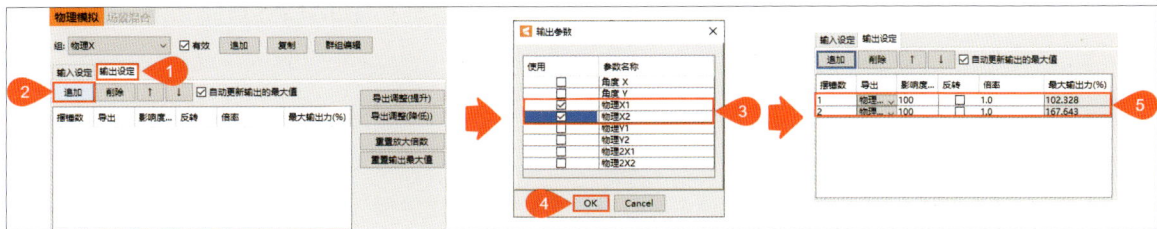

图 4-300

在添加了物理模拟组之后，在视图区域移动光标，就可以看到输出值随摆锤的摆动而变化了。为了实现更加自然的效果，应对输入、输出和摆锤属性进行调整。

2. 输入参数设置

首先调整输入参数的属性。输入参数共有 3 种属性可以设置：①类型、②影响度（%）、③反转，如图 4-301 所示。输入参数的类型可以为【位置 X】或【角度】。类型为【位置 X】的参数影响摆锤的位置 X。图 4-301 中两个输入参数的类型均为【位置 X】，当输入参数发生变化时，摆锤只会水平移动。同类型的输入参数的影响度（%）之和必须小于或等于 100。当参数反转打开时，摆锤会向和输入参数相反的方向移动。即当输入参数为正值时，摆锤向负值方向移动。

图 4-302 中两个输入参数的类型均为【角度】，当输入参数发生变化时，只有摆锤的角度会发生改变。

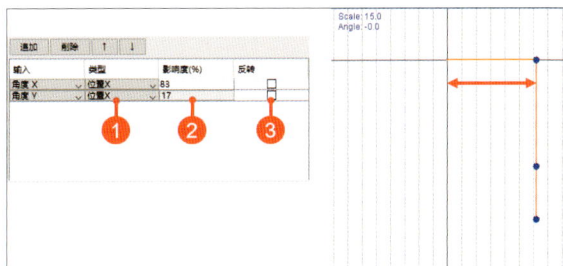

图 4-301

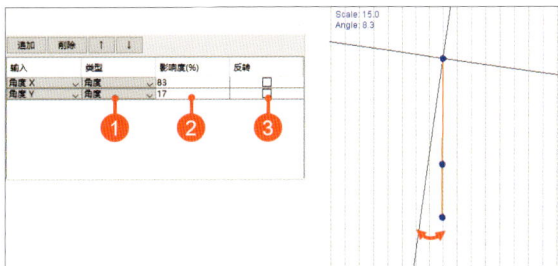

图 4-302

也可以使用不同类型的输入参数，不同类型的参数影响度（%）是不相关的，如图 4-303 所示。

除了对单个输入参数的属性进行调整，也可以对输入标准化进行调整。输入标准化角度的最小值①为角度输入为 -100% 时摆锤的角度，输入标准化角度的中心②为角度输入为 0% 时摆锤的角度（即默认位置，一般为 0），而输入标准化角度的最大值③为角度输入为 100% 时摆锤的角度，如图 4-304 所示。

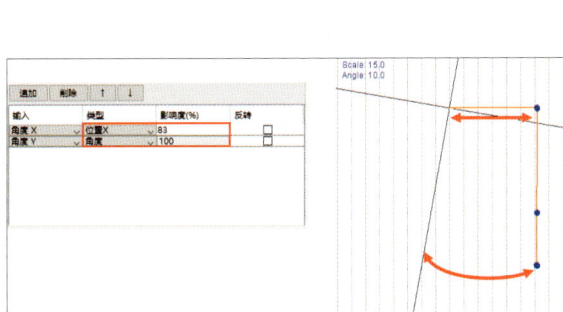

图 4-303

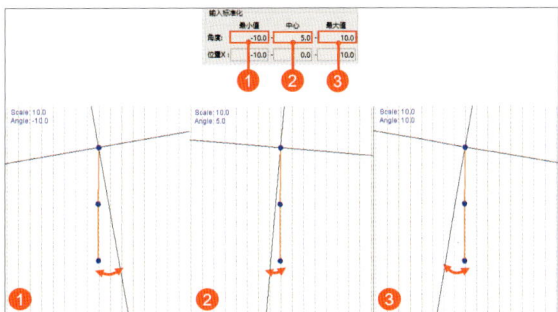

图 4-304

同理，输入标准化位置 X 的最小值①为位置输入为 -100% 时摆锤的水平位置，输入标准化位置 X 的中心②为位置输入为 0% 时摆锤的位置（即默认位置，一般为 0），输入标准化位置 X 的最大值③为位置输入为 100% 时摆锤的水平位置，如图 4-305 所示。

那么输入参数的类型（位置 X 和角度）该如何选择呢？一般来说，角度 XY 输入会使用类型位置 X，而角度 Z 的输入会使用类型角度。如果想在输入参数改变后让输出参数保持特定的值（或者为特定的动作添加延迟效果），选择角度输入。在角度输入为 100% 时，摆锤的第一段会保持一定的角度，这时输出参数不会回到默认的位置，如图 4-306 ①所示。而当输入类型被设置为位置 X 时，在位置输入为 100% 时，摆锤的第一段会垂直下垂，这时输出参数会回到默认的位置，如图 4-306 ②所示。在头部角度 XY 发生变化时，头发虽然会左右摆动，但最后会回到初始位置（即与脸部角度垂直的位置），故使用类型位置 X；而当头部角度 Z 发生变化时（偏头时），头发会因重力下垂，和脸部呈一定角度，故使用类型角度。

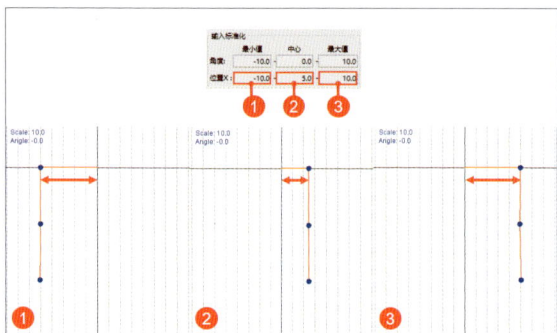
图 4-305

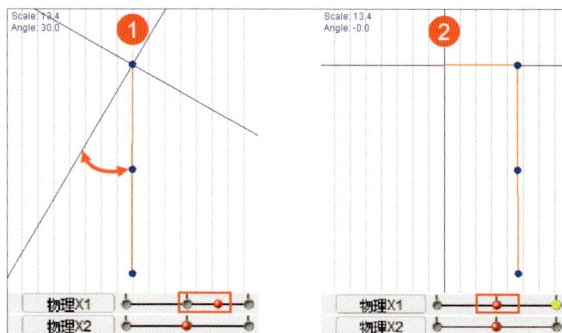
图 4-306

3. 输出参数设置

输出参数共有 5 种属性：①摆锤数、②影响度（%）、③反转、④倍率、⑤最大输出力（%），如图 4-307 所示。

① 摆锤数：输出参数关联摆锤的段数。1 表示该参数受第一段摆锤的影响，2 表示该参数受第二段摆锤的影响，以此类推。同一段摆锤可以关联任意数量的输出参数。

② 影响度（%）：一般设置为 100，只有当同一输出参数出现在多个物理模拟组中时需要进行调整。

③ 反转：被勾选时，输出参数与摆锤摆动方向相反。

④ 倍率：控制摆锤角度对输出值影响的大小。在摆锤摆动角度相同时，该值越大输出参数变化的幅度也就越大。当倍率过大时，计算的输出值会超出输出参数的范围（即在创建参数时为该参数指定的最大值、最小值），这时会导致物体运动变得不平滑和卡顿，在图 4-308 中红色虚线为根据倍率计算出的输出值，而蓝色实线为实际输出参数的值。在计算输出值超出参数范围的部分，输出参数会在其最大值的地方停留一小段时间。这时与该参数相关联的动作也会停止一小段时间，出现卡顿的情况。

⑤最大输出力 (%)：受倍率、摆锤输入值变化的幅度、速率和摆锤的性质的影响，一般通过调整倍率间接对其进行调整，不可直接编辑。

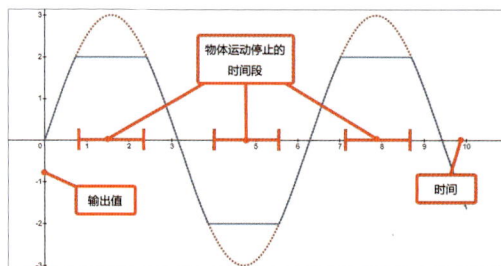
图 4-307

图 4-308

在调试时可以先在视图区域拖动光标让模型跟随光标运动，这时最大输出力（％）会随着摆锤的摆动变化并记录下输出的最大倍率，如图 4-309 ①所示。当该值超过 100 时说明计算出的输出值超过了输出参数的最大值，此时可以使用②【导出调整（降低）】自动调整输出参数的倍率，使最大输出力变为 100，如图 4-306 ③所示。

图 4-309

同理，当最大输出力（％）不足 100 时，也可以使用【导出调整（提升）】来增加输出参数的倍率，如图 4-310 所示。

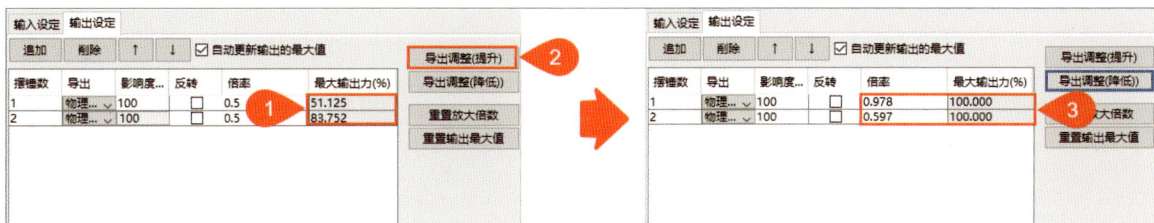

图 4-310

参数跟随光标拖动运动的速率或参数条被光标拖动的速度与在面捕软件中实际参数变化的速率并不相同，即使做了相应调整，也有可能在面捕软件中出现卡顿或者摆动不明显的情况。大多数面捕软件都可以调整物理的强度以达到最佳效果，但在测试时应尽量保证最大输出力（％）不要超出太多，特殊应用除外。

4. 摆锤设置

摆锤的性质对物理模拟效果的影响最大，一般需要多次地测试和调整才能达到自然的效果。摆锤共有 4 种属性：①长度、②摇动影响力、③反应速度、④平定速度，如图 4-311 所示。

① 长度：这一段摆锤的单位长度，一般越长的摆锤摆动频率/速度越低。

② 摇动影响力：控制摇晃的剧烈程度，一般这个值越大初始的晃动就越大。对于有弹性或者头发

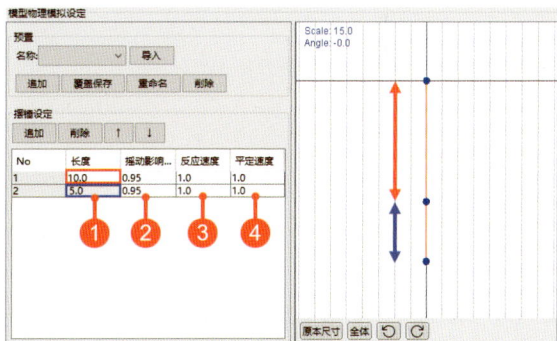

图 4-311

等容易晃动的部件可以用较大的值，而厚重的布料和比较重的物体则使用比较小的值。一般会使用 0.6~0.97之间的值。在有多段摆锤的情况下可以让摇动影响力随摆锤数递增，即在末端的摆锤有较高的摇动影响力。

③ 反应速度：影响摆锤对输入相应的快慢，数值越大反应越快。一般使用在 1.0 左右的值即可。摆锤段数很多的情况下可以使用较高的反应速度，例如 1.2~1.4 左右的值。在反应速度较小的情况下，会有在水中拖动摆锤的感觉。

④ 平定速度：影响摆锤停止的速度。越高的值摆锤停止得越快。对于头发尖端或缎带末端，可以使用0.6~0.7 左右的值。

为了提高工作效率，可以保存常用的输入值预设和物理模拟模型预设。输入参数的预置可以在【输入设定】标签中找到，如图 4-312 所示。

物理模拟模型，即摆锤的预设可以在【模型物理模拟设定】中找到。如图 4-313 所示。

保存预置设置值

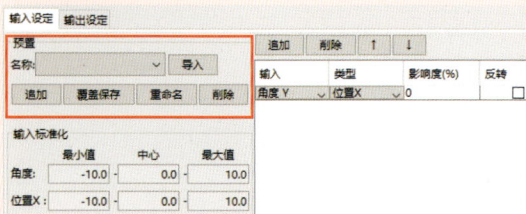

图 4-312

图 4-313

在名称菜单中选择 Live2D 默认预置或用户保存的预置并单击【导入】即可导入该预置。使用【追加】按钮可以保存当前的设定，而使用【覆盖保存】则会使用当前的设置覆盖选定的预置。此外，在预置选择的情况下，也可以使用【重命名】改变该预置的名称或【删除】删除该预置。

4.6.2 使用物理关联参数

如果将所有运动都绑定在面捕软件的输入参数上，这些部件将会随面部表情或角度的变化同时变化。这样会使动作显得僵硬不自然。如果通过物理模拟组关联这些参数，可以更好地控制部件运动的模式，以实现更加生动的效果。这里举一些简单的例子，读者可以根据实际情况和想要实现的效果添加通过物理控制的运动参数。

1. 眼睛、眉毛的运动

眼睛的悲伤、高兴动态的参数可以通过物理与嘴型连接，如图 4-314 所示。

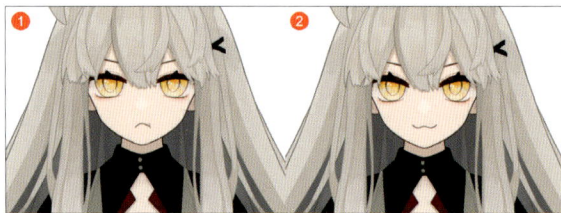

图 4-314

物理模拟组的设置，如图 4-315 所示。这里使用了较低的摇动影响力、反应速度和平定速度，这样在嘴部形状变化时，眼睛的状态不会马上切换，而是有一个缓动的效果。

眼睛的动作也可以与嘴部向左右两边偏的参数关联，如图 4-316 所示。

物理模拟组的设置，如图 4-317 所示。这里使用了较低反应速度和平定速度，但是摇动影响力则较大，这样在嘴部向两边偏时摆锤的摆动较为剧烈，会超出静止位置一小段距离再回到静止位置。例如在参数【嘴左右：1.0】时摆锤的静止位置是【眼睛 左右：0.8】，而因为摇动影响力则较大，在完成【嘴 左右：0.0】到【嘴 左右：1.0】的变化时，摆锤会摆动到【眼睛 左右：1.0】的位置再回到【眼睛 左右：0.8】。这样就会产生脸向一边用力（摆锤超出静止位置）再放松（摆锤回到静止位置）的感觉。

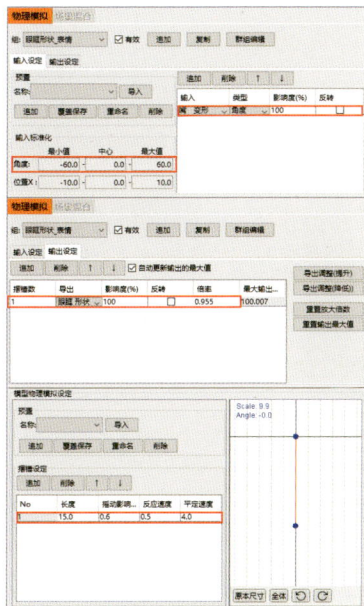

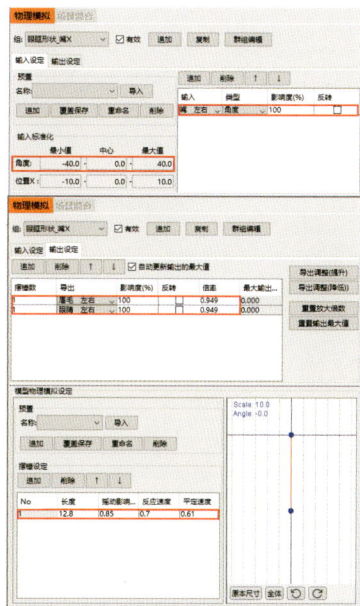

图 4-315

图 4-316

图 4-317

2. 身体的运动

身体的旋转和位置虽然可以绑定脸部位置或脸部与摄像头距离的面捕输入，但在头部位移较小的情况下身体运动的幅度也会很小。为了使身体部分的运动更加明显和易于控制，一般会选择将身体转动的参数与头部角度的参数关联。可以在面捕软件中直接将两者关联，也可以使用物理模拟将两者关联。使用物理关联便于控制模型的运动模式，比如可以通过反转参数的方法让身体和头部朝反方向运动，也可以控制身体跟随头部运动的速度。

角度 X 的物理模拟设置，如图 4-318 所示。这里使用了较长的摆锤和较低的反应速度以及平定速度，并且使身体转动的方向与头部相反。

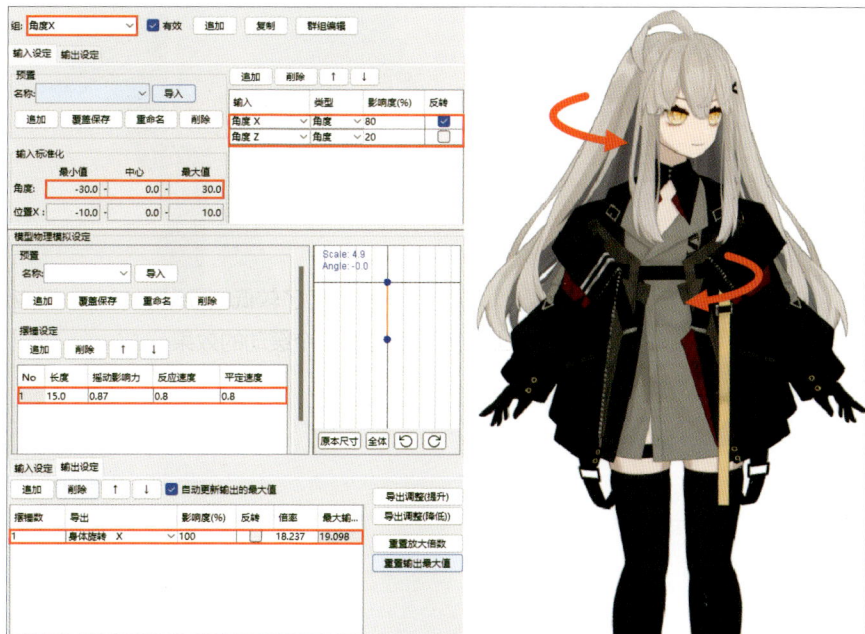

图 4-318

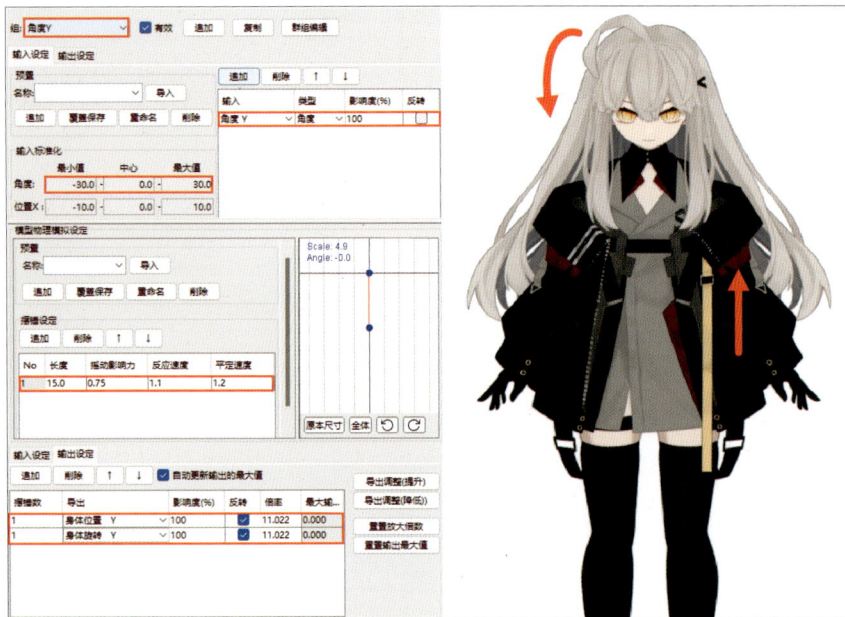

图 4-319

角度 Y 的物理模拟设置，如图 4-319 所示。身体角度 Y 和位置 Y 的变化均与头部角度 Y 的变化相反。

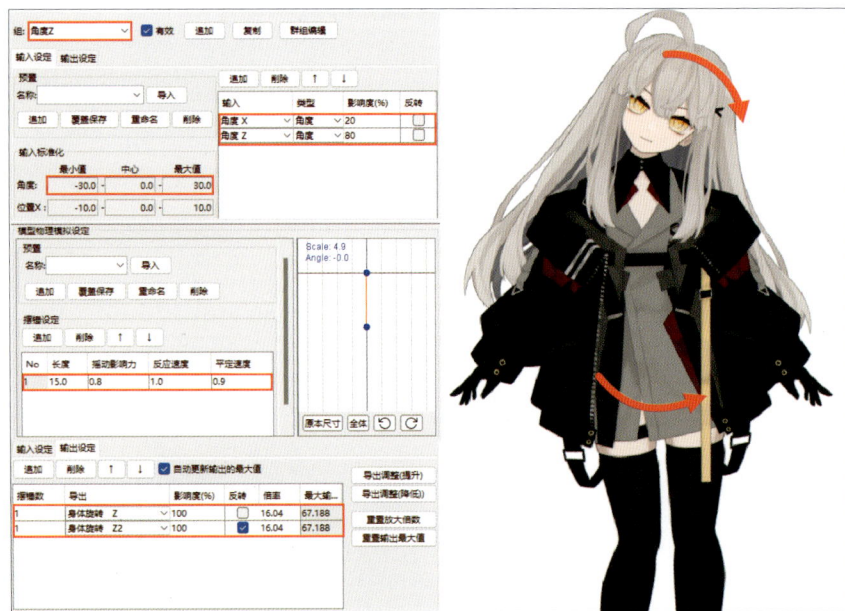

图 4-320

角度 Z 的物理模拟设置，如图 4-320 所示。身体上半部分角度 Z 的运动与头部角度 Z 和身体整体角度 Z 相反。

3. 手臂的运动

当人物处于放松状态时，身体的运动会带动胳膊的摆动。通过物理模拟关联胳膊的运动和身体的运动，让胳膊、手和手指随身体的运动而自然摆动。

立绘中的人物的胳膊离身体较远，并非放松时的状态。首先调整参数上关键点和位置来让人物的手臂处于一个放松的位置，即胳膊略微下垂和弯曲的状态。对参数的范围和参数上的关键点进行如下表所示进行调整。

大臂		小臂	
原始值	更换后值	原始值	更换后值
−20	−10	0	−10
0	10	40	30
20	30	–	–

首先需要调整参数的范围。这里以上臂的参数为例，在参数的菜单中单击鼠标右键选择【编辑参数】，在弹出的窗口中修改该参数的范围，如图 4-321 所示。确定时会提示有关键点超出范围，这里单击【Yes(Y)】即可。虽然在修改后超出参数范围的关键点不会在参数条上显示，但这些关键点和与其关联对象的状态都不会被删除。下一步将通过调整关键点位置，使所有关键点回到参数范围内。

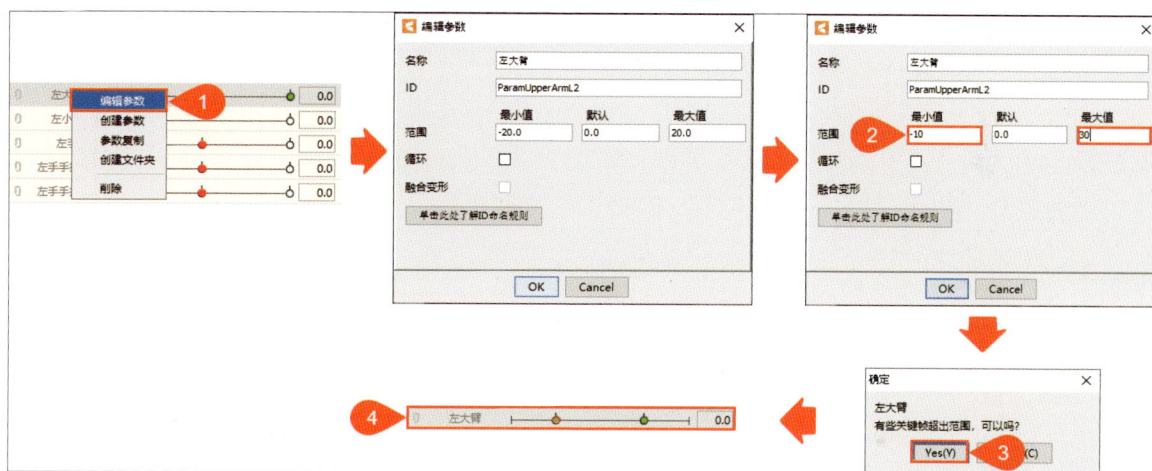

图 4-321

调整关键点的位置前应选择与该参数关联的对象。这里因为要整体进行调整，可以使用参数菜单中的【选择】选项，选择所有与该参数相关的对象。在所有对象被选中后，在参数菜单中选择【调整】，并在弹出的【调整值】窗口中对关键点的位置进行调整，如图 4-322 所示。

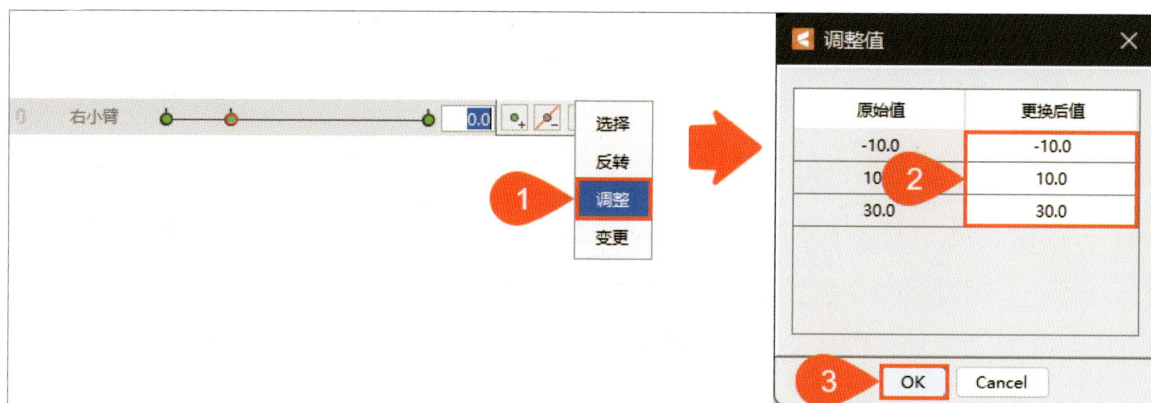

图 4-322

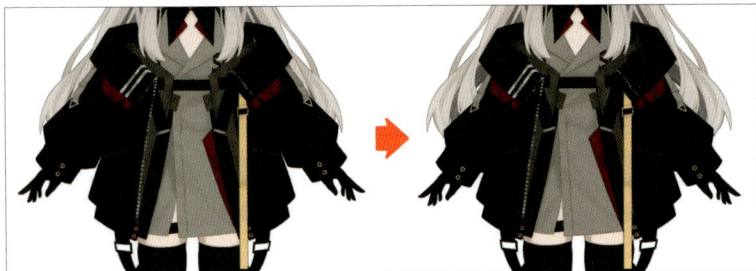

图 4-323

调整后，在默认值 0 的位置，人物的胳膊会处于一个更自然的状态（更靠近身体），如图 4-323 所示。

右侧手臂的物理模拟设置，如图 4-324 所示。左侧手臂可以复制该物理模拟组，并且将输入参数中有关 X 和 Z 的参数进行反转。

同样的效果也可以通过修改手臂物理模拟组角度输入标准化的中心值实现（即让摆锤与标准角度呈一定夹角），但这种方法容易受面捕软件物理强度的影响。如果在面捕软件中调整物理强度，手臂的位置很可能会在默认状态偏离理想位置。因此还是推荐使用 0 的角度输入标准化中心值。

除了手臂的运动，还需为手指的运动创建一个物理模拟组，如图 4-325 所示。也可以在手臂的摆锤上增加手指运动的摆锤，但如果摆锤数量较少，调整会更加简单。一般一个方向的运动使用 1~4 段摆锤会比较理想（长条形物体的蒙皮除外）。

图 4-324

图 4-325

4.6.3 眼睛物理（使用物理控制部件的运动 1）

眼睛是一个模型中细节最丰富的部分。为了使眼睛部分更加生动，可以为眼睛各部分添加物理。例如可以添加眼睛开闭时睫毛摆动的效果和瞳孔内高光晃动的效果。这里介绍几种常见的制作方法。

1. 睫毛

添加在闭眼时上眼睑晃动的效果。新建一个睫毛物理的参数【右睫毛 1】（范围 –1.0~1.0，默认值 0.0），和包含眼眶所有部件的弯曲变形器。在【右睫毛 1：–1.0】时将该变形器中间的控制点略微向下移动，如图 4-326 ①所示。在【右睫毛 1：1.0】时将该变形器中间的控制点向上移动，如图 4-326 ③所示。眼睛开闭将被用于摆锤的输入，而【右睫毛 1】将关联摆锤第一段的输出。在眼睛闭上时，参数【右眼 开闭】会带动摆锤和参数【右睫毛 1】，使眼睛实现③－②－①－②的变化（眼睛用力闭紧再放松）。

添加在闭眼时睫毛晃动的效果。新建一个睫毛物理的参数【右睫毛 2】（范围 –1.0~1.0，默认值 0.0）选择睫毛和眼角的图形网格并在该参数上添加 3 个关键点。在【右睫毛 2：–1.0】使用变形路径或笔刷使睫毛略微翘起，如图 4-327 ①所示。而在【右睫毛 2：1.0】使睫毛向下摆动，如图 4-327 ③所示。如果睫毛较长也可以使用两个参数制作睫毛摆动的效果，可以参考两段头发物理的制作方法。

物理模拟组的设置如图 4-328 所示。

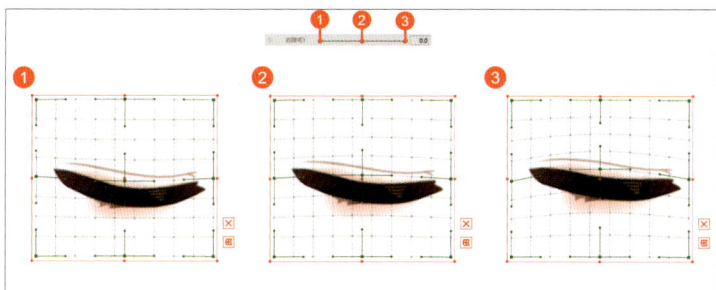

图 4-326

图 4-327

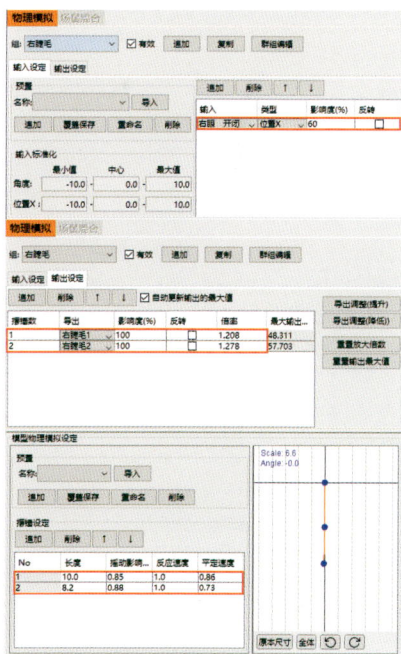

图 4-328

2. 高光

眼睛内的高光可以添加摆动和变形的效果。为眼睛高光的物理新建两个参数【右高光1】和【右高光2】（范围 -1.0~1.0，默认值 0.0）。高光部分有 3 个图形网格，选择这 3 个图形网格并在参数【右高光1】和【右高光2】上各添加 3 个关键点。在【右高光1】变化时使部分①的高光围绕瞳孔中心转动。在【右高光2】变化时使部分①的高光靠近和远离瞳孔中心。在【右高光1】变化时使部分②的高光左右移动。而在【右高光2】变化时使部分②的高光上下移动。部分③的高光部分较大，可以在【右高光1】变化时做出被挤压和拉伸的效果，而在【右高光2】变化时做出左右摆动的效果，如图 4-329 和图 4-330 所示。

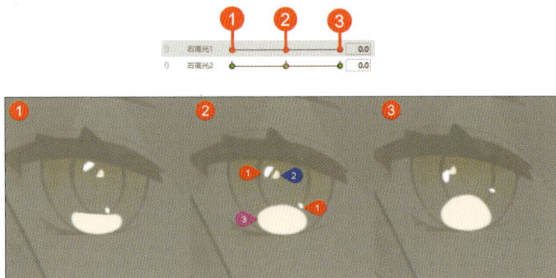

图 4-329

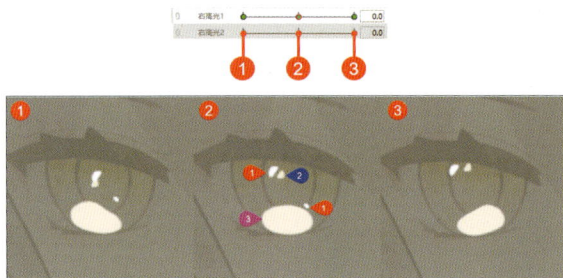

图 4-330

选择所有的高光图层和相关参数进行四角动作合成。一般常见的高光效果有位置的移动、转动、大小变化、透明度变化和形状变化等，应根据具体情况选择合适的效果。一般一个图形网格关联一到两个参数，如果想做出所有高光一起变化的效果可以使用弯曲变形器实现。

物理模拟组的设置，如图 4-331 所示。

3. 瞳孔和虹膜

瞳孔和虹膜的部分可以做出变形的效果。为瞳孔和虹膜新建两个变形器：包含虹膜和瞳孔所有部分的弯曲变形器（①右虹膜）和仅包含中间瞳孔部分的弯曲变形器（②右瞳孔），如图 4-332 所示。整体的变形器可以做出弹性的效果，而子级变形器可以做出瞳仁部分放大和缩小的效果。

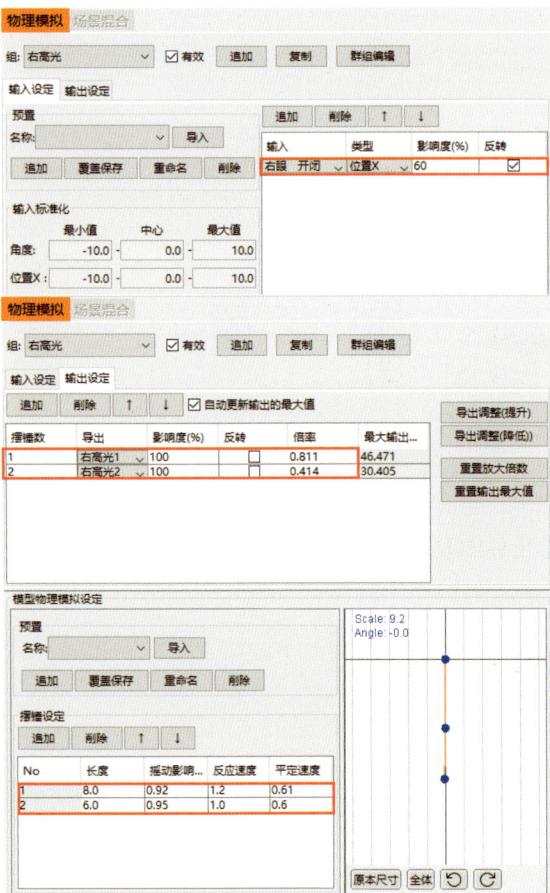

图 4-331

图 4-332

为两个变形器分别新建参数【右瞳孔 1】和【右瞳孔 2】（范围 -1.0~1.0，默认值 0.0）。选择虹膜整体的弯曲变形器，在参数【右瞳孔 1】上添加 3 个关键点。在【右瞳孔 1：-1.0】时，将虹膜和瞳孔整体沿垂直方向压扁并沿水平方向拉伸，在【右瞳孔 1: 1.0】时，将虹膜和瞳孔整体沿垂直方向拉伸并沿水平方向挤压，如图 4-333 所示。这样在参数【右瞳孔 1】变化时，整体就会有富有弹性的感觉。制作其他弹性物体也可以使用类似的制作方法。

选择瞳孔部分的弯曲变形器，在参数【右瞳孔 2】上添加 3 个关键点。在【右瞳孔 2：-1.0】时将使瞳孔部分变大，在【右瞳孔 2: 1.0】时使瞳孔部分变小，如图 4-334 所示。

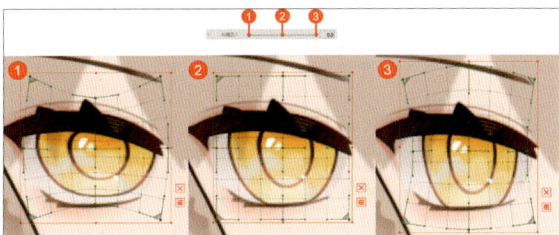

图 4-333

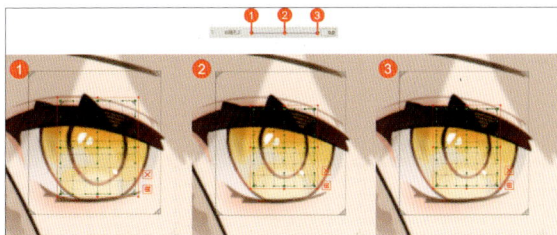

图 4-334

物理模拟组的设置，如图 4-335 所示。

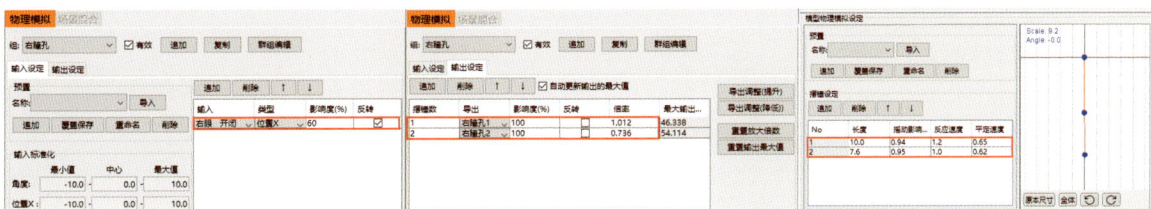

图 4-335

4.6.4 头发物理（使用物理控制部件的运动 2）

头发的运动有很多种方法可以实现，可以使用变形路径，变形器或者蒙皮功能实现头发摆动的效果，在此基础上又可以添加头发整体的效果。例如在低头 / 抬头和头部垂直运动时，头发整体的飘动效果。短而宽的头发，例如刘海部分，可以使用变形路径或变形器制作两段摆动效果。比较长的头发或者卷发可以使用多个变形器制作 3~4 段物理。对于马尾辫等，可以使用蒙皮的方法添加摆动动作。但旋转变形器的子物件不受旋转变形器和父级弯曲变形器的影响，在蒙皮之后添加其他效果较为困难，一般只推荐使用蒙皮制作细长的部件。

1. 使用变形路径（水平摆动）

使用变形路径制作头发左右摆动的方法适用于头发较短的情况。当头发较长时，推荐使用变形路径制作最后一段（头发末尾）的摆动，使用变形器制作其他部分的摆动。

首先为长头发的摆动各新建一个参数，范围 -1.0~1.0，默认值 0.0。选择头发的图形网格并新建变形路径，如图 4-336 所示。图中蓝色箭头所示的控制点为固定的部分。首先在第 1 段摆动的参数上添加 3 个关键点，移动红色箭头所示的控制点，使头发中下半部分左右摆动，如①和③所示。

在头发下半部分的两个控制点直接再添加一个控制点，如图 4-337 ②所示，并在第 2 段摆动的参数上添加 3 个关键点。在第 1 段摆动参数处于默认位置时，移动红色箭头所示的控制点使发尾左右摆动，如①和③所示。

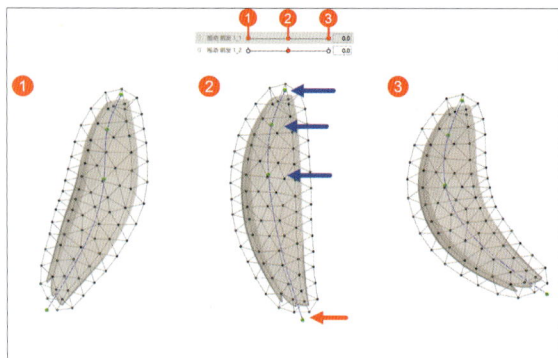

图 4-336

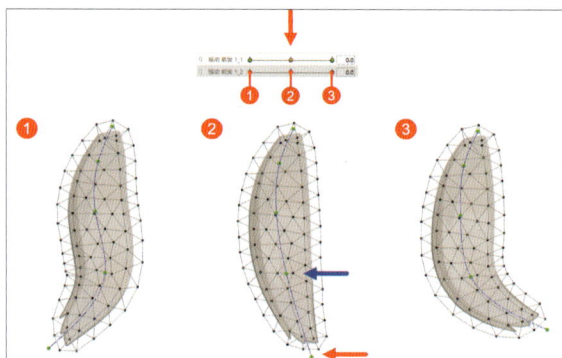

图 4-337

4 个角的动作也需要手动调整。在第一段摆动参数处于一侧时移动红色箭头所示的控制点使发尾左右摆动，如图 4-338 所示。

在第一段摆动参数处于另一侧时，重复同样的操作，如图 4-339 所示。

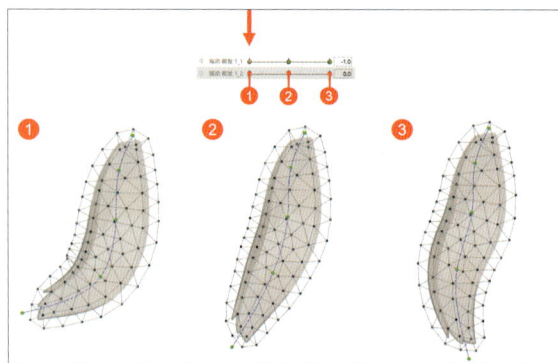

图 4-338

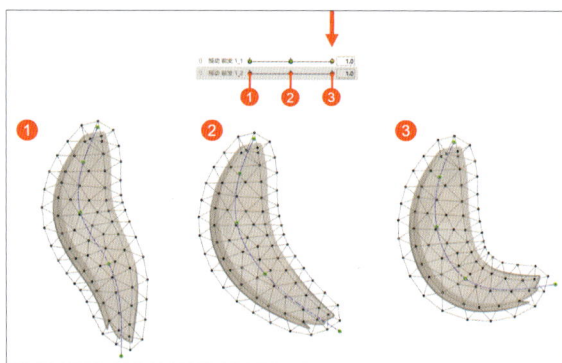

图 4-339

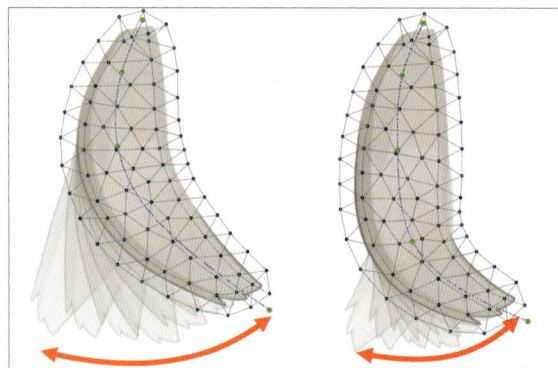

图 4-340

在调整发尾的控制点并做出左右摇摆的动作时，可以打开洋葱皮显示，确认发尾摆动的路径。头发尾部在摆动时会形成一个扇形，且朝两边摆动的幅度相同，如图 4-340 所示。

虽然也可以使用四角合成来制作4个角的动作，但一般效果不尽如人意。如图4-341所示，当参数处于四角位置时，发尾部分变形较大且顶点较多，不方便手动修正，故四角合成仅适用于部件摆动幅度较小的情况。

物理模拟组的设置，如图4-342所示。因为这里制作的是水平摆动的效果，需要使其和水平方向运动有关的参数有较大的影响力。

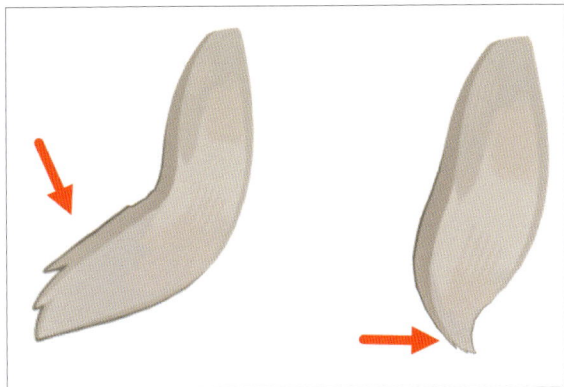

图 4-341

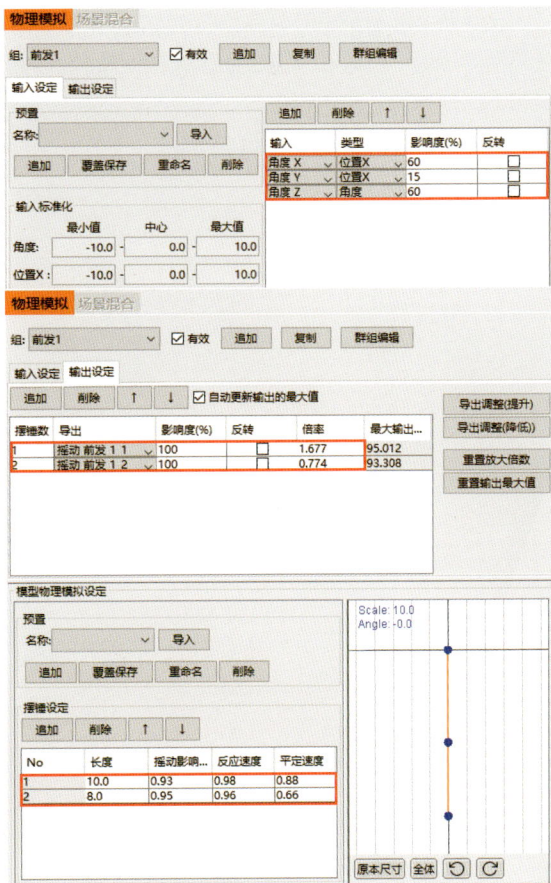

图 4-342

2. 使用弯曲变形器（水平摆动）

首先选中头发的图形网格并为其新建两个父级弯曲变形器。最外侧的弯曲变形器用来制作第1段的摆动，而该变形器的子级变形器用来制作第2段，即发尾部分的摆动。与前一节介绍的顺序不同，这里需要从发尾部分开始制作。

这里可以使用【临时路径变形】工具使弯曲变形器下半部分左右摆动。首先选择想要添加临时变形路径的弯曲变形器，在【建模】菜单中选择【临时变形工具】，并在其子菜单中选择【临时路径变形】，如图4-343所示。

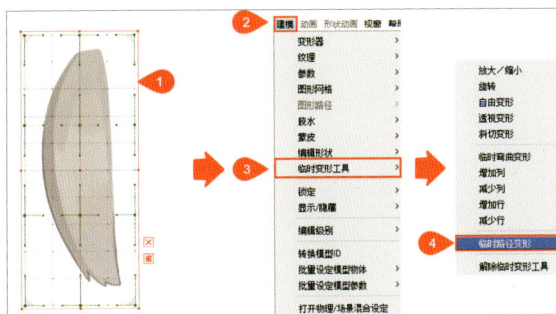

图 4-343

在想要添加控制点的位置，单击鼠标右键即可添加新的控制点，拖动控制点可以控制变形器整体的形状。在调整完毕后，可以在单击视图区域左上角的确认按钮，关闭临时变形路径。临时变形路径与普通变形路径不同，在创建完之后不会保留。在使用临时变形工具对图形网格或弯曲变形器进行调整前，应先选择想要调整形状的关键点，如图 4-344 所示。

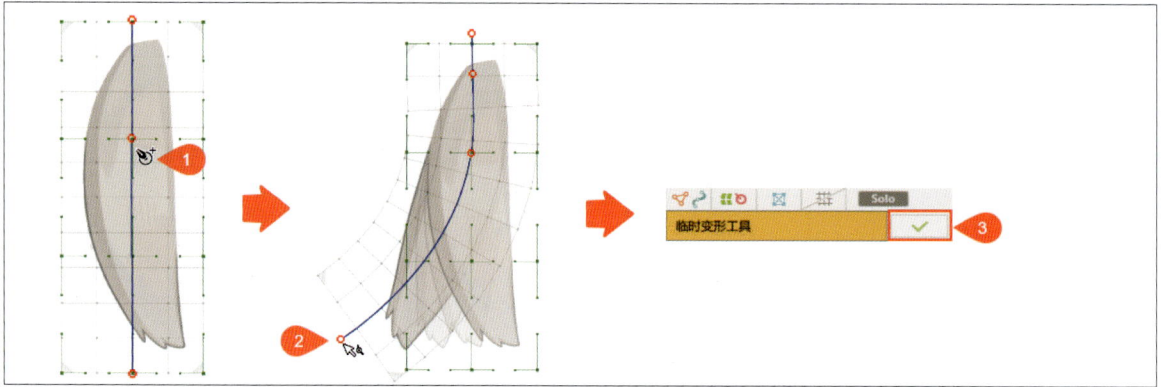

图 4-344

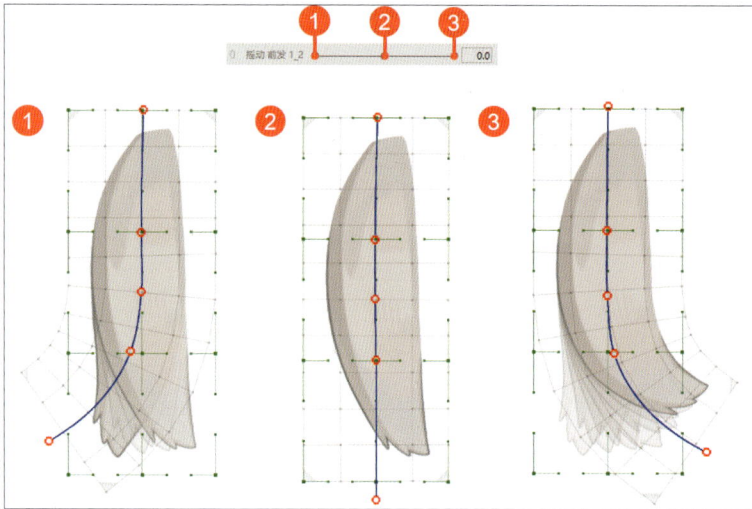

图 4-345

选择内侧较小的子级变形器并在第二段摆动的参数上添加 3 个关键点。在摆动参数变化时调整变形器的形状使发尾部分左右摆动，如图 4-345 所示。

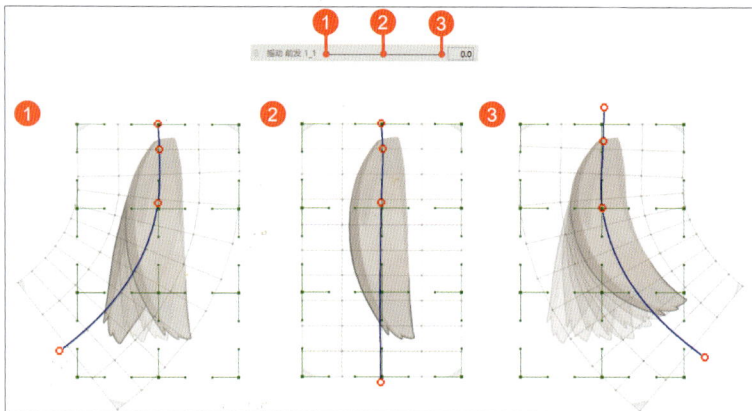

图 4-346

选择外侧较大的父级变形器并在第 1 段摆动的参数上添加 3 个关键点。在第 1 段摆动参数变化时，调整变形器的形状使头发下半部分左右摆动，如图 4-346 所示。

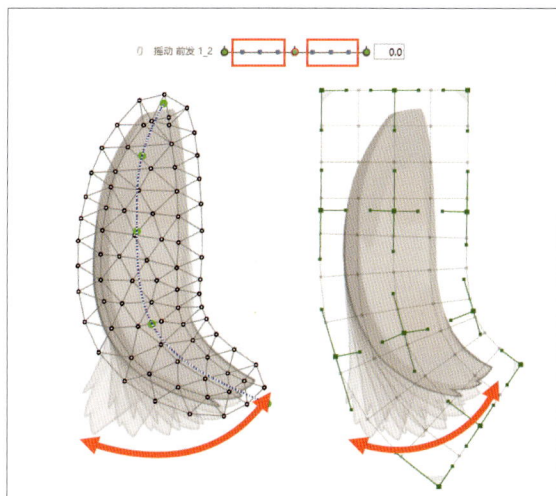

图 4-347

不管使用变形路径还是变形器的方法，都可以在摆动幅度较大时使用扩展插值功能使摆动更加平滑，如图 4-347 所示。

3. 使用变形路径和弯曲变形器（水平摆动）

如果头发比较长，则制作 3 ~ 4 段摆动的动作效果会更好。可以全部使用弯曲变形器制作，也可以采用变形路径和变形器结合的方式，使用变形路径制作发尾部分的摆动。在发尾部分弧度较大时推荐使用变形路径，将头发的图形网格与最后一段摆动的参数关联。必要时可以手动调整图形网格的形状以达到最佳效果。

脸颊两侧的头发较长且由两个部分组成，适合使用这种方法制作摆动的效果。新建头发摆动的 4 个参数，范围 –1.0~1.0，默认值 0.0。从发尾（第 4 段）的摆动开始制作。首先选择两个侧发的图形网格并在发尾摆动的参数上添加 3 个关键点。在参数处于最大和最小值时让侧发主干部分的发尾伸直和弯曲，如图 4-348 所示。

侧发较细的一缕则可以在该参数变化时分别远离和靠近主干部分，如图 4-349 所示。

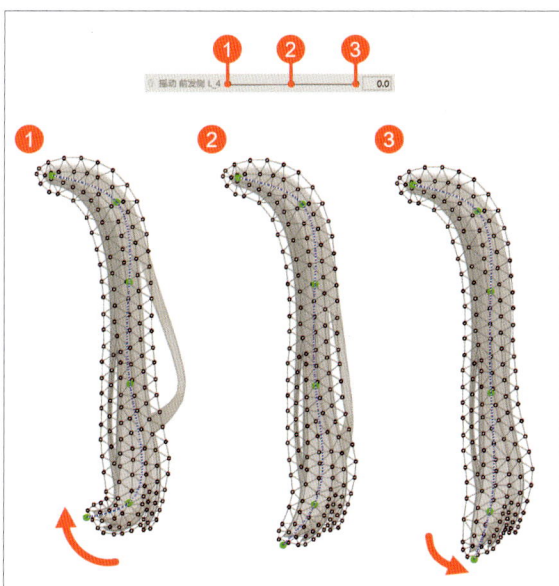

图 4-348

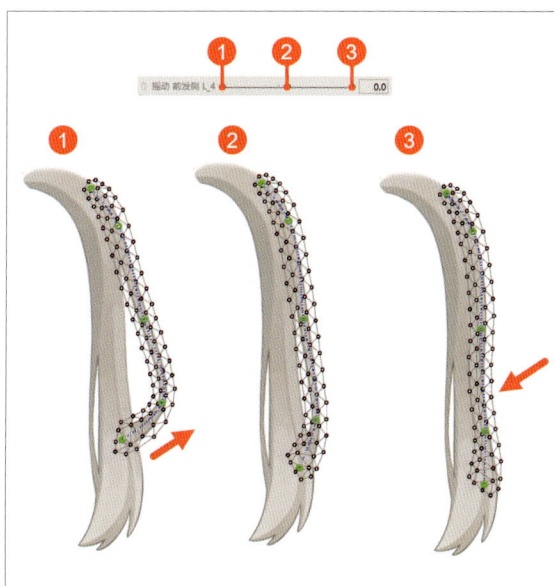

图 4-349

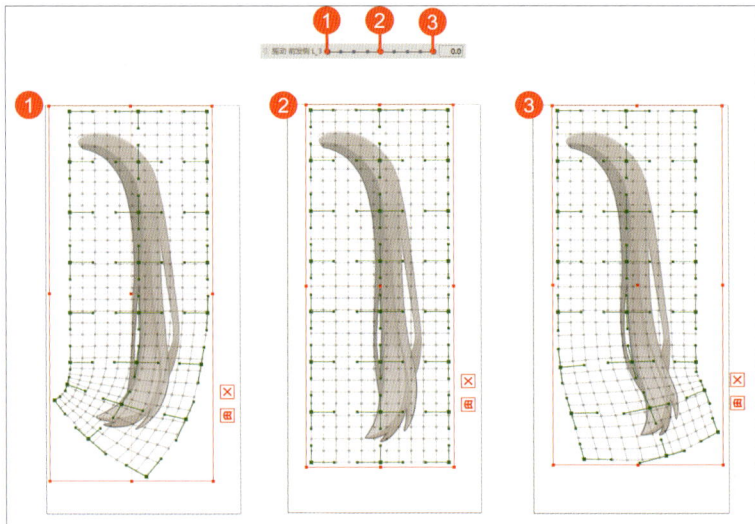

图 4-350

选择侧发两个图形网格，新建第 3 段摆动的父级弯曲变形器，并在第 3 段摇动的参数上添加 3 个关键点。调整变形器控制点，使最靠下的一段头发左右摆动，如图 4-350 所示。

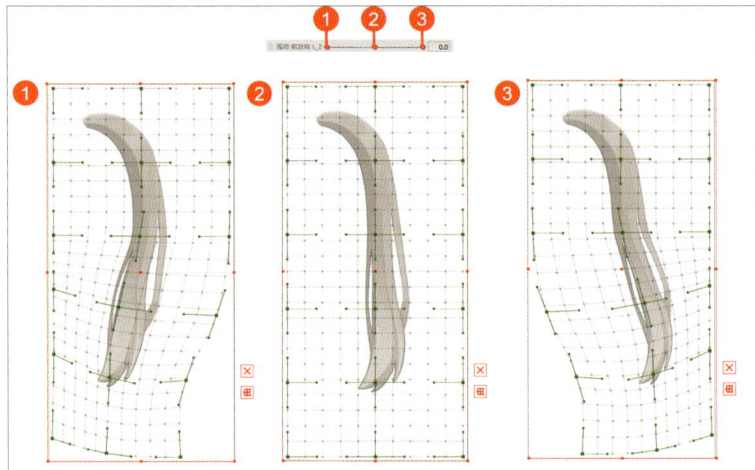

图 4-351

选择第 3 段摆动的父级弯曲变形器，新建第 2 段摆动的父级弯曲变形器，并在第 2 段摇动的参数上添加 3 个关键点。调整变形器控制点，使头发的靠下约 1/2 的部分左右摆动，如图 4-351 所示。

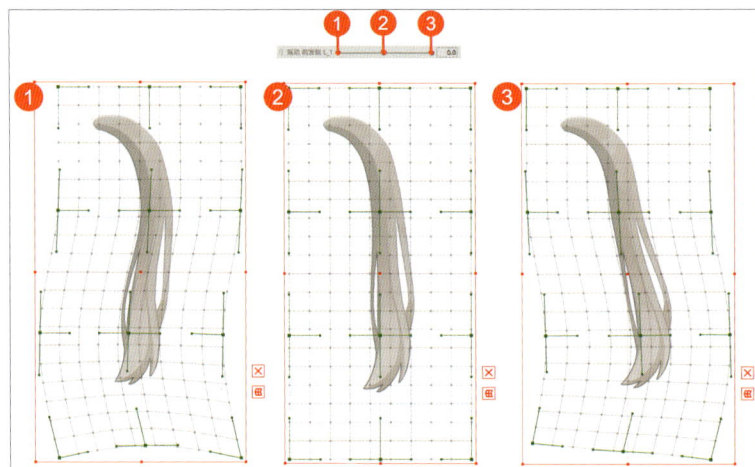

图 4-352

选择第 2 段摆动的级弯曲变形器，新建第 1 段摆动的父级弯曲变形器，并在第 1 段摇动的参数上添加 3 个关键点。调整变形器控制点，使头发靠下约 2/3 的部分左右摆动，如图 4-352 所示。

这 3 个变形器影响的部分，如图 4-353 所示。①为第 3 段摆动的支点，②为第 2 段摆动的支点，③为第 1 段摆动的支点。制作完毕后将相关参数扩展插值设置为椭圆插值或 SNS 插值，使运动更平滑。

物理模拟组的设置，如图 4-354 所示。

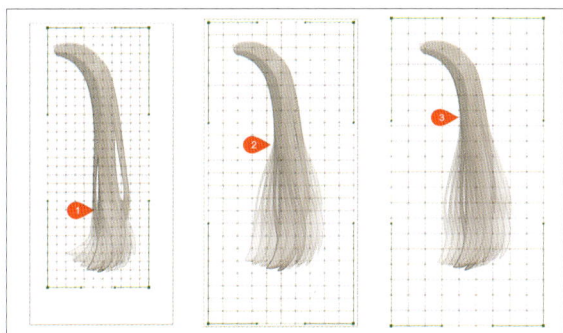

图 4-353

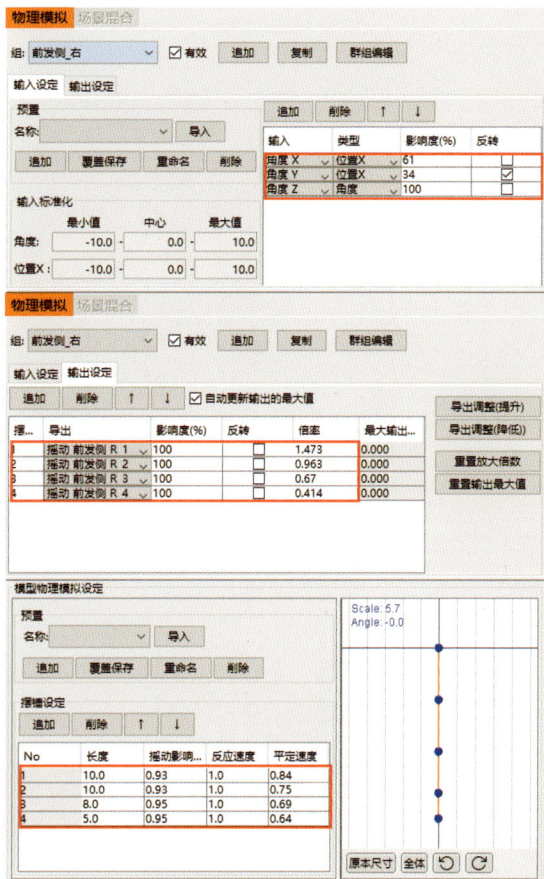

图 4-354

更长的头发也可以使用上述方法制作 4 段摆动。如果头发本身是倾斜的，可以适当调整弯曲变形器的角度。制作摆动的动作时，也不必局限于水平方向的运动，可以向斜上和斜下方移动控制点。外侧头发 4 段物理的摆动如图 4-355~ 图 4-358 所示。物理模拟组的设置可以直接复制图 4-354 中的物理模拟组并略微调整。

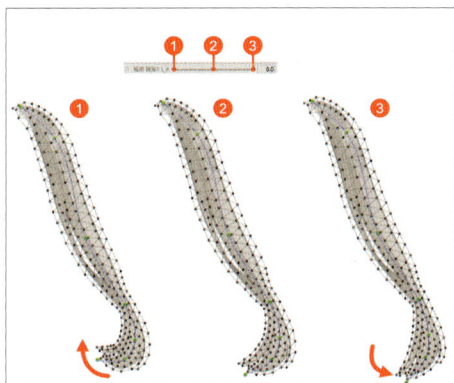

图 4-355

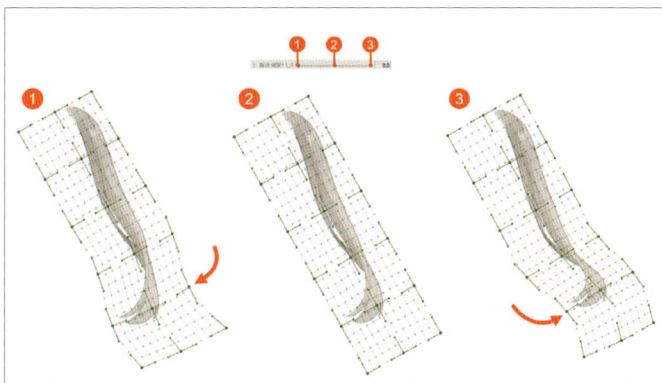

图 4-356

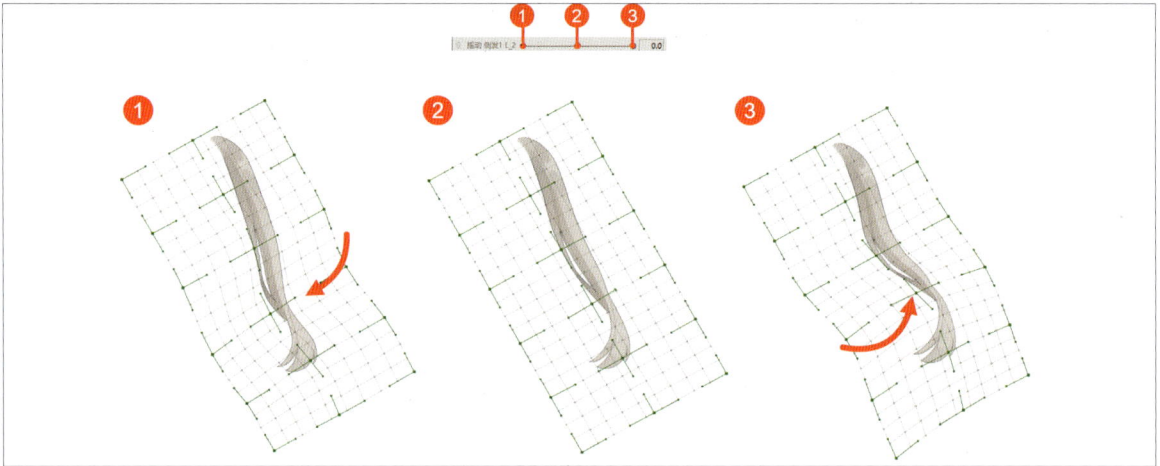

图 4-357

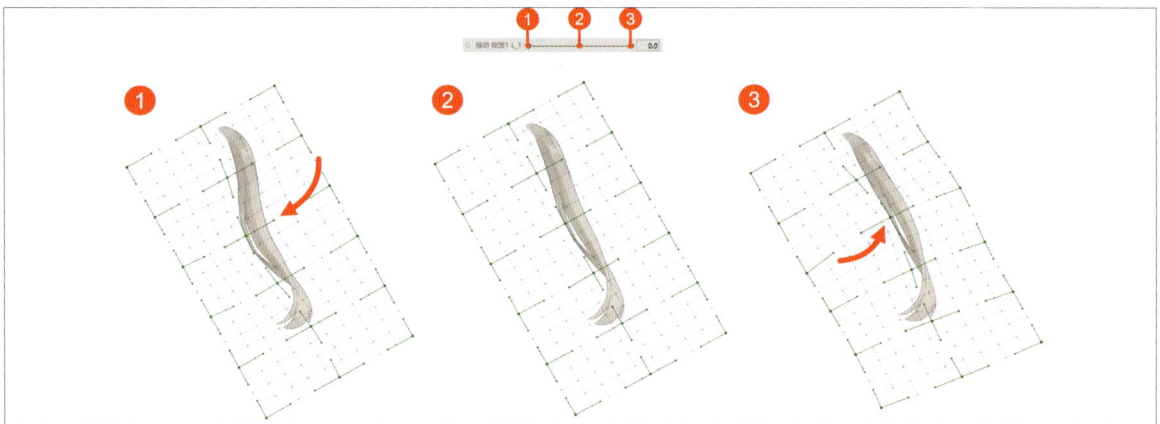

图 4-358

4. 整体效果（垂直运动）

除了头发左右晃动的动作外，在低头 / 抬头或头部垂直运动时，可以增加头发整体飘动的效果，使头发显得更轻柔和自然。一般可以制作一到两段垂直方向的飘动动作。以角色的刘海部分为例，选择刘海部分的头发并新建两个弯曲变形器，分别绑定垂直摇动的参数，如图 4-359 所示。也可以使用一个变形器和两个融合变形参数。

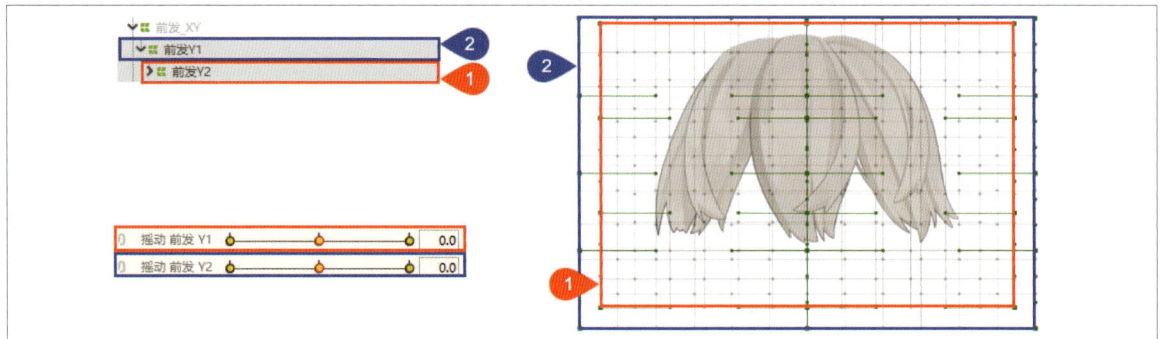

图 4-359

和水平摇动相同，首先制作最后一段（发尾部分）摆动的动作。调整较小子级弯曲变形器的控制点，让发尾部分在低头时做出向上飘起的动作和在抬头时有被拉长的动作，如图 4-360 所示。

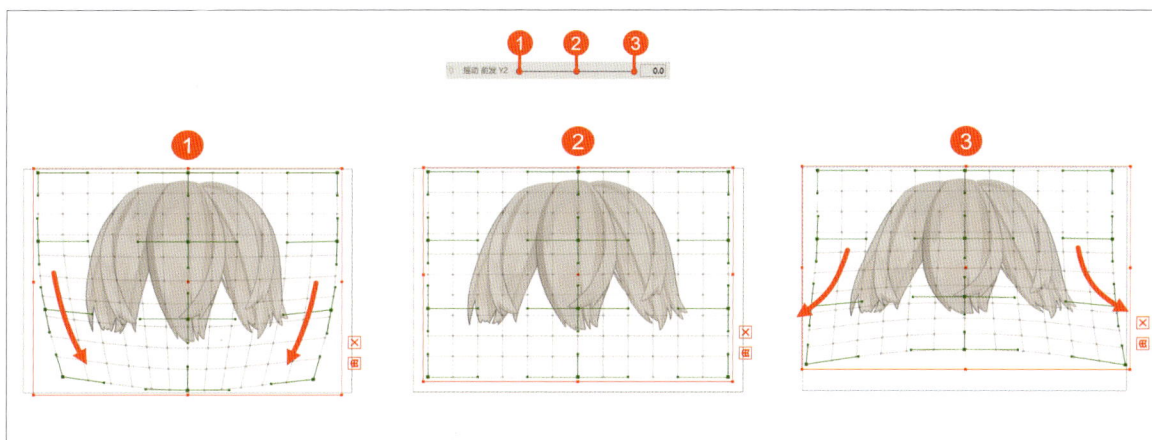

图 4-360

调整较大父级变形器的控制点时，分别挤压和拉伸刘海中间的部分，如图 4-361 所示。

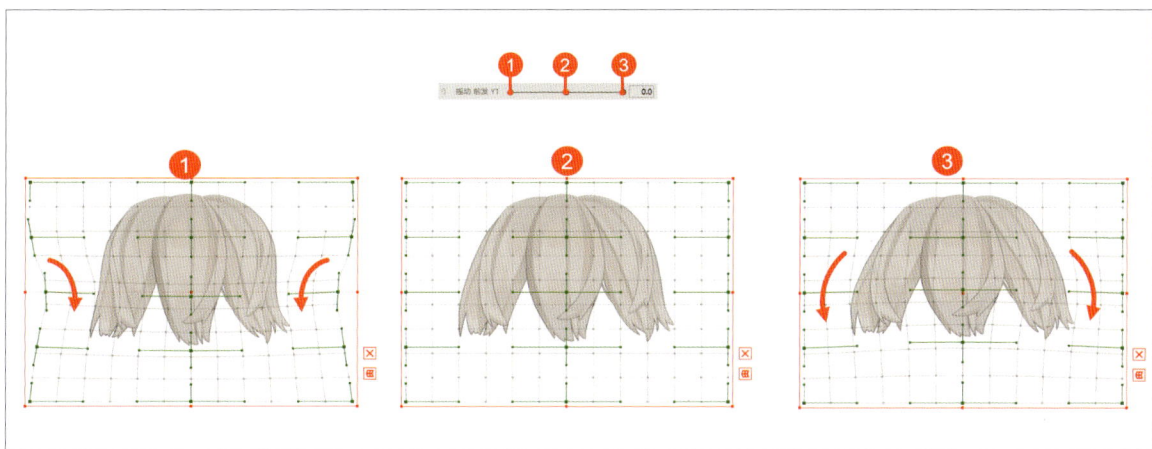

图 4-361

如果想要前发的弹性效果更明显，可以增加调整的幅度，并从水平方向挤压 / 拉伸刘海部分，同时从垂直方向拉伸 / 挤压前发。具体可以参考瞳孔部分的制作方法。

物理模拟组的设置，如图 4-362 所示。

图 4-362

外侧的长发也可以使用类似的处理方法。图 4-363 为第 2 段头发飘动效果的制作方法。图 4-364 为第 1 段飘动效果的制作方法。

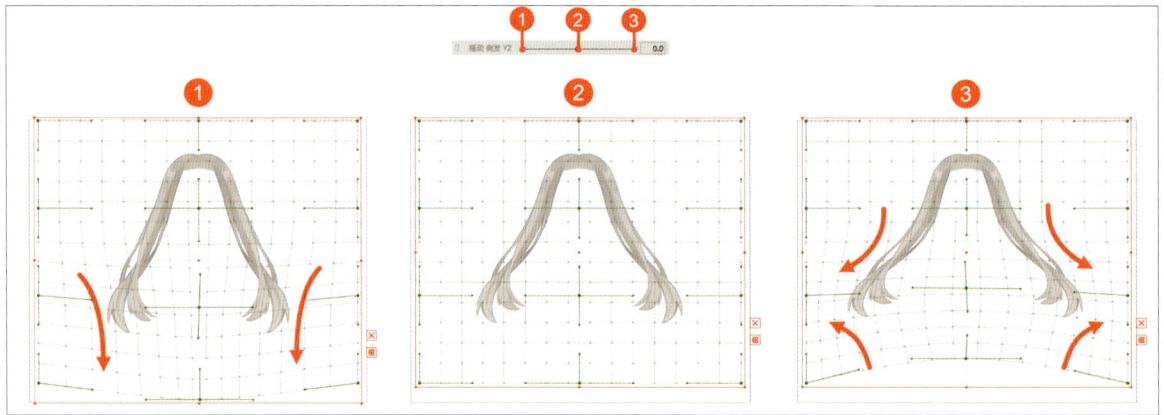

图 4-363

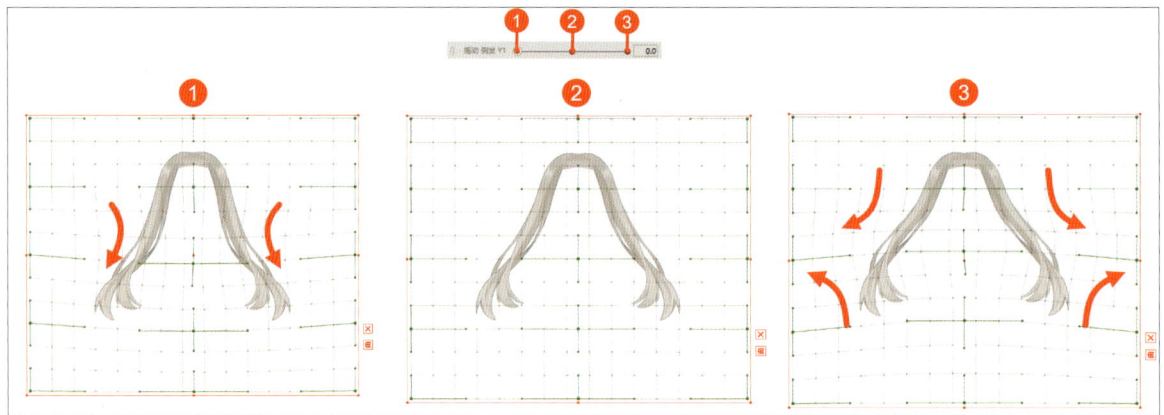

图 4-364

物理模拟组的设置，如图 4-365 所示。

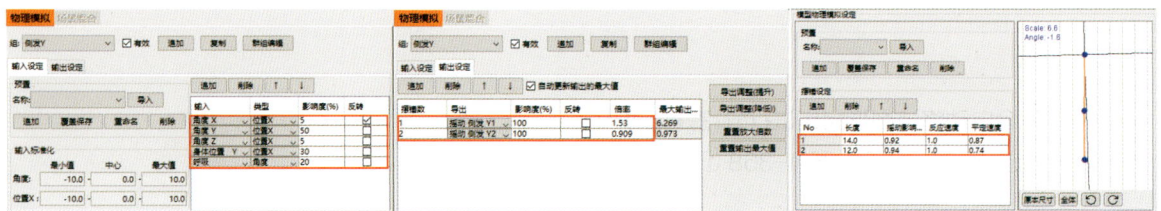

图 4-365

5. 使用蒙皮

细长的头发和物件，可以使用【蒙皮】来制作摆动的效果。蒙皮的原理是首先沿该物体的走向创建一系列首尾相接的旋转变形器，再把该物体分成不同的部分，每个部分放入一个旋转变形器。各部分相接的地方使用胶水连接。当这一系列旋转变形器和物理模拟摆锤关联时，该物体就会随摆锤的摆动而晃动。蒙皮使用的旋转变形器可以自动创建，也可以手动创建。

图形网格会被分割并放入不同的旋转变形器中，而旋转变形器的子物件不受其父级弯曲变形器的影响，如果想要添加蒙皮效果的图形网格有一个或多个的父级变形器，必须在所有相关参数上为该图形网格添加关键点。例如图 4-366 所示的图形网格有一个父级的弯曲变形器，【外侧头发 _XY】而该变形器在参数【角度 X】和【角度 Y】上均有 3 个关键点。那么应选择想要添加蒙皮的图形网格②，并且在参数【角度 X】和【角度 Y】上添加 3 个关键点，否则在添加蒙皮后，该图形网格将不会随角度 XY 的变化而变化。

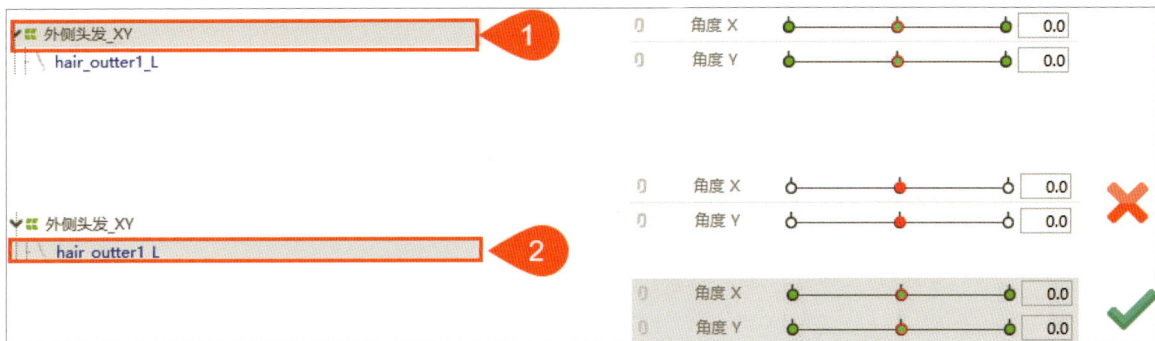

图 4-366

首先介绍使用变形路径进行蒙皮的制作方法。该制作方法简单快捷，所有的旋转变形器和这些变形器相关的参数均为自动创建。缺点是变形器旋转的角度是固定的 30°。选择想要添加蒙皮的图形网格，并沿该图形网格的大体走向添加变形路径，在【建模】菜单中选择【蒙皮】并在其子菜单中选择【变形路径进行蒙皮】，如图 4-367 所示。

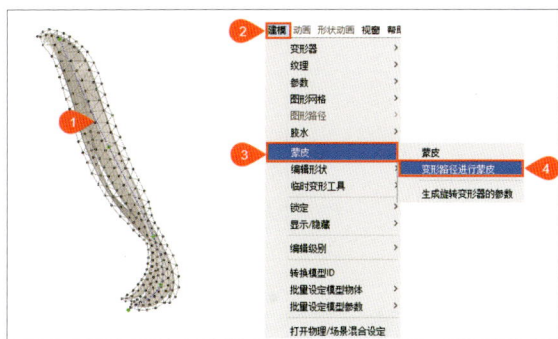

图 4-367

Live2D 会自动将该图形网格进行分割并把每一节放在一个旋转变形器里，如图 4-368 ①所示。此外，Live2D 会自动为每一个旋转变形器创建一个范围为 -30~30 的参数，并将这些变形器与参数关联，如图 4-368 ②所示。创建的旋转变形器，是沿着变形路径创建的，如图 4-368 ③所示。

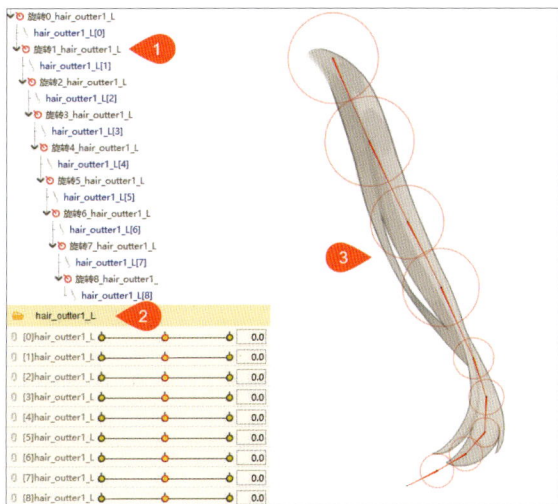

图 4-368

图 4-369

自动蒙皮创建的旋转变形器的位置可以通过变形路径控制点的位置来控制。自动蒙皮旋转变形器的添加规则是在每两个变形路径控制点之间添加两个首尾相接的弯曲变形器[1]，并在变形路径最后一段额外添加一个与变形路径相接的旋转变形器，如图 4-369 所示。

利用这个机制，我们可以通过调整变形路径控制点的位置和疏密来控制自动蒙皮生成旋转变形器的位置和数量。

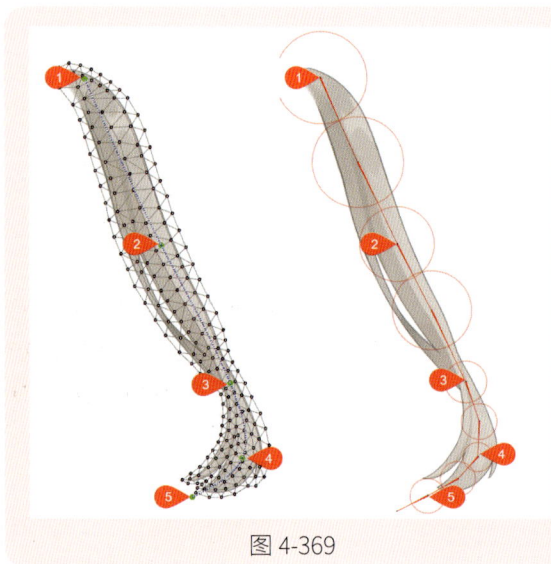

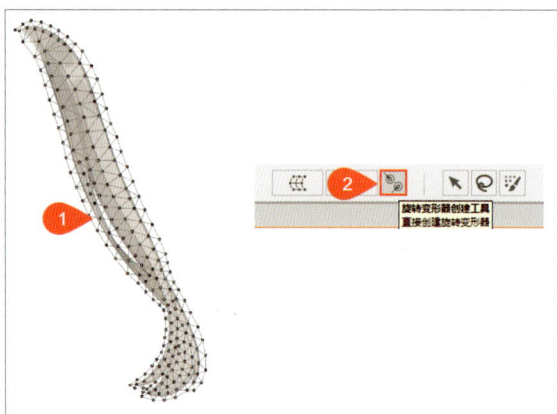

图 4-370

除了使用变形路径蒙皮的功能，也可以使用手动添加旋转变形器和参数的方法进行蒙皮。首先选择想要添加蒙皮的图形网格（这一步是为了方便后期查找该图形网格），并选择【旋转变形器创建工具】，该工具可以被用来连续创建旋转变形器，如图 4-370 所示。

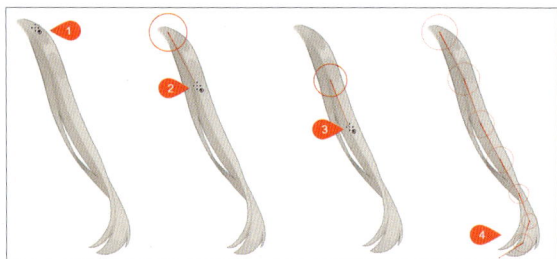

图 4-371

在起始处按住鼠标左键并拖曳，如图 4-371 中①所示。直到下一个旋转变形器的起始点，如图 4-371 ②所示。松开鼠标左键完成第一个旋转变形器的创建，再次按住鼠标左键并拖曳，以创建第二个旋转变形器，如图 4-371 ③所示。沿图形网格的走向重复此步骤，直到完成所有旋转变形器的创建。

选择之前创建的所有旋转变形器（它们会自动形成父子关系）和图形网格本身，在【建模】菜单中选择【蒙皮】，并在其子菜单中选择【蒙皮】。Live2D 会自动分割图形网格并添加胶水连接，如图 4-372 所示。

【1】旋转变形器控制手柄的角度和长度会被自动调整，产生首尾相接的视觉效果。并非真的被连接。

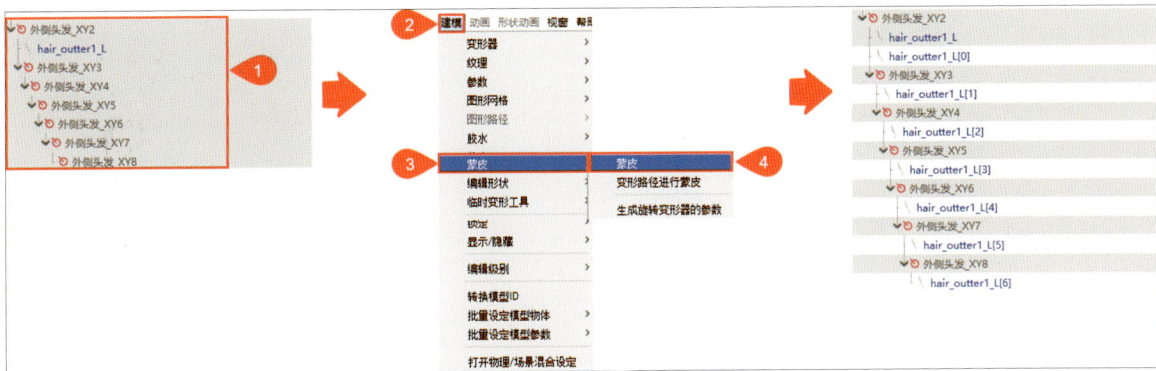

图 4-372

选择所有的旋转变形器，在
【建模】菜单中选择【蒙皮】，
并在其子菜单中选择【生成旋转
变形器的参数】为这些变形器自动创
建关联参数，如图 4-373 所示。

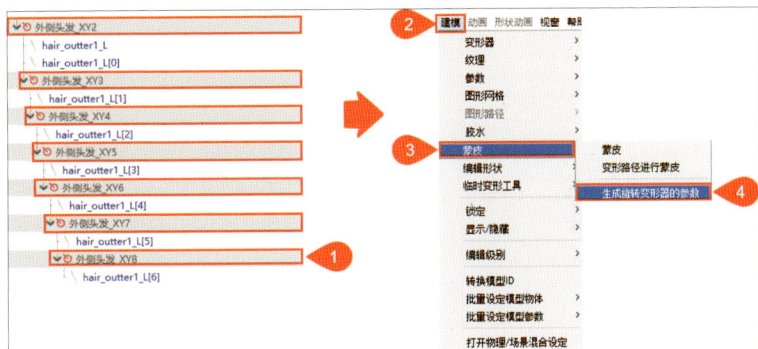

图 4-373

在弹出的窗口中可以设置
【参数名称】和【角度范围】，
设置完毕后 Live2D 会自动创建
与各旋转变形器相关联的参数，
如图 4-374 所示。

图 4-374

在蒙皮添加完毕后，可以将每个生成的参数关联到一段摆锤上，物理模拟组的设置，如图 4-375 所示。

图 4-375

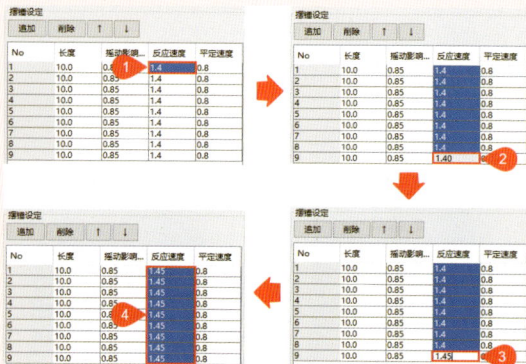

图 4-376

在有多段摆锤的情况下，往往需要同时对多个属性进行调整。首先选择第一个参数，按住 Shift 键，同时用鼠标单击最后一个参数，批量选择多个参数，如图 4-376 所示。之后再次点击最后一个参数的输入框进入编辑模式并输入新的数值。确认后，所有参数均被修改成特定的值。

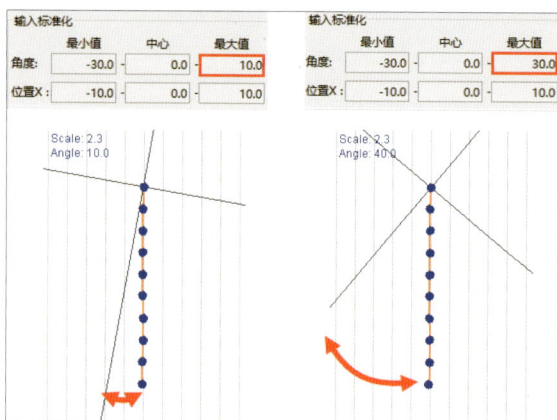

图 4-377

使用蒙皮制作的头发或长条形物件，不需要使用额外的 Z 角度弯曲变形器来进行角度的调整。在偏头时，可以通过调整输入标准化的最大值和最小值，使头发达到自然下垂的效果。输入标准化的最大值和最小值会影响摆锤第一段在输入最大值和最小值时收敛的角度，如图 4-377 所示。

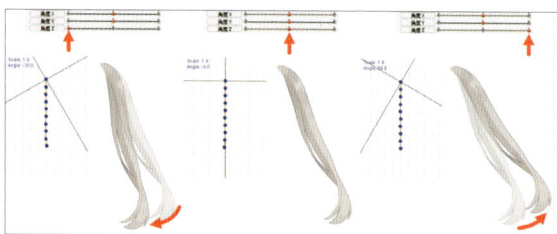

图 4-378

当把参数【角度 Z】作为物理模拟输入时，头发静止状态的角度会随角度 Z 的改变而改变，如图 4-378 所示。

4.6.5 服装、布料物理（使用物理控制部件的运动 3）

所有服装和配饰的物理分为随身体 X/Z 角度、位置变化的水平晃动模式、随身体 Y 角度和位置变化的垂直晃动模式。一般为每个方向制作 1~3 个晃动的模式，分别放在垂直晃动和水平晃动两个物理模拟组里。简单的物件可以把两个方向晃动的模式合并在一个物理模拟组里。一般来说只需要想象该部件在晃动时可能产生的运动模式：不同方向的摆动、拉伸与挤压、整体角度改变、部分角度改变，然后从中选取 1~3 个即可。晃动频率高的和比较容易被晃动的部分（例如裙子下摆、花边和布料尖端部分）与摆锤的最后一段关联，而晃动频率低的部分（例如整体角度的改变）与摆锤靠上的部分关联。

这里采用了一个弯曲变形器关联一个参数的制作方法。每个部分都是从内部形变较小的变形器开始制作，在制作完一个模式的摆动后再新建父级变形器制作下一个模式的摆动。这样做是为了尽量避免子级变形器超出父级变形器。Cubism 5.0 之后的版本中可以修改融合变形参数的插值类型，也可以使用一个变形器关联多个融合变形参数的制作方法。

1. 领子

领子使用了一段垂直方向的摆动和两段水平方向的摆动。垂直方向（领子Y）的运动为身体后仰时领子被略微拉长和身体前倾时领子飘起的运动，如图 4-379 所示。

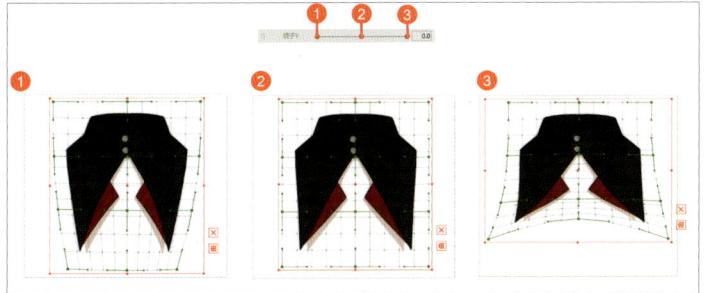

图 4-379

水平方向（领子 X）第 2 段的物理为领角左右摆动的运动，如图 4-380 所示。

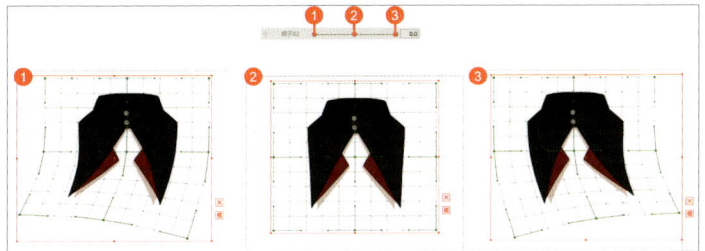

图 4-380

水平方向（领子 X）第 1 段的物理为领子下半部分整体左右摆动运动，如图 4-381 所示。

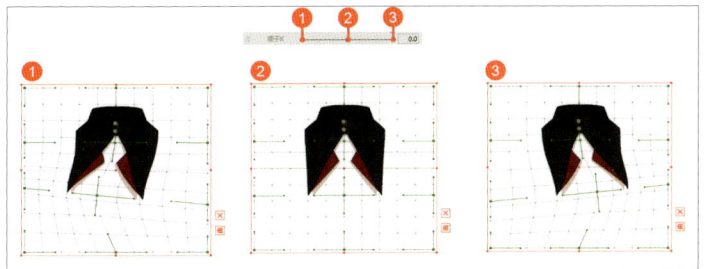

图 4-381

物理模拟组的设置，如图 4-382 所示。

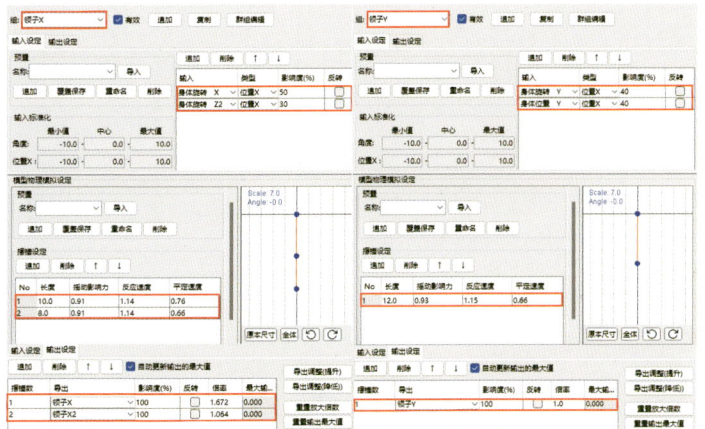

图 4-382

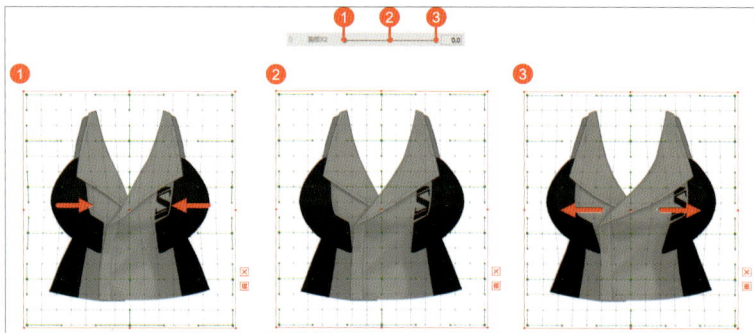

图 4-383

图 4-384

图 4-385

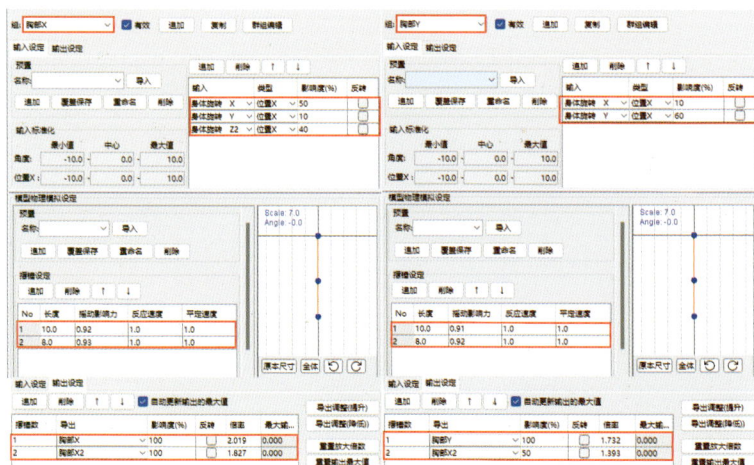

图 4-386

2. 胸部

胸部使用了 3 种运动模式。第 1 种是为了表现弹性的挤压 - 拉伸的模式，如图 4-383 所示。

第 2 种为胸部整体上下运动的模式，如图 4-384 所示。

第 3 种为胸部整体左右运动的模式，如图 4-385 所示。

物理模拟组的设置，如图 4-386 所示。

3. 服装下摆和裙摆

裙摆和衣服下摆的部分因为比较长，水平和垂直方向都可以制作两段的摆动。为了让运动模式更加丰富，增加了一段裙摆一侧向上而另一侧向下的运动。如果裙子有花边，也可以使用挤压－拉伸的运动模式表现花边的弹性。

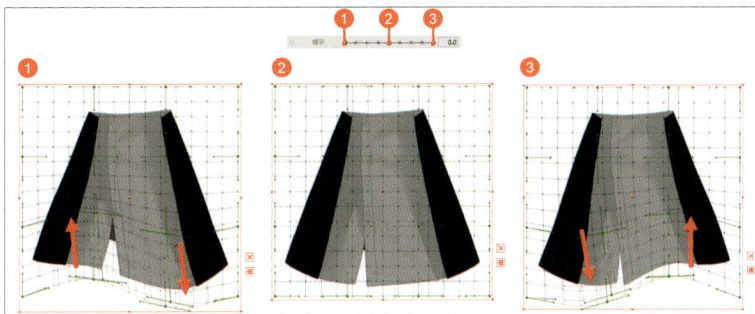

图 4-387

裙子不对称摆动的模式，如图 4-387 所示．

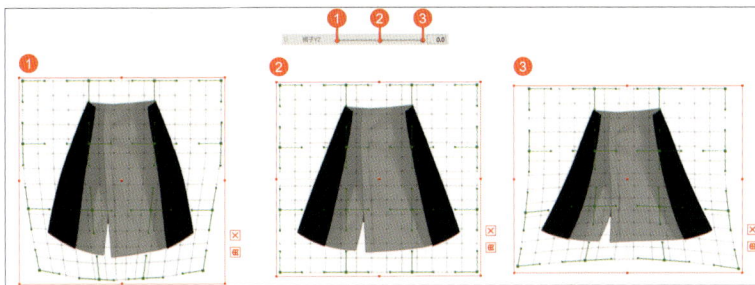

图 4-388

裙子第 2 段垂直摆动（下摆部分飘动）的模式，如图 4-388 所示。

裙子第 1 段垂直摆动（中间部分飘动）的模式，如图 4-389 所示。

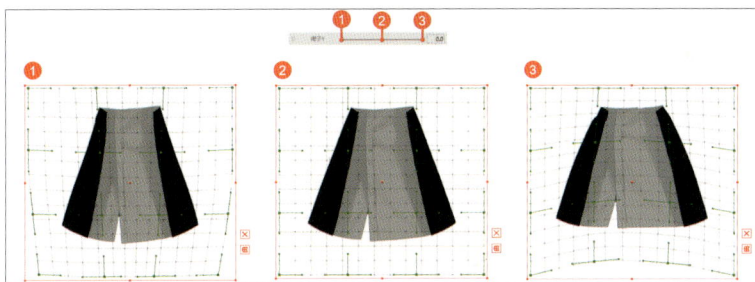

图 4-389

裙子第 2 段水平摆动（下摆部分飘动）的模式，如图 4-390 所示。

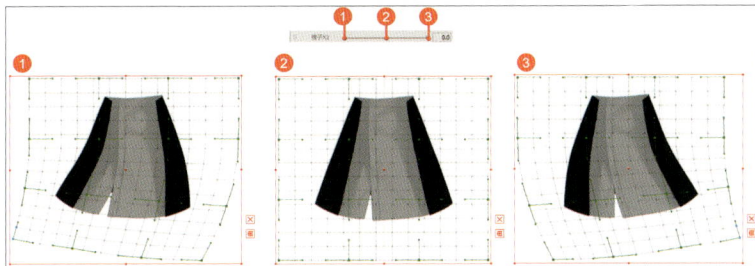

图 4-390

裙子第 1 段水平摆动（整体转向）的模式，如图 4-391 所示。

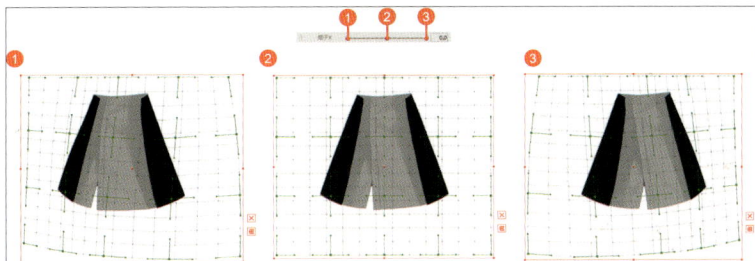

图 4-391

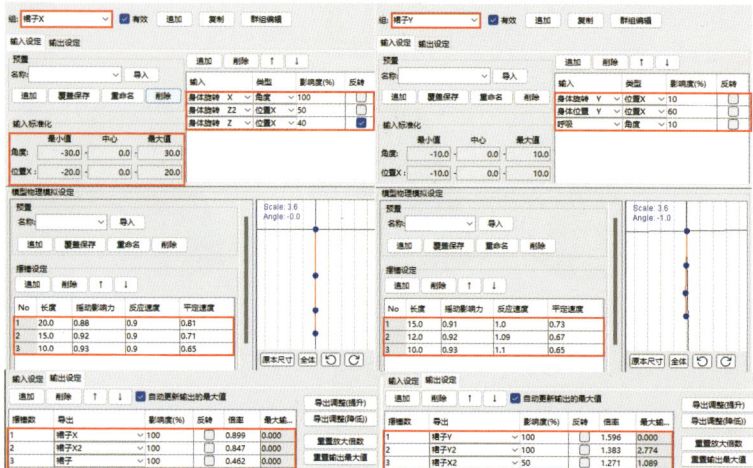

图 4-392（左侧面板）

组：裙子X			

输入 设定　输出 设定

输入	类型	影响度(%)	反转
身体旋转 X	角度	100	
身体旋转 Z2	位置X	50	
身体旋转 Z	位置X	40	✓

输入标准化

	最小值	中心	最大值
角度	-30.0	0.0	30.0
位置X	-20.0	0.0	20.0

摆锤设定

No	长度	摇动影响力	反应速度	平返速度
1	20.0	0.88	0.9	0.81
2	15.0	0.92	0.9	0.71
3	10.0	0.93	0.9	0.65

输出设定　☑ 自动更新输出的最大值

摆锤数	导出	影响度(%)	反转	倍率	最大值
1	裙子X	100		0.899	0.000
2	裙子X2	100		0.847	0.000
3	裙子X	100		0.462	0.000

图 4-392（右侧面板）

组：裙子Y			

输入	类型	影响度(%)	反转
身体位置 Y	位置X	10	
身体旋转 Y	位置X	60	
呼吸	角度	10	

输入标准化

	最小值	中心	最大值
角度	-10.0	0.0	10.0
位置X	-10.0	0.0	10.0

摆锤设定

No	长度	摇动影响力	反应速度	平返速度
1	15.0	0.91	1.0	0.73
2	12.0	0.92	1.09	0.67
3	10.0	0.93	1.1	0.65

输出设定　☑ 自动更新输出的最大值

摆锤数	导出	影响度(%)	反转	倍率	最大值
1	裙子Y	100		1.596	0.000
2	裙子Y2	100		1.383	2.774
3	裙子X2	50		1.271	1.089

图 4-392

物理模拟组的设置，如图 4-392 所示。

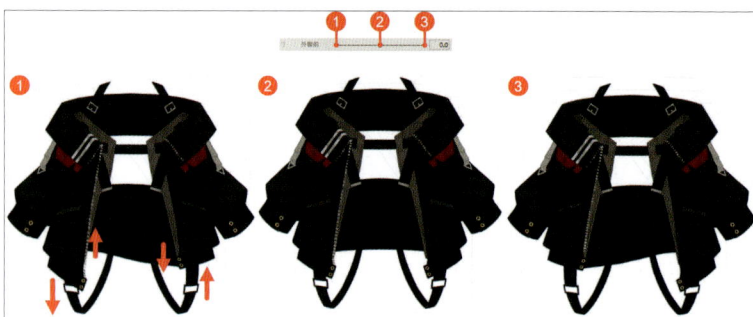

图 4-393

外套下摆不对称摆动的模式，如图 4-393 所示。

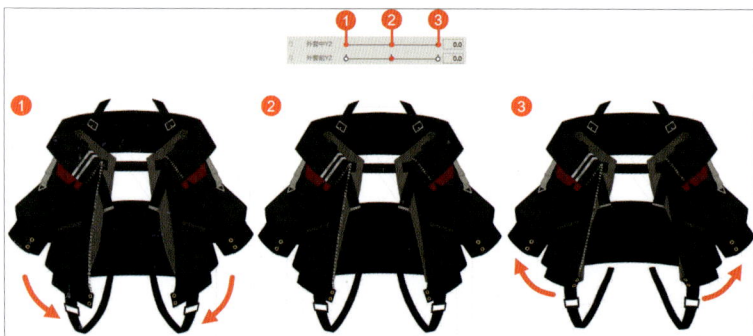

图 4-394

外套第 2 段垂直摆动（下摆部分飘动）的模式，如图 4-394 所示。

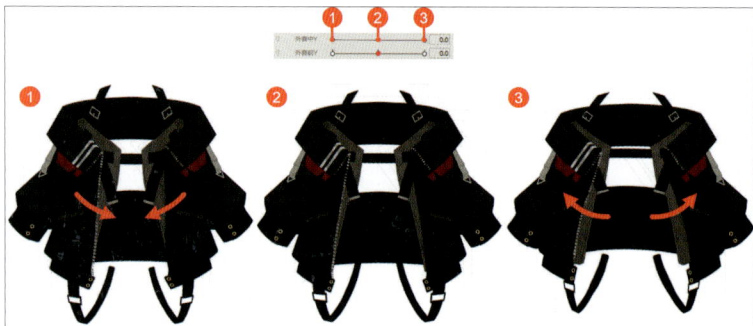

图 4-395

外套第 1 段垂直摆动（中间部分挤压 - 拉伸）的模式，如图 4-395 所示。

外套第 2 段水平摆动（下摆部分飘动）的模式，如图 4-396 所示。

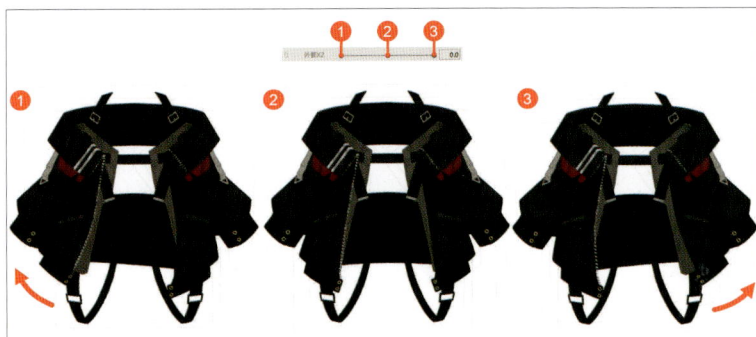

图 4-396

外套第 1 段水平摆动（整体转向）的模式，如图 4-397 所示。

物理模拟组的设置，可以参考裙子下摆，使用更长的摆锤。

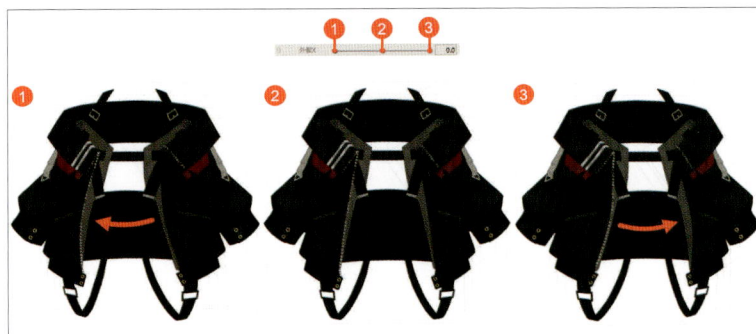

图 4-397

4. 袖子

袖子部分可以使用一个物理模拟组和两段不同方向运动的模式。第 1 段为袖子下半部分的拉伸与收缩，如图 4-398 所示。

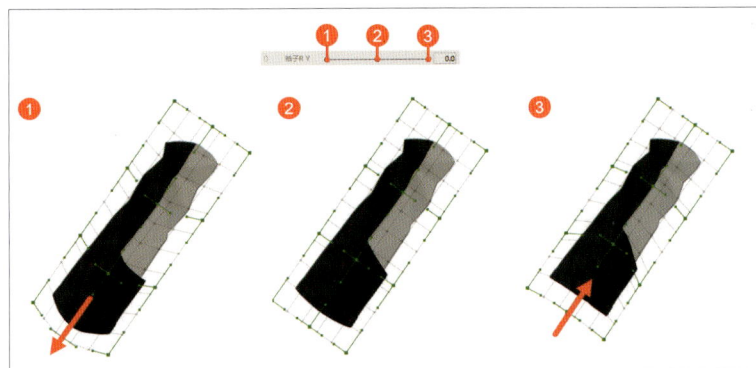

图 4-398

第 2 段为袖子下半部分左右转动的模式，如图 4-399 所示。

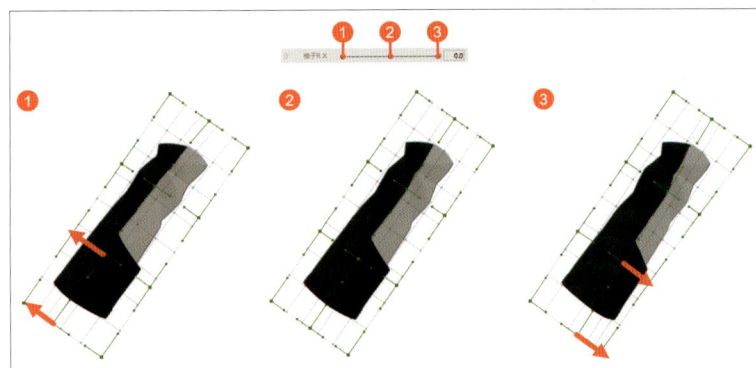

图 4-399

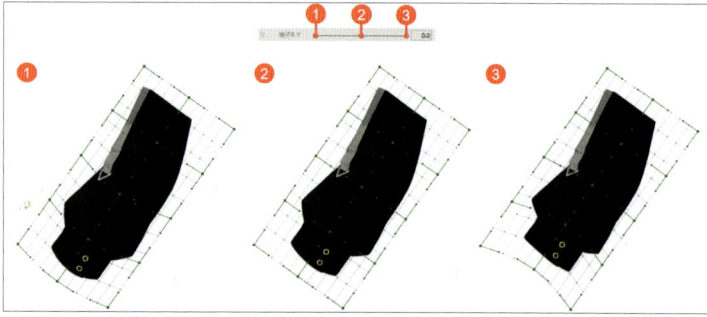

图 4-400

外套比较宽的袖子也可以使用这种方法，如图 4-400 和 4-401 所示。

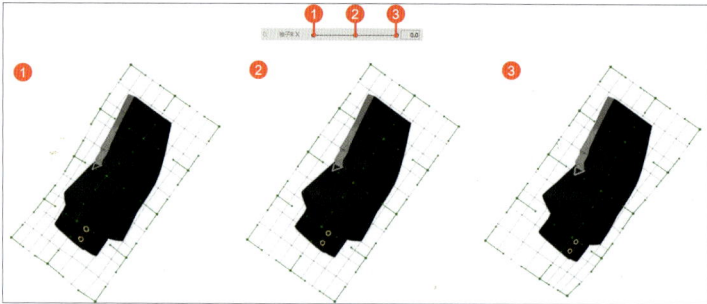

图 4-401

组: 袖子右X				

输入设定 输出设定

预置

名称: _____ 导入

追加 覆盖保存 重命名 删除

输入标准化

	最小值	中心	最大值
角度:	-10.0	0.0	10.0
位置X:	-10.0	0.0	10.0

追加 删除 ↑ ↓

输入		类型	影响度(%)	反转
身体旋转	X	位置X	30	☐
身体旋转	Y	位置X	20	☐
身体位置	Y	位置X	20	☐
身体旋转	Z	位置X	30	☑

模型物理模拟设定

预置

名称: _____ 导入

追加 覆盖保存 重命名 删除

摆锤设定

追加 删除 ↑ ↓

No	长度	摇动影响力	反应速度	平定速度
1	12.0	0.93	1.0	0.7
2	10.0	0.94	1.0	0.58

Scale: 4.9
Angle: -0.0

原本尺寸 全体 ↺ ↻

物理模拟组的设置，如图 4-402 所示。

输入设定 **输出设定**

追加 删除 ↑ ↓ ☑ 自动更新输出的最大值

摆锤数	导出	影响度(%)	反转	倍率	最大输...
1	袖子R Y	100	☐	1.5	0.000
2	袖子R X	100	☐	1.0	0.000

导出调整(提升)

导出调整(降低))

重置放大倍数

重置输出最大值

图 4-402

4.6.6 装饰品及配件物理

衣服上比较短的带子或挂件等可以参照头发的制作方法，制作两段摆动的动作，如图 4-403 所示。摆动幅度较大时使用【扩展插值】功能使运动更加平滑。添加物理模拟组时，使用水平、垂直两个方向运动的参数作为物理模拟组的输入参数。左右两边需要分开。

长条形的物件或飘带可以使用蒙皮的功能制作，如图 4-404 所示。而物理模拟组的配置可以参考蒙皮长发的物理模拟组。

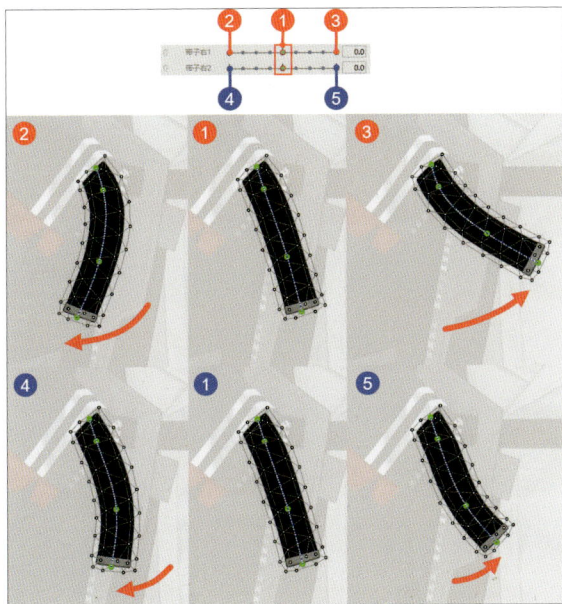

图 4-403

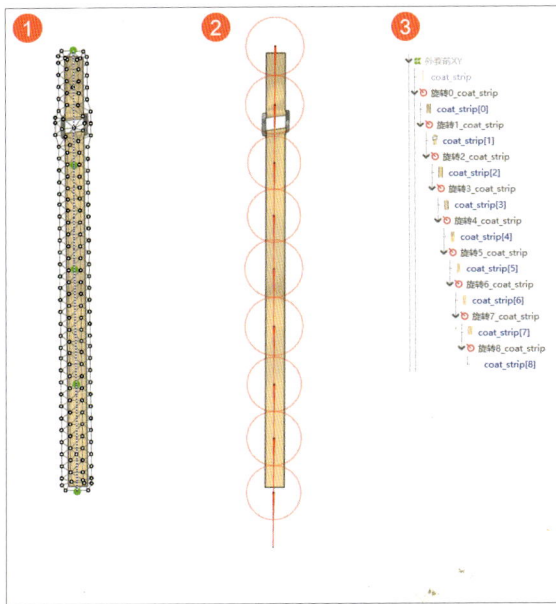

图 4-404

比较宽的飘带和披肩等物品可以使用制作头发摆动效果的方法制作。

4.7 贴图表情的制作

4.7.1 用参数控制贴图表情的开关

贴图表情可以直接将表情贴图的图形网格与控制该表情的参数相关联。在模型制作完毕并导出后，可以使用 Live2D Cubism Viewer 或面捕软件为模型创建表情文件。表情文件会记录相关参数的状态，在表情打开时，这些参数会被调整到预先设置好的位置。

Live2D 默认参数中就有【脸颊泛红】的参数。选择脸红的表情贴图，并在参数【脸颊泛红】上添加两个关键点。在参数【脸颊泛红：0.0】时，将该图形网格的不透明度设置为 0，如图 4-405 所示。图形网格不透明度的设置可以在检视面板窗口中找到。

为了能让脸红的贴图跟随脸部运动，我们可以直接将其放入脸部角度 XY 的弯曲变形器中。超出脸颊的部分可以使用蒙版功能隐藏。

脸部变黑的表情没有默认参数可以使用，这里创建一个新的参数，范围 0.0~1.0，默认值 0.0。与脸红不同的是，在表情参数等于 0.0 时，可以在把该图形网格的透明度调整至 0 时将其压扁，如图 4-406 所示。这样在表情打开时会有一个由上至下、由浅至深的过渡效果。因为脸黑的贴图也需要跟随脸部运动，该贴图也需要被放入脸部角度 XY 的弯曲变形器中。超出脸颊的部分使用蒙版功能隐藏（这里可以使用脸底色和左右耳的图形网格作为蒙版）。

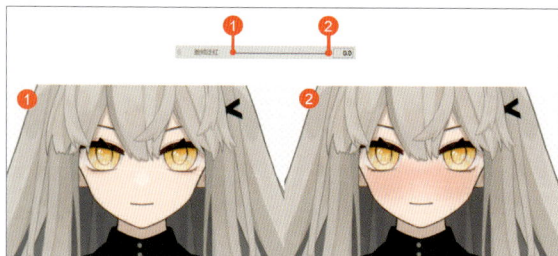

图 4-405

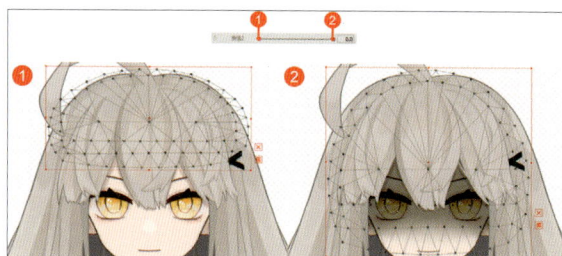

图 4-406

眼睛部分的表情贴图（例如星星、爱心等不同图案的瞳孔）也可以使用这种方法，如图 4-407 所示。

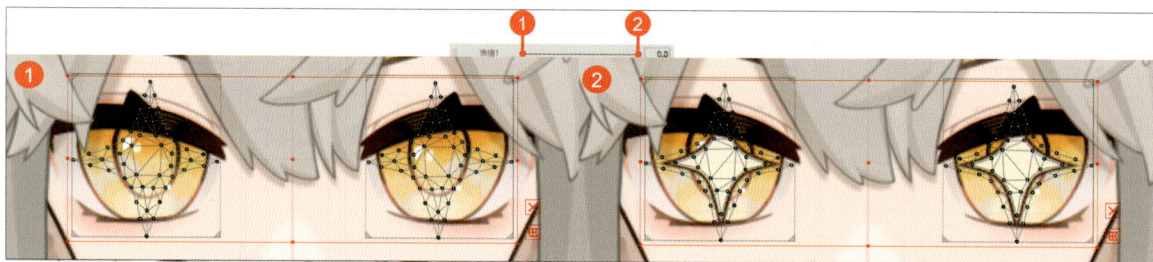

图 4-407

可以根据需要决定是否将这些图层放入瞳孔物理的变形器中。这里将两侧星星的图案分别放入了左右瞳孔第 1 段物理的变形器中，如图 4-408 所示。如果这些图案有单独的运动模式，可以创建新的弯曲变形器制作或使用融合变形参数。

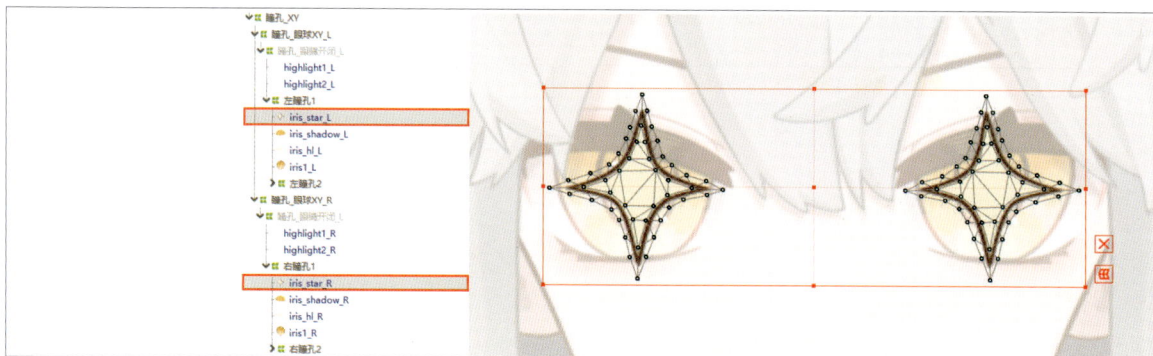

图 4-408

对于悬空的表情贴图，如果不需要其角度随脸部 XY 角度的变化而变化形状，可以直接将它们放入脸部角度 Z 的旋转变形器中。如果需要这些贴图随脸部 XY 角度变化而变化形状，则可以创建一个大的弯曲变形器并将这些贴图放入这个大的变形器中。选择该变形器并在参数【角度 X】和【角度 Y】上各添加 3 个关键点。调整该变形器的状态是表情贴图大致符合透视原理，如图 4-409 所示。之后再将这个大的弯曲变形器放入脸部角度 Z 的旋转变形器中。

图 4-409

4.7.2 表情贴图的物理

为表情贴图增加物理弹性的效果可以使这些贴图更加突出和生动。这里为所有需要物理效果的贴图新建了两个参数：【表情物理 1】和【表情物理 2】（范围 -1.0~1.0，默认值 0.0）。为生气的表情贴图新建两个弯曲变形器。子级弯曲变形器（第 2 段物理）做出图 4-410 所示的弹性效果，而父级弯曲变形器（第 1 段物理）做出图 4-411 所示的旋转效果。

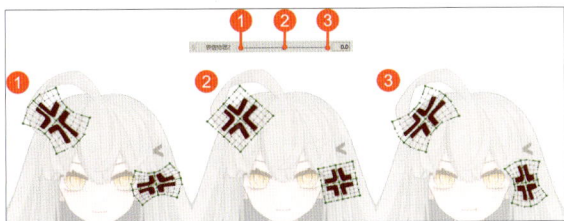

图 4-410

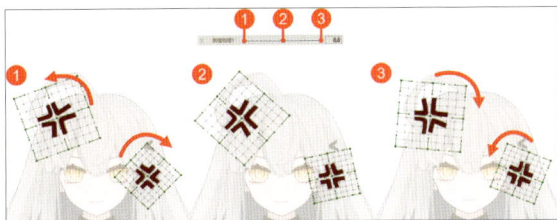

图 4-411

黑线的表情贴图第 2 段可以使用波浪形的运动，而第 1 段则可以使用长短变化的运动，如图 4-412 和图 4-413 所示。

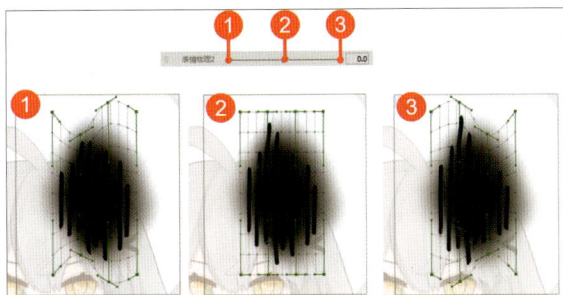

图 4-412

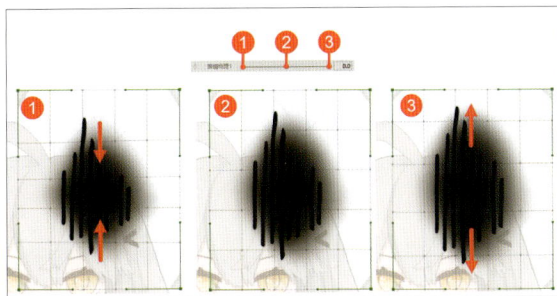

图 4-413

表情物理模拟组的设置，如图 4-414 所示。这里新增加了一个【表情物理】输入（范围 0.0~1.0，默认值 0.0）的参数作为表情物理模拟组的输入。这个参数不与任何变形器关联。在制作表情文件时，可以把这个参数和与贴图相关的表情参数同时设置为 1.0，这样在做表情时（表情参数由 0.0 至 1.0），表情贴图会晃动。这样的好处是不用为不同的表情设置多个物理模拟组，也不必在同一个物理组中添加太多输入参数（当有多个表情贴图的开关参数时）。如果不需要晃动效果，则可以取消该效果。

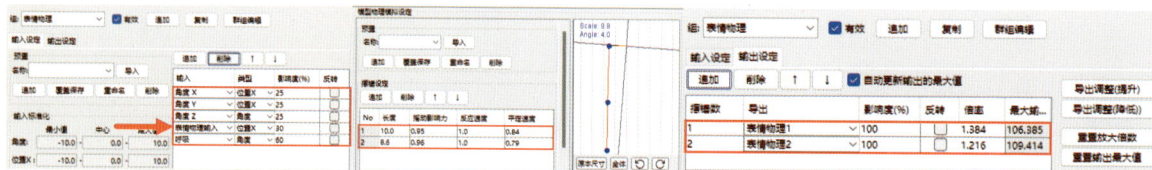

图 4-414

瞳孔贴图的物理效果可以参照瞳孔高光的制作方法。

4.8 模型导出

4.8.1 编辑纹理集

1. 创建纹理集

在模型导出前，要为模型创建纹理集。在工具栏中单击【编辑纹理集】按钮，即可创建新的纹理集，如图 4-415 所示。

在【新纹理集设定】窗口中可以设置纹理集的分辨率和默认布局，如图 4-416 所示。分辨率选择 4096 px 或 8192 px 的宽高。配件较多的模型推荐分辨率选择 8192 px。【默认布局】一般选择【显示模型的图像】，这样隐藏的参考图和未被使用的部件不会出现在纹理集中。单击【自动布局设置】按钮可以设置自动编排的方式。【余量】指两个纹理之间的间距，余量越大间距越大。【允许旋转】指在纹理集编排时是否允许旋转纹理。

图 4-415

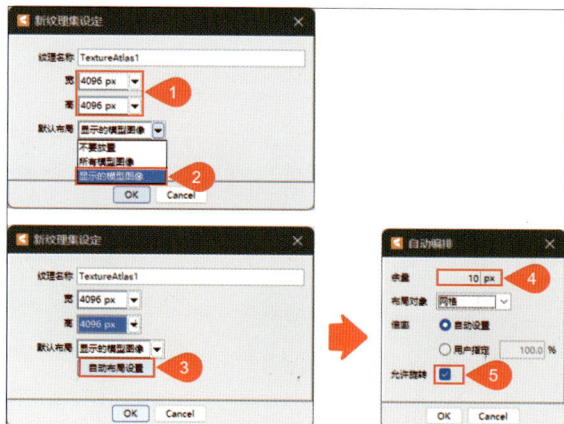

图 4-416

单击【确认】按钮之后，Live2D 会自动进行纹理集的编排。在纹理集自动编排完毕后，生成的纹理集会出现在【编辑纹理集】窗口的左侧区域，加入纹理集的图像则会出现在右侧区域，如图 4-417 所示。

一般情况下，自动生成的纹理集不会有很大问题，但还是推荐检查图像之间有无重叠部分，可以拖曳或缩放图像以避免图像重叠。在检查完毕后，单击窗口下方确认键，Live2D 将会自动生成纹理集。在纹理集生成完毕后就可以进行模型的导出了。

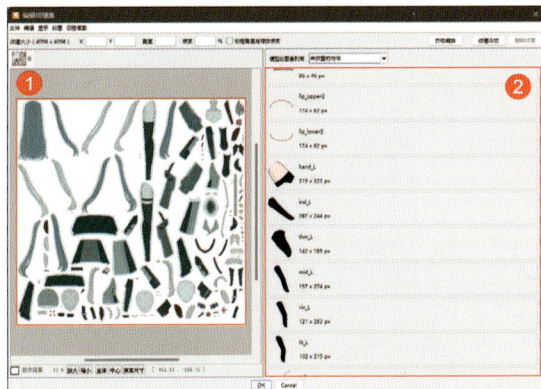

图 4-417

2. 纹理集编辑

在某些情况下，需要对纹理集进行手动编辑。如果需要将不在纹理集的图像添加到纹理集中，用鼠标双击右侧列表中的图像，该图像会被移入纹理集，如图 4-418 所示。如果想要移除已经添加了的图像，可以单击鼠标右键选择该图像，并使用 Delete 键移除。

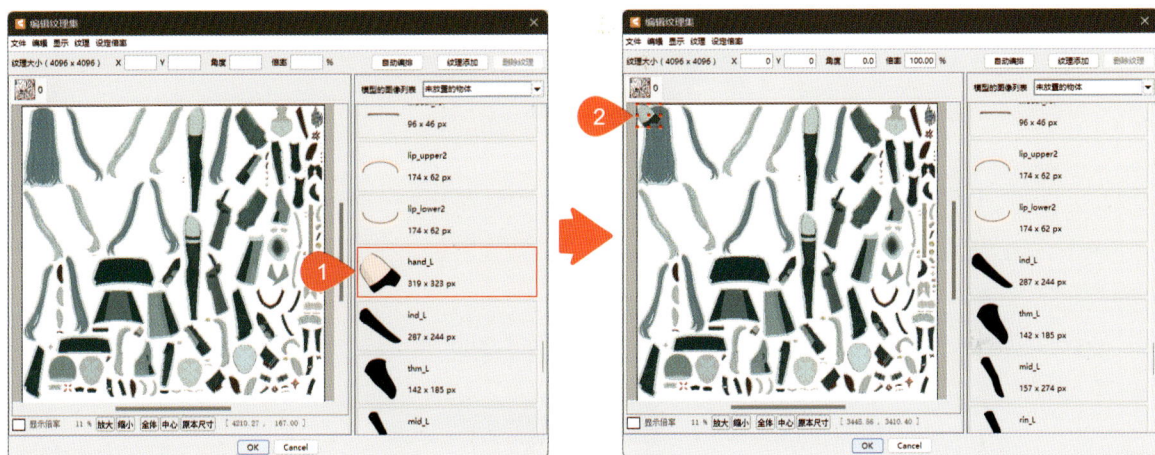

图 4-418

用鼠标单击纹理集中的图像可以对其进行编辑。拖曳可以改变该图像的位置，而使用该图像四周的红色控制点可以缩放或旋转该模型图像，如图 4-419 所示。

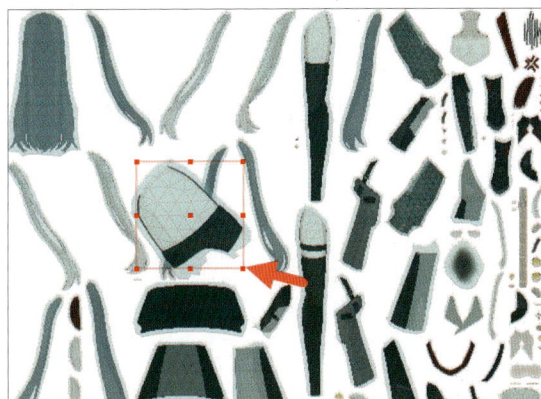

图 4-419

如果想追加新的纹理集，可以使用编辑纹理集窗口右上角的【纹理添加】按钮，如图 4-420 所示。在【新纹理集设定】的窗口中可以对该纹理集的名称和分辨率进行设置。确认之后，新的纹理集的标签将会出现在视图区域上方。单击不同纹理集的标签可以在不同纹理集之间进行切换。

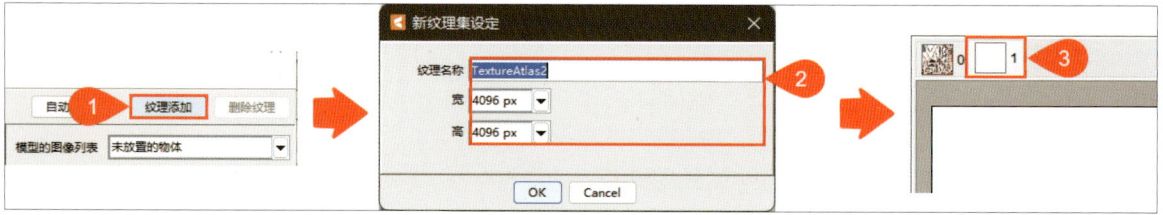

图 4-420

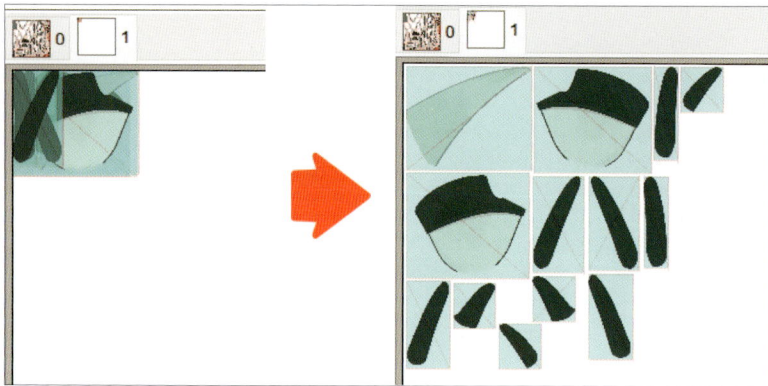

图 4-421

如果有多个图像被添加到纹理集中，它们默认会出现在纹理集的左上角，这时可以使用自动编排功能对纹理集进行编辑，如图 4-421 所示。

单击编辑纹理集窗口右上角的【自动编排】按钮，并在弹出的窗口中设置编排方式，如图 4-422。单击确认后 Live2D 会自动对图像进行编排。

其他对纹理集的操作可以在【纹理】菜单中找到，如图 4-423 所示。

图 4-422

图 4-423

3. 纹理集常见问题

使用 T 键可以切换显示的图像模式：显示模型图形或显示纹理集（纹理 Atlas）。切换后，在视图区域右下角会有信息提示当前显示的模式。如果在显示纹理集（纹理 Atlas）时出现图像模糊的情况，说明纹理集分辨率过低，应考虑使用较高分辨率的纹理集或使用多个纹理集。

如果在显示纹理集时，有图像为红色且视图区右下方出现【可见物体未放入纹理集】的提示，说明该图像没有被放入纹理集，若继续导出则会出现问题。这时应编辑纹理集，找到该图像并将其放入纹理集中，如图 4-424 所示。

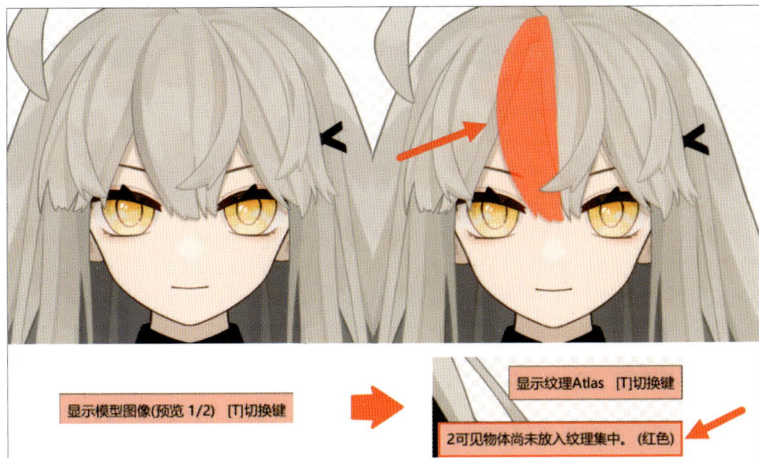

图 4-424

如果在生成纹理集后模型出现污点，但在切换显示模式时污点消失，则说明纹理集图像有重叠的现象。这时应手动调整相关纹理集的位置避免重叠，如图 4-425 所示。

图 4-425

4.8.2 导出模型运行时

在模型制作完毕后，需要导出供面捕软件使用的运行时文件。一般直接导出 SDK 运行时即可。如果选择导出 nizima（Live2D 官方交易网站的名称，仅日本地区可用，无特殊意义），则会导出 3 个压缩包文件，方便上传模型出售或展示网站。

1. 导出 SDK 运行时

在【文件】菜单中选择【导出运行时文件】，并在子菜单中选择【导出为 moc3 文件】即可导出运行时文件，如图 4-426 所示。

图 4-426

在弹出的【导出设定】窗口中可以修改导出文件的属性，如图 4-427 所示。【输出版】推荐选择最新的 SDK 版本，这里选择了 4.2 的版本。②显示的区域保存默认设置即可，一般不需要输出隐藏部分或参考图。【输出目标】选择和贴图分辨率相同的 4096px，【输出类型】为 SDK。

单击【确认】按钮后可以选择输出位置，这里推荐新建一个文件夹来储存输出文件，如图 4-428 所示。

存档完毕后，在上一步选择的文件夹中会出现如图 4-429 所示的运行时文件。

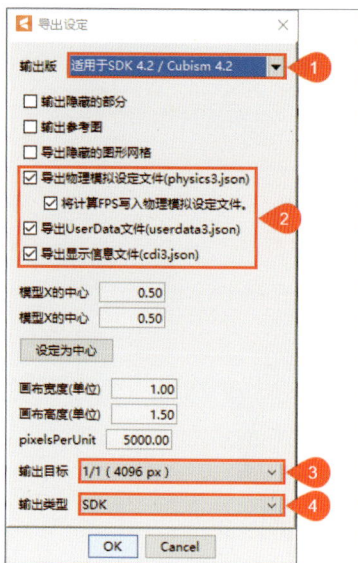

图 4-427

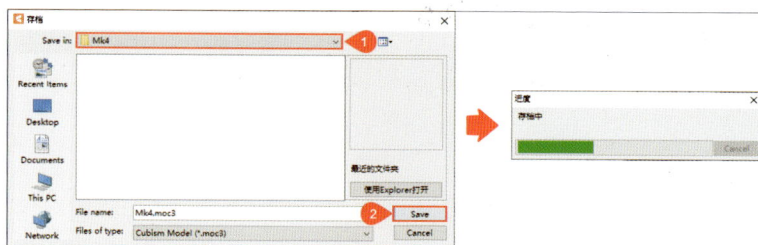

图 4-428

图 4-429

2. 导出 nizima

如果在【导出设定】窗口中将输出类型设置为 nizima，则可以选择预览模型的大小，如图 4-430 所示。如果打算将文件上传至模型展示或出售网站，建议使用 1/2 或 1/4 的预览尺寸。

导出后，会得到 3 个预先压制好的文件，如图 4-431 所示。export.zip 包含的文件与 SDK 运行时相同，模型大小为【输出目标】栏设定的尺寸。original.zip 包含 export.zip 中的所有文件，此外还包含模型的工程文件，即可编辑的 cmo3 文件。preview.zip 包含和 export.zip 中一样的文件，但模型大小为【预览大小】栏设定的尺寸，一般设定为 1/2 或 1/4 的大小。这样模型的贴图分辨率会变低，在预览网站上加载更快且能有效防止高分辨率的贴图被盗用。

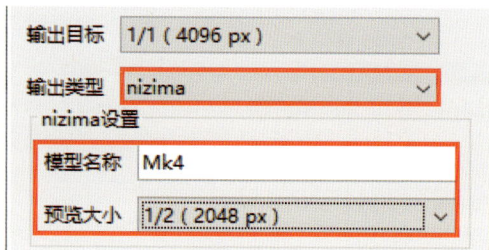

图 4-430

图 4-431

4.9 使用 Live2D Cubism Viewer 添加表情

使用 Live2D 官方提供的 Live2D Cubism Viewer 可以为模型添加表情文件。启动 Live2D Cubism Viewer 并将模型的 moc3 或 model3.json 文件拖入指定区域即可打开模型，如图 4-432 所示。也可以直接双击模型的 moc3 文件直接启动 Live2D Cubism Viewer。

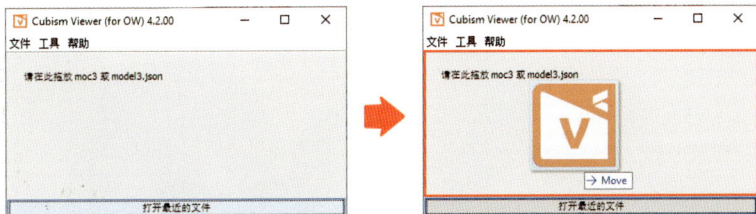

图 4-432

打开模型后，所有模型的相关文件会出现在左上角的文件栏中，而模型则会在右侧视图区显示，如图 4-433 所示。在视图区使用鼠标滚轮缩放模型，按住滚轮拖动可以平移模型。

图 4-433

在【文件】菜单中选择【追加】，并在其子菜单中选择【表情】即可为模型添加新的表情文件，如图 4-434 所示。在弹出的窗口中可以对【文件名称】和【表情名称】进行设置。新添加的表情文件会出现在文件栏的 expressions 文件夹中。

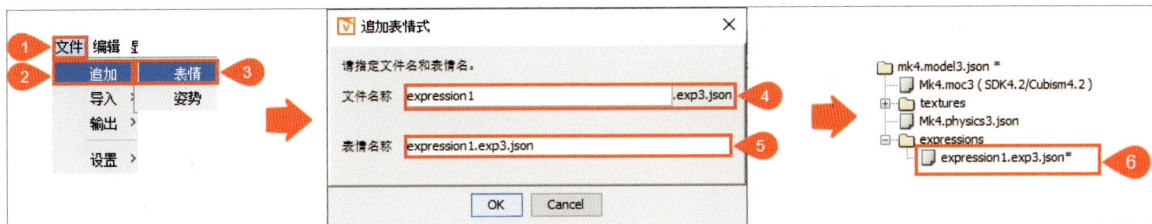

图 4-434

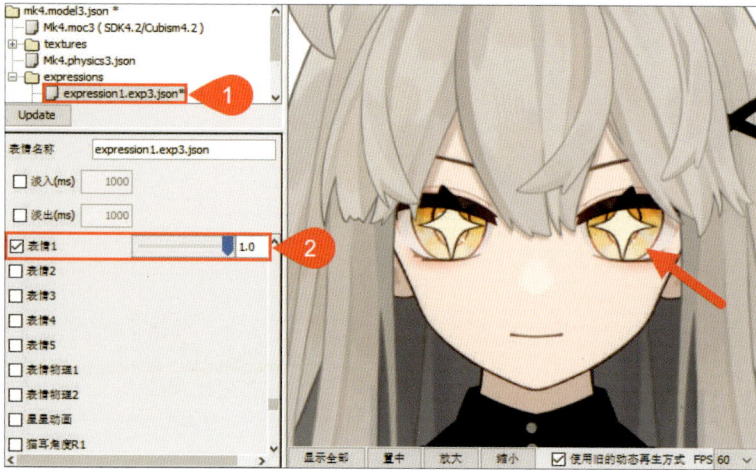

图 4-435

双击鼠标右键 expressions 文件夹对其进行编辑。进入编辑模式后，模型的参数会出现在左下方的参数栏。首先勾选想要改变的参数，再拖动滑块到指定位置。这里选择了与眼睛星星贴图相关联的参数并将其设置为 1.0（显示贴图），如图 4-435 所示。

图 4-436

除了打开表情贴图也可以对五官的参数进行调整，例如可以调整控制眉毛形状的参数和控制嘴部形状的参数，使人物做出开心的表情，如图 4-436 所示。

参数编辑完毕后再在 expressions 文件夹单击鼠标右键，并选择【存档】保存修改，如图 4-437 所示。有 * 标注的文件表示有新的修改没有被保存。

使用图 4-434 至图 4-437 所示的方法添加更多的表情。脸黑的表情可以直接将控制贴图的参数设置为 1.0，如图 4-438 所示。

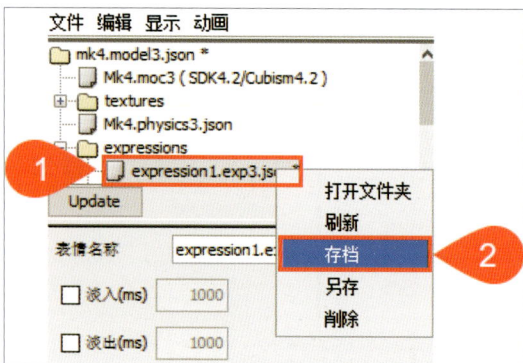

图 4-437

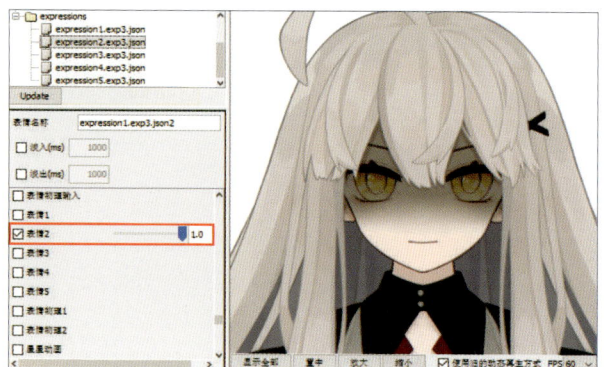

图 4-438

图 4-439 至 图 4-441 展示了一些其他表情的参考。例如伤心时眉毛会呈八字；会翘起生气时眉毛。

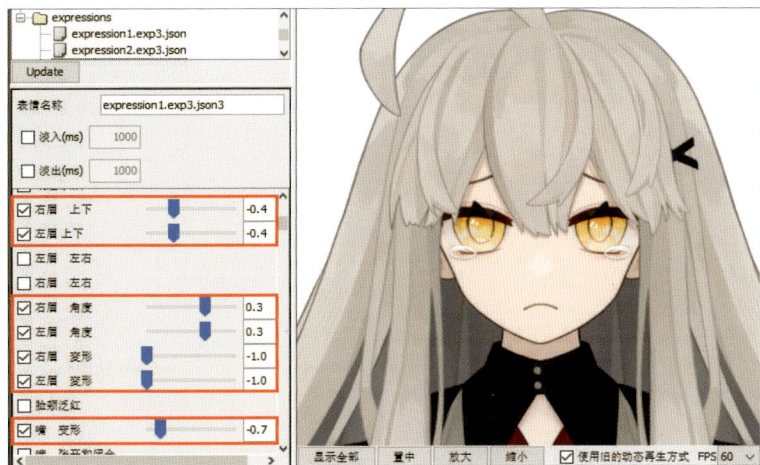

图 4-439

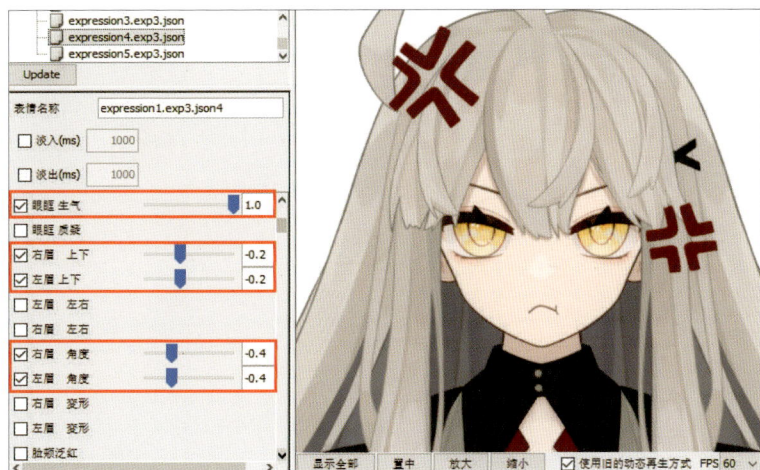

图 4-440

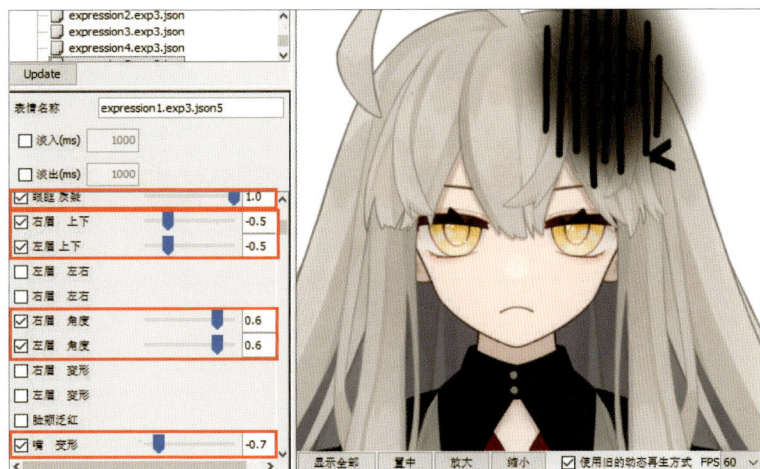

图 4-441

最后，需要保存模型的设定文件（model3.json）。模型的设定文件记录了所有模型相关文件的名称和储存位置。这里因为新增了表情文件，需要将这些文件记录在设定文件中。鼠标单击右键设定文件 model3.json，选择【导出模型设定文件（model3.json）】，如图 4-442 所示。

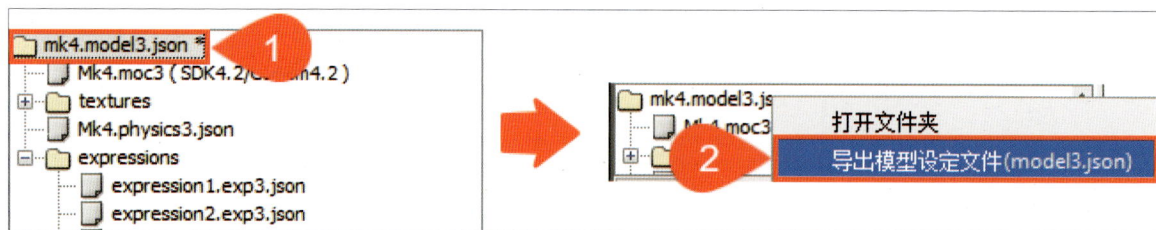

图 4-442

这里不需要保留原有的设定文件，可以使用相同名称覆盖原设定文件，如图 4-443 所示。如果在设定文件未保存的情况下直接关闭 Cubism Viewer，软件也会提示保存配置文件。

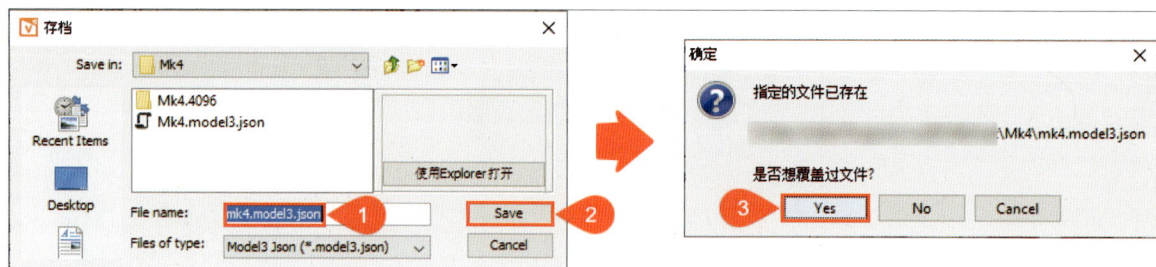

图 4-443

到此，模型制作的部分讲解完毕。

第5章～第7章内容通过关注有艺微信公众号，

输入本书的5位书号，获取对应的电子书内容。

扫一扫关注"有艺"